专利转化运用赋能新质生产力 100例

从实验室 到产业链

国家知识产权局办公室
国家知识产权局知识产权运用促进司 ▲ 编著
中国知识产权报社

知识产权出版社
全国百佳图书出版单位
—北京—

图书在版编目（CIP）数据

从实验室到产业链：专利转化运用赋能新质生产力100例/国家知识产权局办公室，国家知识产权局知识产权运用促进，中国知识产权报社编著.—北京：知识产权出版社，2025.1.—ISBN 978-7-5130-9703-1

Ⅰ.G306；F120.2

中国国家版本馆 CIP 数据核字第 2024W3U217 号

责任编辑：林竹鸣　　　　　　责任校对：潘凤越
执行编辑：刘林波　　　　　　责任印制：刘译文

从实验室到产业链

专利转化运用赋能新质生产力100例

国家知识产权局办公室
国家知识产权局知识产权运用促进司　　编著
中国知识产权报社

出版发行：	知识产权出版社有限责任公司	网　　址：	http://www.ipph.cn
社　　址：	北京市海淀区气象路50号院	邮　　编：	100081
责编电话：	010-82000860 转 8792	责编邮箱：	linzhuming@cnipr.com
发行电话：	010-82000860 转 8101/8102	发行传真：	010-82000893/82005070/82000270
印　　刷：	三河市国英印务有限公司	经　　销：	新华书店、各大网上书店及相关专业书店
开　　本：	720mm×1000mm　1/16	印　　张：	20.75
版　　次：	2025年1月第1版	印　　次：	2025年1月第1次印刷
字　　数：	370千字	定　　价：	89.00元
ISBN 978-7-5130-9703-1			

出版权专有　　侵权必究

如有印装质量问题，本社负责调换。

编委会

主　任：申长雨

副主任：卢鹏起　胡文辉

编　委：衡付广　梁心新　王培章　彭　文　吕　丽
　　　　　曾燕妮　崔建军

编写组

成　员：卢学红　姚志伟　刘启龙　王雪颖　姜　伟
　　　　　陈明媛　葛　亮　李　牧　饶波华　谷云飞
　　　　　林　翀　吴　艳　魏小毛　王　宇　冯　飞
　　　　　孙　迪　吴　珂　刘　娜　王镇杰　杨　柳
　　　　　李　倩　李杨芳　黄　俏　王　晶　薛佩雯
　　　　　苏　悦　张彬彬　李　铎　姜同天　赵俊翔
　　　　　陈景秋　叶云彤　赵振廷

编写说明

创新是引领发展的第一动力，保护知识产权就是保护创新。知识产权作为国家发展的战略性资源和国际竞争力的核心要素，在助力发展新质生产力、促进高质量发展方面发挥着重要作用，党中央、国务院高度重视。习近平总书记强调，加强知识产权保护，是完善产权保护制度最重要的内容，也是提高中国经济竞争力最大的激励。要完善知识产权运用和保护机制，强化知识产权创造、保护、运用。李强总理指出，知识产权制度是激励创新的催化剂、经济发展的加速器，要加强专利转化运用，推动一批专利实现产业化。丁薛祥副总理也指出，知识产权得到了转移转化，科技成果才能转变为现实生产力。要推动企业、高校、科研机构的专利产业化率有明显提高。

为落实党中央、国务院决策部署，国家知识产权局会同 21 家部委，在深入调研的基础上，研究起草了《专利转化运用专项行动方案（2023—2025 年）》（以下简称《方案》）。2023 年 10 月，国务院常务会议审议通过《方案》，并以国务院办公厅名义印发实施。《方案》以专利产业化为主题主线，从提升专利质量和加强政策激励两方面发力，着力破解专利转化过程中存在的不敢转、不愿转、不能转、不会转等实际问题，努力打通关键的难点堵点，激发各类主体创新活力和转化动力，加速科技成果向现实生产力的转化，助力实体经济发展。

《方案》印发以后，国家知识产权局会同有关方面认真抓好落实，在部委层面建立了部际间推进机制，在局内成立了工作专班，各个地方也都出台了配套政策，多方协同"高效办成一件事"，形成了推动专利转化和产业化的工作合力。一是加快梳理盘活高校和科研机构存量专利，形成了一个可转化的专利库，通过分层分类管理，加强与企业的精准对接，做好匹配推送。二是实施专利产业化促进中小企业成长计划，出台重点产业知识产权强链增效相关措施，切实破解高校、科研机构专利转化难和中小企业技术获取难"两难"问题。三是全面实施专利开放许可制度，推进"一对多"开放许可，降低制度性交易成本，提高专利转化效率。四是持续提升专利质量，根据后端专利转化的效果，不断改进前端的专利申请和审查政策，建立工作闭环，形成反馈机制，持续夯实专利转化的质量基础。通过上述努力，专利转化运用工作取得了可喜成效，最新数据显示，2024年前11个月，全国专利转让、许可次数达52.3万次，同比增长27.8%，一大批专利成功实现产业化，为新质生产力发展提供了有力的技术供给。

为及时呈现工作进展，总结实践经验，助力专利转化运用专项行动顺利实施，形成促进专利转化运用的良好社会氛围，国家知识产权局办公室会同知识产权运用促进司指导《中国知识产权报》开展了"专利转化运用在行动"专题报道。记者先后走访了20多个省份、近百个市、县、园区，采访调研了近百家企业、高校和科研机构，形成各类报道和调研报告200余篇，全方位、深层次、具体化展示了各类主体参与专利转化运用的生动实践和鲜活经验，在全社会引发了热情关注和良好反响。

为了集中展示上述成果和信息，应广大读者建议，我们分门别类梳理了《中国知识产权报》的相关报道，选取其中具有较强借鉴意义的100篇报道汇集成册，集中展示各方面推进专利转化、实现创新发展的经验做法。全书共分为9个专题，每个专题内容按照文章刊发的时间顺序排列，供各类主体参阅，希望能够以先行先试的述录，起到启发思考、互学互鉴、促进发展的作用，推动专利转化运用在更大范围、更深层次、更高水平上接续实施，取得更好的效果。

下一步，知识产权系统将坚持以习近平新时代中国特色社会主义思想为指导，深入贯彻落实习近平总书记关于知识产权工作的重要指示论述和党中央、国务院决策部署，主动站位"两个大局"，牢牢把握高质量发展这个首要任务，持续加强专利转化运用，促进更多创新成果从实验室走向产业链，更好发挥专利在助力经济高质量发展、服务中国式现代化中的重要作用！

目　录

国务院办公厅关于印发《专利转化运用专项行动方案（2023—2025 年）》的通知 …………………………………………… 1

◇ **专利转化运用在行动·政策解读** ◇

001 释放专利转化的强大动能
　　——《专利转化运用专项行动方案（2023—2025 年）》
　　系列解读① ……………………………………………… 9

002 激活专利"存量"　拉动市场"增量"
　　——《专利转化运用专项行动方案（2023—2025 年）》
　　系列解读② ……………………………………………… 12

003 以专利产业化促进中小企业成长
　　——《专利转化运用专项行动方案（2023—2025 年）》
　　系列解读③ ……………………………………………… 15

004 推进重点产业知识产权强链增效
　　——《专利转化运用专项行动方案（2023—2025 年）》
　　系列解读④ ……………………………………………… 18

005 着眼重点领域　撬动万亿产值
　　——《专利转化运用专项行动方案（2023—2025 年）》
　　系列解读⑤ ……………………………………………… 21

006 打通转化关键堵点　激发运用内生动力
　　——《专利转化运用专项行动方案（2023—2025 年）》
　　系列解读⑥ ……………………………………………… 24

007 让知识产权要素有序流动
　　——《专利转化运用专项行动方案（2023—2025 年）》
　　系列解读⑦ 27

◇ 专利转化运用在行动·配套政策 ◇

008 八部门印发《高校和科研机构存量专利盘活工作方案》——
　　形成更多符合产业需要的高价值专利 33

009 江苏印发专利转化运用专项行动实施方案——
　　提质量　强机制　重实效 36

010 五部门联合印发方案——
　　全链条融通发展　以专利助企成长 39

011 上海探索落地对专利开放许可进行技术合同认定登记——
　　除制度壁垒，让技术与市场"实联" 42

012 辽宁推进专利转化运用助力全面振兴新突破三年行动——
　　强转化　促运用　开新局 44

013 上海全面实施专利转化运用专项行动——
　　因"沪"施策，向高价值专利要新质生产力 47

014 浙江落实专利转化运用专项行动出实招——
　　"浙"里发力，推动高价值专利产业化 51

015 宁夏加速专利向现实生产力转化——
　　畅通转化"高速路"　促进专利变"红利" 54

016 河北出台《关于落实专利转化运用专项行动的若干措施》——
　　促进专利变"红利"　"冀"往开来谱新篇 57

017 江西制定专利转化运用"路线图"，加快培育和发展新质生产力——
　　"赣"出真招　"转"出实效 60

018 《福建省贯彻〈专利转化运用专项行动方案（2023—2025 年）〉的
　　实施意见》出台——
　　推动专利产业化激活八闽新动能 63

019 湖南实施 4 个专项计划，打通专利转化"最后一公里"——
　　三湘大地劲吹专利转化运用之风 ···································· 66

020 广西部署专项工作推进专利产业化——
　　打造转化运用生态　促进实体经济发展 ···························· 69

021 四川深入落实专利转化运用专项行动——
　　加速专利产业化　解锁发展新红利 ·································· 72

022 浙江多措并举，培育和推广专利密集型产品——
　　新质生产力汇"新"成势探"密" ······································ 75

023 实施专利转化运用专项行动一年来，北京市——
　　凝聚转化动能　共创"京彩"未来 ···································· 78

◇ 专利转化运用在行动·专家谈 ◇

024 吹响专利成果转化的时代号角 ·· 83
025 推动重点产业强链补链 ·· 85
026 加快实现专利价值　赋能产业链创新 ··································· 87
027 促进技术链接资本　提升企业专利转化能力 ························· 89
028 发挥运营服务平台在专利转化运用中的关键作用 ·················· 92
029 用高水平转化运用支撑绿色能源化工产业高质量发展 ··········· 94
030 大力推进新能源产业知识产权转化运用 ······························· 96
031 开拓新时代高校专利转化运用新路径 ··································· 98
032 坚持原创、优化布局　激发转化运用源动力 ······················· 100
033 盘活存量、做优增量　赋能经济社会高质量发展 ················ 102
034 全面拆解产业化过程　全域分析专利价值 ·························· 104
035 强化知识产权增信功能　加速专利产业化进程 ···················· 106
036 推进知识产权转化运用　更好赋能高质量发展 ···················· 108
037 立足产业实际，推进重点产业知识产权强链增效 ················ 110

038 强化专利转化运用，赋能重点产业提质强链增效 …………… 112

◇ 专利转化运用在行动·有问必答 ◇

039 如何盘点与评价高校和科研机构存量专利？ ………………… 117
040 如何进行专利开放许可实施合同备案？ ……………………… 119
041 已经实行开放许可的专利，还能转让、质押吗？ …………… 121

◇ 专利转化运用在行动·优秀案例 ◇

042 铁建重工以自主+协同创新点燃专利产业化的加速器——
汇聚创新力量　铸就"国之重器" ……………………………… 125
043 北京大学以专利许可方式实现脑科学前沿技术产业化——
架起创新成果走向市场的"立交桥" …………………………… 127
044 湖南大学构建专利转化全流程服务体系——
"湖大模式"为专利产业化蓄势赋能 …………………………… 129
045 中电网通推动手机直连卫星芯片产业化——
打通"产研"链条　按下转化"加速键" ………………………… 131
046 以 10 余件发明专利质押，获得千万元融资——
让量子计算从实验室走进千万用户 …………………………… 133
047 科学家完整享有技术成果所有权，摇身一变创业家——
赋权改革助力硬科技飞出"象牙塔" …………………………… 135
048 清华大学推动高温气冷堆核能技术产业化落地——
廿载求索，从实现堆到商业运行 ……………………………… 137
049 大连化物所推动液流电池储能技术落地生根，全球市场占有率超 60%——
构建核心"专利群"　提升技术"含金量" ……………………… 139
050 通过专利有偿许可和部分转让的方式加快技术应用，金风科技——
科技向"新"驭风行　产业向"绿"赴全球 ……………………… 141

◇ 专利转化运用在行动・地方动态 ◇

051 各地出台专项方案，扎实推进专利转化运用工作——
加快盘活高校和科研机构存量专利 ················· 145

052 各地新政策新举措推进落实专利转化运用专项行动——
促进高校和科研机构专利向现实生产力转化 ················· 148

053 各地多措并举落实专利转化运用专项行动方案——
扎实推进高校和科研机构专利盘活工作 ················· 151

054 全国多地发布专利产业化典型案例——
丰富专利转化"资源库" 耕好创新发展"试验田" ················· 154

055 专利转化运用专项行动持续走深走实——
多地开展丰富活动推进专利转化运用 ················· 157

056 多个省市完成高校院所存量专利盘点工作——
盘"存量"优"增量" 做好"盘活"大文章 ················· 160

057 多地举办专利转化供需对接活动——
加快推动创新成果向现实生产力转化 ················· 163

◇ 专利转化运用在行动・企业行 ◇

058 安徽合肥着力推进创新主体专利转化运用——
专利开启低空经济"新赛道" ················· 169

059 投影技术照亮创新舞台 ················· 172

060 专利"奔现" 广汽"加油" ················· 175

061 升格"创新信号" 共筑万物互联 ················· 178

062 激活专利内生动能，加快培育新质生产力
——徐州海伦哲专用车辆股份有限公司发展掠影 ················· 181

063 小米汽车上市，技术革新带动产品升级——
专利为"引擎" 驶向创新路 ················· 185

064	搭建转化桥梁　畅通创新之路 …………………………………	188
065	小小微生物　增油大作为 ………………………………………	191
066	我国厨电企业加大专利转化力度，积极发展新质生产力—— 智慧厨电开启美好生活 …………………………………………	195
067	空中成像技术得到广泛应用，加快形成新质生产力—— 空中成像点亮创新之光 …………………………………………	199
068	中国移动加强通信产业技术革新，发展新质生产力—— 创新蓄能加速　5G"移"路前行 ………………………………	203
069	区块链创新应用场景，加快形成新质生产力—— 发掘"账本"里的专利"宝藏" …………………………………	206
070	哈电电机集聚力量进行专利转化，加快培育发展新质生产力—— 创新点亮万家灯火 ………………………………………………	210
071	中交天和积极转化专利，以新质生产力强劲打通交通大动脉—— 畅通专利路，天堑变通途 ………………………………………	214
072	与光科技推动专利密集型产品加快落地，形成新质生产力—— 一束光照亮一片产业 ……………………………………………	218
073	光峰科技专注技术创新，加快发展新质生产力—— 追寻创新之"光"　永攀科技高"峰" …………………………	222
074	海尔集团积极推动专利转化运用，助力培育新质生产力—— "智造"带来美好生活 …………………………………………	225
075	东方锅炉专注研发清洁高效热电设备，助力发展新质生产力—— 专利添"火"　转化提速 ………………………………………	228
076	清华设计院积极推动专利转化运用实践—— 专利筑基　设计添彩 ……………………………………………	231
077	京东方促进专利转化，交出亮眼"成绩单"—— 智慧屏出彩又出色 ………………………………………………	235
078	中创新航促进新能源领域专利转化，加快形成新质生产力—— 专利助企跑出创新"加速度" …………………………………	238

目 录

◇ **专利转化运用在行动·高校行** ◇

079	校企"牵手联姻" 专利"落地生金" ……	243
080	中国农业大学两件专利转化上千万元—— 专利"金钥匙"开启丰收路 ……	246
081	让创新成果从实验室走向生产线 ……	249
082	陕西科技大学打造专利转化生态链，服务产业发展—— 专利从"书架"走向"货架" ……	253
083	专利作价入股 高校创新"出圈" ……	256
084	"华工力量"促创新 "华工模式"促转化 ……	259
085	"象牙塔"飞出专利"金凤凰" ……	262
086	高效转化向"新"发力 "中南模式"点"知"成金 ……	265
087	北京交通大学专利转化运用取得显著成效—— 专利铺新路 交通提速度 ……	268
088	江南大学多举措推进科技成果转化—— "先奖后投"打通专利转化之路 ……	271
089	北京工业大学加快专利转化，形成新质生产力—— 搭桥梁 激活力 促转化 ……	274
090	山东大学优化知识产权公共信息服务，助力形成新质生产力—— 创新活水涌动"泉城" ……	278
091	上海交通大学多措并举促进专利转化运用，加快形成新质生产力—— 科研"下书架" 专利"上货架" ……	281
092	华东师范大学创新赋权模式，促专利变"红利"—— 打通关键堵点 叩响发展之门 ……	285
093	成都中医药大学开出专利转化"良方" ……	288
094	长安大学促进专利转化运用，着力培育新质生产力—— 专利硕果香满"长安" ……	291

095 中国石油大学（华东）促进专利转化运用，助力区域经济发展——
专利结硕果　石油溢金光 ………………………………………… 295

096 从工程实际中提炼，到工程实际中应用，武汉理工大学研发出
道路检测系统——
智能化"体检"　精准式"开方" …………………………………… 298

◇ 专利转化运用在行动·院所行 ◇

097 中国农科院创新成果转化运用成效显著——
育好创新"种子"　结满专利"硕果" ……………………………… 303

098 中国科学院理化所加大专利转化运用力度，驱动新质生产力发展——
创新结硕果　专利变"真金" ……………………………………… 306

099 中国科学院上海硅酸盐所加速专利转化运用，形成新质生产力——
做强材料"口粮"　端牢产业"饭碗" ……………………………… 310

100 核动力院完善专利转化机制，加速推进新质生产力发展——
解锁硬"核"背后的创新密码 ……………………………………… 313

国务院办公厅关于印发《专利转化运用专项行动方案（2023—2025年）》的通知

国办发〔2023〕37号

各省、自治区、直辖市人民政府，国务院各部委、各直属机构：

《专利转化运用专项行动方案（2023—2025年）》已经国务院同意，现印发给你们，请认真贯彻执行。

国务院办公厅
2023年10月17日

（本文有删减）

专利转化运用专项行动方案

（2023—2025年）

为贯彻落实《知识产权强国建设纲要（2021—2035年）》和《"十四五"国家知识产权保护和运用规划》，大力推动专利产业化，加快创新成果向现实生产力转化，开展专利转化运用专项行动，制定本方案。

一、总体要求

以习近平新时代中国特色社会主义思想为指导，全面贯彻落实党的二十大精神，聚焦大力推动专利产业化，做强做优实体经济，有效利用新型举国体制优势和超大规模市场优势，充分发挥知识产权制度供给和技术供给的双重作用，有效利用专利的权益纽带和信息链接功能，促进技术、资本、人才等资源要素高效配置和有机聚合。从提升专利质量和加强政策激励两方面发力，着力打通专利转化运用的关键堵点，优化市场服务，培育良好生态，激发各类主体创新活力和转化动力，切实将专利制度优势转化为创新发展的强大动能，助力实现高水平科技自立自强。

到 2025 年，推动一批高价值专利实现产业化。高校和科研机构专利产业化率明显提高，全国涉及专利的技术合同成交额达到 8000 亿元。一批主攻硬科技、掌握好专利的企业成长壮大，重点产业领域知识产权竞争优势加速形成，备案认定的专利密集型产品产值超万亿元。

二、大力推进专利产业化，加快专利价值实现

（一）梳理盘活高校和科研机构存量专利。建立市场导向的存量专利筛选评价、供需对接、推广应用、跟踪反馈机制，力争 2025 年底前实现高校和科研机构未转化有效专利全覆盖。由高校、科研机构组织筛选具有潜在市场价值的专利，依托全国知识产权运营服务平台体系统一线上登记入库。有效运用大数据、人工智能等新技术，按产业细分领域向企业匹配推送，促成供需对接。基于企业对专利产业化前景评价、专利技术改进需求和产学研合作意愿的反馈情况，识别存量专利产业化潜力，分层构建可转化的专利资源库。加强地方政府部门、产业园区、行业协会和全国知识产权运营服务平台体系等各方协同，根据存量专利分层情况，采取差异化推广措施。针对高价值存量专利，匹配政策、服务、资本等优质资源，推动实现快速转化。在盘活存量专利的同时，引导高校、科研机构在科研活动中精准对接市场需求，积极与企业联合攻关，形成更多符合产业需要的高价值专利。

（二）以专利产业化促进中小企业成长。开展专精特新中小企业"一月一链"投融资路演活动，帮助企业对接更多优质投资机构。推动专项支持的企业进入区域性股权市场，开展规范化培育和投后管理。支持开展企业上市知识产权专项服务，加强与证券交易所联动，有效降低上市过程中的知识产权风险。

（三）推进重点产业知识产权强链增效。以重点产业领域企业为主体，协同各类重大创新平台，培育和发现一批弥补共性技术短板、具有行业领先优势的高价值专利组合。围绕产业链供应链，建立关键核心专利技术产业化推进机制，推动扩大产业规模和效益，加快形成市场优势。支持建设产业知识产权运营中心，组建产业知识产权创新联合体，遵循市场规则，建设运营重点产业专利池。深入实施创新过程知识产权管理国际标准，出台标准与专利协同政策指引，推动创新主体提升国际标准制定能力。面向未来产业等前沿技术领域，鼓励探索专利开源等运用新模式。

（四）培育推广专利密集型产品。加快完善国家专利密集型产品备案认定平台，以高新技术企业、专精特新企业、科技型企业等为重点，全面开展专利

国务院办公厅关于印发《专利转化运用专项行动方案（2023—2025年）》的通知

产品备案，2025年底前实现全覆盖，作为衡量专利转化实施情况的基础依据。围绕专利在提升产品竞争力和附加值中的实际贡献，制定出台专利密集型产品认定国家标准，分产业领域开展统一认定。培育推广专利密集型产品，健全专利密集型产业增加值核算与发布机制，加强专利密集型产业培育监测评价。

三、打通转化关键堵点，激发运用内生动力

（五）强化高校、科研机构专利转化激励。探索高校和科研机构职务科技成果转化管理新模式，健全专利转化的尽职免责和容错机制，对专利等科技成果作价入股所形成国有股权的保值增值实施按年度、分类型、分阶段整体考核，不再单独进行个案考核。对达成并备案的专利开放许可，依法依规予以技术合同登记认定。推动高校、科研机构加快实施以产业化前景分析为核心的专利申请前评估制度。强化职务发明规范管理，建立单位、科研人员和技术转移机构等权利义务对等的知识产权收益分配机制。加强产学研合作协议知识产权条款审查，合理约定权利归属与收益分配。支持高校、科研机构通过多种途径筹资设立知识产权管理资金和运营基金。推动建立以质量为导向的专利代理等服务招标机制。

（六）强化提升专利质量促进专利产业化的政策导向。各地区、各有关部门在涉及专利的考核中，要突出专利质量和转化运用的导向，避免设置专利申请量约束性指标，不得将财政资助奖励政策与专利数量简单挂钩。在各级各类涉及专利指标的项目评审、机构评估、企业认定、人才评价、职称评定等工作中，要将专利的转化效益作为重要评价标准，不得直接将专利数量作为主要条件。出台中央企业高价值专利工作指引，引导企业提高专利质量效益。启动实施财政资助科研项目形成专利的声明制度，加强跟踪监测和评价反馈，对于授权超过5年没有实施且无正当理由的专利，国家可以无偿实施，也可以许可他人有偿实施或无偿实施，促进财政资助科研项目的高价值专利产出和实施。

（七）加强促进转化运用的知识产权保护工作。加强地方知识产权综合立法，一体推进专利保护和运用。加强知识产权保护体系建设。

四、培育知识产权要素市场，构建良好服务生态

（八）高标准建设知识产权市场体系。完善专利权转让登记机制，完善专利开放许可相关交易服务、信用监管、纠纷调解等配套措施。创新先进技术成果转化运用模式。优化全国知识产权运营服务平台体系，支持国家知识产权和科技成果产权交易机构链接区域和行业交易机构，在知识产权交易、金融、专利导航和专利密集型产品等方面强化平台功能，搭建数据底座，聚焦重点区域和产业支持建设若干知识产权运营中心，形成线上线下融合、规范有序、充满活力的知识产权运用网络。建立统一规范的知识产权交易制度，推动各类平台互联互通、开放共享，实现专利转化供需信息一点发布、全网通达。建立知识产权交易相关基础数据统计发布机制，健全知识产权评估体系，鼓励开发智能化评估工具。建立专利实施、转让、许可、质押、进出口等各类数据集成和监测机制。2024年底前，完成技术合同登记与专利转让、许可登记备案信息共享，扩大高校、科研机构专利实施许可备案覆盖面。

（九）推进多元化知识产权金融支持。加大知识产权融资信贷政策支持力度，稳步推广区域性股权市场运营管理风险补偿基金等机制安排，优化知识产权质物处置模式。开展银行知识产权质押融资内部评估试点，扩大银行业金融机构知识产权质押登记线上办理试点范围。完善全国知识产权质押信息平台，扩展数据共享范围。探索创业投资等多元资本投入机制，通过优先股、可转换债券等多种形式加大对企业专利产业化的资金支持，支持以"科技成果+认股权"方式入股企业。探索推进知识产权证券化，探索银行与投资机构合作的"贷款+外部直投"等业务模式。完善知识产权保险服务体系，探索推行涉及专利许可、转化、海外布局、海外维权等保险新产品。

（十）完善专利转化运用服务链条。引导树立以促进专利产业化为导向的服务理念，拓展专利代理机构服务领域，提供集成化专利转化运用解决方案。培育一批专业性强、信用良好的知识产权服务机构和专家型人才，参与服务各级各类科技计划项目，助力核心技术攻关和专利转化运用。加大知识产权标准化数据供给，鼓励开发好使管用的信息服务产品。面向区域重大战略、重点产业领域、国家科技重大项目、国家战略科技力量，深入开展专利转化运用服务精准对接活动。加快推进知识产权服务业集聚区优化升级，到2025年，高质量建设20个国家知识产权服务业集聚发展示范区。

（十一）畅通知识产权要素国际循环。发挥自由贸易试验区、自由贸易港的示范引领作用，推进高水平制度型开放，不断扩大知识产权贸易。加快国家知识产权服务出口基地建设。推出更多技术进出口便利化举措，引导银行为技术进出口企业提供优质外汇结算服务。鼓励海外专利权人、外商投资企业等按照自愿平等的市场化原则，转化实施专利技术。建立健全国际大科学计划知识产权相关规则，支持国际科技合作纵深发展。探索在共建"一带一路"国家、

国务院办公厅关于印发《专利转化运用专项行动方案（2023—2025年）》的通知

金砖国家等开展专利推广应用和普惠共享，鼓励国际绿色技术知识产权开放实施。

五、强化组织保障，营造良好环境

（十二）加强组织实施。坚持党对专利转化运用工作的全面领导。成立由国家知识产权局牵头的专利转化运用专项行动工作专班，落实党中央、国务院相关决策部署，研究重大政策、重点项目，协调解决难点问题，推进各项任务落实见效。各地区要加强组织领导，将专利转化运用工作纳入政府重要议事日程，落实好专项行动各项任务。2023年启动第一批专利产业化项目，逐年滚动扩大实施范围和成效。

（十三）强化绩效考核。各地区要针对专利产业化项目中产生的高价值专利和转化效益高的企业等，定期做好分类统计和总结上报。国家知识产权局要会同相关部门定期公布在专项行动中实现显著效益的高价值专利和企业。将专项行动绩效考核纳入国务院督查事项，对工作成效突出的单位和个人按国家有关规定给予表彰。

（十四）加大投入保障。落实好支持专利转化运用的相关税收优惠政策。各地区要加大专利转化运用投入保障，引导建立多元化投入机制，带动社会资本投向专利转化运用。

（十五）营造良好环境。实施知识产权公共服务普惠工程，健全便民利民知识产权公共服务体系，推动实现各类知识产权业务"一网通办"和"一站式"服务。加强宣传引导和经验总结，及时发布先进经验和典型案例，在全社会营造有利于专利转化运用的良好氛围。

（来源：中国政府网）

专利转化运用在行动·政策解读

001

释放专利转化的强大动能

——《专利转化运用专项行动方案（2023—2025年）》系列解读①

创新是引领发展的第一动力。截至2023年9月，我国有效发明专利达到480.5万件，知识产权大国地位牢固确立。2023年10月17日，国务院办公厅印发《专利转化运用专项行动方案（2023—2025年）》（下称《方案》），要求着力打通专利转化运用的关键堵点，切实将专利制度优势转化为创新发展的强大动能。

"专利制度是通过赋予技术方案以专有使用权的方式，使创新主体收回前期研发成本的创新激励机制。而专利产业化是一个将创新成果转化为生产力的过程，促成了专利生产价值和经济价值的实现。因此，专利制度是面向产业的，只有在产业化的过程中，专利制度的激励效果才能实现最大化。"北京大学国际知识产权研究中心主任易继明在接受《中国知识产权报》记者采访时表示，这也是此次《方案》提出推动一批高价值专利实现产业化的关键所在。

盘活高校存量专利

高校和科研机构拥有大量专利。截至2023年9月，我国高校和科研机构有效发明专利拥有量合计占国内有效发明专利拥有量的25.3%，超过四分之一。而与之相对的是，二者的专利产业化率仍有较大提升空间。根据《2022年中国专利调查报告》，2022年高校和科研单位有效专利产业化率分别为3.5%和14.3%。如何盘活其存量专利，解决"不愿转""不会转""不敢转"等问题？

"对于很多高校院所来说，将专利拿出来进行转化需要考虑保值增值问题。这导致专利转化需要经过层层审批和考核，耽误了产品进入市场，也让大家不敢轻易将专利进行转化。《方案》就此列明了解决方法，是对高校院所的一次

'松绑'。"中国科学技术大学科技成果转移转化办公室主任吴长征说。

《方案》明确，探索高校和科研机构职务科技成果转化管理新模式，健全专利转化的尽职免责和容错机制，对专利等科技成果作价入股所形成国有股权的保值增值实施按年度、分类型、分阶段整体考核，不再单独进行个案考核。"整体考核的方式在一定程度上分担了因为市场经营带来的风险，让更多高校院所敢于以作价入股的方式进行专利转化。"吴长征说。

如何为一件专利找到匹配的产业化项目？《方案》提出，由高校、科研机构组织筛选具有潜在市场价值的专利，依托全国知识产权运营服务平台体系统一线上登记入库；有效运用大数据、人工智能等新技术，按产业细分领域向企业匹配推送，促成供需对接；基于企业对专利产业化前景评价、专利技术改进需求和产学研合作意愿的反馈情况，识别存量专利产业化潜力，分层构建可转化的专利资源库。

"专利是创新资源向市场要素转变的重要载体，梳理盘活存量专利解决了专利从哪里来到哪里去的问题。"中国科学院科技战略咨询研究院科技发展战略所所长、研究员肖尤丹表示，从《方案》"力争2025年底前实现高校和科研机构未转化有效专利全覆盖"的要求可以看出，该政策将覆盖更多未转化专利。同时，《方案》提出了筛选登记、匹配推送、分层入库等具体措施，有望进一步摸清专利"家底"，促进高效率转化。

推动产业强链增效

作为专利的接收端，企业决定着专利产业化的最终效果。

《方案》把专利转化运用的着力点和落脚点放在服务实体经济上，提出推进重点产业知识产权强链增效，培育高价值专利组合，建设运行重点产业专利池，激发各类主体创新活力和转化动力。同时，有效发挥我国超大规模市场优势，为新技术应用和新业态发展提供丰沃土壤，面向未来产业等前沿技术领域鼓励探索专利开源，扩大专利产业化的规模和效益。

"专利质量的好坏直接影响其市场价值，也是我们在转化运用中最关心的问题。"苏州敏芯微电子技术股份有限公司知识产权负责人张永强表示，《方案》中提出的多项措施对企业发展具有重要的参考意义，如以重点产业领域企业为主体，协同各类重大创新平台，培育和发现一批弥补共性技术短板、具有行业领先优势的高价值专利组合，有望帮助企业获得更多高质量专利从而获得更高市场回报。

"专利价值的实现需要'技术研发—成果转化—产品应用'全产业链的畅通，也需要研发主体、生产主体、政府部门和其他服务主体之间的协同配合。《方案》在畅通专利转化链条的基础上，应当进一步关注价值增量的培育和产业链的强化，实现价值从有到多、从多到精，产业链从无到有、从有到强的跨越。"易继明表示，具体而言，我国应在专利产业化程度较高的重点产业领域进一步发掘技术价值，将技术领先优势及时、高效地转化为国际竞争优势；同时，在尊重市场主体选择的基础上引导重点行业进一步推动专利的实施，扩大专利技术的产业转化范围，降低技术交易成本，从而将专利价值充分释放。

《方案》要求，到2025年，全国涉及专利的技术合同成交额达到8000亿元，备案认定的专利密集型产品产值超万亿元。未来两年，这场由专利带来的创新发展动能将加速集聚。

（吴珂，原载于2023年12月8日《中国知识产权报》第01版）

002

激活专利"存量" 拉动市场"增量"

——《专利转化运用专项行动方案（2023—2025年）》系列解读②

截至2023年9月底，我国国内高校有效发明专利拥有量达到76.7万件，科研机构有效发明专利拥有量达到22万件，有巨大的转化潜力。梳理盘活高校和科研机构的存量专利是加快高校院所专利价值实现的有效途径。关于此，《专利转化运用专项行动方案（2023—2025年）》（下称《方案》）提出，建立市场导向的存量专利筛选评价、供需对接、推广应用、跟踪反馈机制，力争2025年底前实现高校和科研机构未转化有效专利全覆盖。这为该项工作明确了落实方向。

"通过梳理盘活高校和科研机构的存量专利，挖掘有开发和运营价值的专利，督促高校和科研机构采取自主运营或与企业合作运营等多种形式强化专利转化运用，将有助于推进专利产业化，加快专利技术的价值实现。"北京航空航天大学法学院教授孙国瑞在接受本报记者采访时表示。

存量分层　推送差异化

高校和科研机构拥有的大量专利，该如何向专利需求方合理推送？《方案》明确，由高校、科研机构组织筛选具有潜在市场价值的专利，依托全国知识产权运营服务平台体系——线上登记入库。有效运用大数据、人工智能等新技术，按产业细分领域向企业匹配推送，促成供需对接。

"我国高校专利有着基础性强、保有量多、技术点散的特点，常规性的分类、匹配、推送手段难以满足转化需求。人工智能、大数据、区块链等科技新成果为高校专利转化水平的再提升带来了新机遇。"上海交通大学副校长朱新远表示，《方案》创造性地提出运用大数据、人工智能等新成果推动校企精准对接、高效互动，为破解高校专利转化难题提供了良好思路。

存量专利分层是差异化推广的落脚点。《方案》指出，基于企业对专利产业化前景评价、专利技术改进需求和产学研合作意愿的反馈情况，识别存量专利产业化潜力，分层构建可转化的专利资源库。加强地方政府部门、产业园区、行业协会和全国知识产权运营服务平台体系等各方协同，根据存量专利分层情况，采取差异化推广措施。

"对于中小企业来说，因为存在难识别专利与技术、产品的关联，难判定专利技术成熟度等痛点，购置和转化高校院所专利存在着看不清、看不懂、不愿接及接不上等顾虑。《方案》提出的专利分层有利于将高校梳理后的专利按意向合作的企业类型多模式推动转化，能够高效解决识别后的存量专利'去哪里'的难题。"江苏省知识产权保护中心（江苏省专利信息服务中心）主任王亚利表示，在具体落实中，建议研究制定存量专利梳理、加工规则，推动各地围绕主导产业加强对高校和科研院所的存量专利梳理工作，并建立完善的转化运用服务体系，在此基础上构建全国"一张网"，促进各地高校和科研机构存量专利的全国性流动。

"存量专利分层考验专利评估的科学性与合理性。建议高校和科研机构的科研管理或技术转移部门积极与第三方机构、学术专家合作，运用专业、全面的评估指标对自身现有专利进行评估，促成存量专利的更精准推送。"南京工业大学科研院院长姜岷表示。

强化合作　实现高价值

《方案》进一步对高价值专利的产生和转化构建了路径。其中提出，针对高价值存量专利，匹配政策、服务、资本等优质资源，推动实现快速转化。在盘活存量专利的同时，引导高校、科研机构在科研活动中精准对接市场需求，积极与企业联合攻关，形成更多符合产业需要的高价值专利。对此，很多企业深有感触。

2021年10月，湖州现代纺织机械有限公司通过浙江省知识产权局精准匹配系统的推送，找到了浙江理工大学教授吴震宇的发明专利"一种适用于三维编织捆绑纱控制的携纱器及反馈系统"。双方由此展开校企合作，实现公司的技术升级。"高校和科研机构掌握着很多前沿技术，而企业的产业化能力较好。如能突出双方优势开展技术研发，将取得事半功倍的效果。"了解《方案》的内容后，该公司副总经理倪志琪表示，专利的精准匹配推送将搭建起企业和高校院所交流合作的桥梁，双方可以借此了解市场需求和技术的匹配度，促成长期技术合作，从而形成一批高价值专利和符合市场需求的产品。

"我们此前与太原理工大学深度合作，面向市场需求，对合作专利成果进行技术改进和相关产品的迭代更新，开发了一系列技术含量高、实用性强的低碳绿色可再生材料等，并取得了不错的落地运用效果。"山西吸睛科技有限公司总经理叶举德表示，当地知识产权管理部门积极引导企业通过形成专利技术转化包或专利池的方式，提升技术供给的质量。未来，该公司将与更多高校加强合作，共同研发新技术，推动更多创新成果在市场中实现应用，更多市场需求在合作中得到满足。

"高校和科研机构既要重视专利申请，也要注重推进专利产业化。专利走出实验室和'象牙塔'，方能更好地促进我国科技和经济社会发展。"孙国瑞表示。

（王晶，原载于2023年12月22日《中国知识产权报》第01版）

003

以专利产业化促进中小企业成长

——《专利转化运用专项行动方案（2023—2025年）》系列解读③

中小企业联系千家万户，是推动创新、促进就业、改善民生的重要力量。有关统计显示，截至2022年底，科技型中小企业有效发明专利占国内企业有效发明专利总量的21.0%。《专利转化运用专项行动方案（2023—2025年）》（下称《方案》）把"以专利产业化促进中小企业成长"作为重点任务加以部署，将进一步推动中小企业健康发展。

"随着市场竞争日益激烈，越来越多的中小企业意识到知识产权的重要作用，不仅可以通过专利许可、质押融资等获得发展资金，而且可以运用专利协助支持自身的业务发展，塑造创新形象，巩固提升竞争优势。"上海大学知识产权学院院长袁真富表示，《方案》强调以专利产业化促进中小企业成长，有助于企业将专利优势转化为技术优势、竞争优势，最终将专利转化成重要的商业资产，为企业增活力、添动力，为经济高质量发展积蓄动能。

对接资本市场　拓宽融资渠道

融资难、融资贵是很多中小企业在发展中遇到的难题。《方案》提出，开展"专精特新"中小企业"一月一链"投融资路演活动，帮助企业对接更多优质投资机构；推动专项支持的企业进入区域性股权市场，开展规范化培育和投后管理。

"《方案》从多方面助力中小企业对接资本市场，解决中小企业融资难题。"达闼机器人股份有限公司（下称达闼公司）知识产权总监杜晓晶表示，达闼公司是智能机器人领域的独角兽企业，重视研发，对资金需求量较大。"公司目前拥有国内外专利1000多件，良好的专利布局是吸引投资机构的亮点，也成为专利转化运用的基础。希望公司可以参与到《方案》相关措施落实中去，获得更多发展机遇。"她说。

"《方案》提出的上述政策对于推动中小企业的发展和提升其竞争力具有重要意义。通过开展投融资路演活动，中小企业可以获得更多的融资机会；通过进入区域性股权市场，中小企业可以获得更多的规范化培育和投后管理，提升其管理和运营水平，进而提升竞争力。"中国技术交易所有限公司董事长郭书贵表示，交易机构可以在其中发挥多方面作用，包括通过组织专利供需对接活动，发布专利供需信息等方式，促进专利供需双方进行对接；探索建立专利价值评价体系，提供专业的专利价值评价服务，促进专利供需双方对专利的价值达成共识，从而形成合作；进一步提高交易效率，通过技术交易，促进专利价值发现和价值实现；通过持续发行知识产权证券化产品及开展知识产权质押服务，为中小企业开展专利产业化提供金融支持。

"在政策实施过程中，需要不断完善政策细节。比如，专业机构积极参与投融资路演活动，对企业的投融资方案进行辅导，建立投融资数据库，对相关项目进行持续的跟踪和服务，形成常态化对接机制。"郭书贵建议，还要加强政策宣传和推广，让更多的中小企业了解这些政策，提高政策影响力；要加强政策监管和评估，及时发现问题并进行改进，确保政策的有效性和可持续性。

开展专项服务　降低上市风险

近年来，企业上市中的知识产权问题获得广泛关注。《方案》提出，支持开展企业上市知识产权专项服务，加强与证券交易所联动，有效降低上市过程中的知识产权风险。

前不久，安徽省拟上市企业知识产权服务工作站揭牌，工作站聚集券商、律所、知识产权服务机构、高校、协会等资源，为拟上市企业提供知识产权专项服务、精准帮扶。"企业上市过程中遭遇的知识产权风险很多，比如，知识产权信息披露不实、来自竞争对手的知识产权恶意诉讼等，都会给企业带来严重后果。"工作站专家、安徽天禾律师事务所合伙人陈军表示，《方案》提出的措施有望有效化解上述风险。"开展知识产权专项服务，可以让企业及早部署，建立规范完善的知识产权合规体系；加强与证券交易所联动，可以让企业与证券交易所有更多机会交流，减少恶意诉讼，避免干扰企业正常经营。"

"良好的知识产权管理体系可以显示出中小企业具备独立面向市场的经营能力，能够为其成功上市增加'筹码'。"袁真富表示，相关机构可以围绕帮助中小企业做好专利资产储备，规范知识产权信息披露，加强知识产权纠纷风险防范和应对能力等，开展企业上市知识产权专项服务。

"《方案》顺应企业需求，提出了切实可行的政策。中小企业自身也要练好'内功'，努力提升知识产权转化运用水平。"袁真富表示，期待《方案》的落地落实为中小企业带来实实在在的发展助益。

（李倩，原载于 2023 年 12 月 29 日《中国知识产权报》第 01 版）

004

推进重点产业知识产权强链增效

—— 《专利转化运用专项行动方案（2023—2025年）》系列解读④

现代化产业体系是现代化国家的物质技术基础。近年来，我国充分发挥知识产权对现代化产业体系建设的支撑引领作用，努力推动关键核心技术自主可控，知识产权赋能产业强链作用不断彰显。《专利转化运用专项行动方案（2023—2025年）》（下称《方案》）进一步从专利转化运用的角度，对推进重点产业强链增效作出专项部署，提出一系列务实举措，在激发各类主体创新活力和转化动力的同时，为新技术应用和新业态发展提供丰沃土壤，扩大专利产业化的规模和效益。

"《方案》通过培育高价值专利组合、建设运行重点产业专利池等部署，推进重点产业知识产权强链增效，能够有效提升专利质量，加快创新成果向现实生产力转化，形成重点产业领域知识产权竞争优势。"中南财经政法大学知识产权研究中心教授曹新明表示，《方案》推动形成技术供给与产业发展互动演进的发展格局，为建设现代化产业体系打造了新的动力引擎。

坚持创新强基　推动产业链自主可控

《方案》提出以重点产业领域企业为主体，协同各类重大创新平台，培育和发现一批弥补共性技术短板、具有行业领先优势的高价值专利组合。在此基础上，《方案》进一步强调，围绕产业链供应链，建立关键核心专利技术产业化推进机制，推动扩大产业规模和效益，加快形成市场优势。

"提升重点产业领域企业的知识产权创造水平，有利于提升其市场竞争力，从而推动整个产业的强链增效。"同济大学上海国际知识产权学院创新与竞争研究中心主任任声策表示，《方案》强调了"培育和发现"，这提示企业和各大创新平台，不仅要关注"培育"，聚焦企业已拥有的关键核心技术进行高价值专利布局，也要积极去"发现"，主动挖掘自身潜力。在任声策看来，专利转移转化的成效离不开市场的检验，建立关键核心专利技术产业化推进机制，应充分发挥我国超大规模市场优势，鼓励企业针对市场需求，培育和发现更多紧跟产业发展的高价值专利，如此一方面避免专利与市场脱节，另一方面，也能够降低企业信息搜寻成本、交易成本等，以此激发各类主体创新活力和转化动力，助力重点产业创新生态系统持续健康发展。

在推动知识产权运营方面，《方案》指出，支持建设产业知识产权运营中心，组建产业知识产权创新联合体，遵循市场规则，建设运营重点产业专利池。

"《方案》为绿色低碳产业大力推动专利产业化，加快创新成果向现实生产力转化指明了工作方向。"中国长江三峡集团有限公司是"碳中和"产业知识产权运营中心承建单位，该公司有关负责人表示，知识产权运营中心将在专利转化运用中大有可为，应发挥绿色低碳龙头企业引领作用，高标准建设和运行国家级产业知识产权运营中心，集聚和运营全球绿色低碳产业创新资源；组建绿色低碳产业知识产权创新联合体，推进产业链上下游知识产权协同运用，按照市场规则建设运营专利池，促进"强链""护链"。

提升产业能级　突出产业链竞争优势

随着新技术、新业态、新模式蓬勃兴起，我国企业技术标准与科技创新、市场拓展的联动效应愈加凸显。《方案》中专门提到"深入实施创新过程知识产权管理国际标准，出台标准与专利协同政策指引，推动创新主体提升国际标准制定能力"。

"在新兴技术突飞猛进的今天，'先技术后标准'的传统模式已经无法适应当前时代发展，需要将标准化工作与技术研发工作紧密结合、协同发展。"国际电工委员会（IEC）国际标准促进中心（南京）国际标准部主任胡浩表示，有全球竞争力的产业，必然有国际标准影响力，此项政策有利于进一步激励我国创新主体在新能源等战略性新兴产业和优势领域加强标准必要专利国际化建设，以"技术专利化、专利标准化、标准国际化"引领产业发展、占据国际市场。胡浩提出，在实际落实过程中，可能会存在协同机制不畅、信息共享不足等问题，他建议，需要进一步建立跨部门、跨机构的合作机制，促进标准与专利之间的有机结合，加强信息流通和分享，同时，还要加强专业人才队伍建设，全方位优化人才发展环境，鼓励更多的专家参与到国际标准制定工作中来。

此外，面向未来产业等前沿技术领域，《方案》还提出鼓励探索专利开源等运用新模式。

"作为一种新兴的专利运用方式，专利开源不再强调对技术的独占，而是更为关注专利的公开透明与协作共享，这有利于迅速建立专利生态，实现市场开拓、技术聚集等目标。"曹新明表示，鼓励探索专利开源等运用新模式，能有效吸引业内企业打通产业链的上下游，形成技术联盟提升产业能级，加快以科技创新引领产业变革，在创新发展、集群发展、融合发展等方面稳定提升产业链，确保产业链的安全畅通，提高产业链的竞争力。

"《方案》针对推进重点产业知识产权强链增效提出的每一项工作都存在很大的挑战，关键在于抓落实。"任声策建议，可以尝试先在个别重点产业进行试点，推动形成专利链与产业链深度融合的有益经验，进而加快服务构建现代化产业体系和高水平科技自立自强。

（黄佾，原载于2024年1月12日《中国知识产权报》第01版）

着眼重点领域　　撬动万亿产值

——《专利转化运用专项行动方案（2023—2025年）》系列解读⑤

推动专利转化运用，充分挖掘专利价值，大力发展专利密集型产业，是推动高质量发展的一项战略任务。《专利转化运用专项行动方案（2023—2025年）》（下称《方案》）作出"大力推进专利产业化，加快专利价值实现"工作部署，在此基础上开展一系列关于培育推广专利密集型产品的举措。其中提出，力争到2025年备案认定的专利密集型产品产值超万亿元。

"对专利密集型产品的认定、培育、推广工作，是发展专利密集型产业的重要抓手。"中国科学院科技战略咨询研究院研究员宋河发对中国知识产权报记者表示。据了解，为配合《方案》实施，国家知识产权局加强与相关部门协同，加快推进产品认定，分产业领域集中认定一批经济效益高、专利价值贡献突出的专利密集型产品。1月11日，《2023年度专利密集型产品拟认定名单》发布，拟认定2300多项专利密集型产品。

认定专利密集型产品

《方案》提出，加快完善国家专利密集型产品备案认定平台，以高新技术企业、"专精特新"企业、科技型企业等为重点，全面开展专利产品备案，2025年底前实现全覆盖，作为衡量专利转化实施情况的基础依据。

目前，我国对专利密集型产品采取专利产品备案和专利密集型产品认定"两步走"的方式，先行启动专利产品备案工作，后续根据产品备案和数据积累情况开展专利密集型产品认定。

重庆艾生斯生物工程有限公司是一家国家级"专精特新""小巨人"企业，该公司知识产权总监李强告诉记者，专利产品和专利密集型产品充分反映企业的核心竞争力，是创新成果的直观体现，也是产业化的主要载体。通过专利密集型产品的认定过程，企业可以全方位、多维度地审视并提升自身的专利管理水平，以进一步增强专利产品的竞争力和附加值。

《方案》同时提出，围绕专利在提升产品竞争力和附加值中的实际贡献，制定出台专利密集型产品认定国家标准，分产业领域开展统一认定。

目前我国认定的专利密集型产品，是指参照2022年8月实施的团体标准《企业专利密集型产品评价方法》，达到所属产品分类评价基准，经济效益高且专利价值贡献突出的产品。记者注意到，在《2023年度专利密集型产品拟认定名单》中，既有使用了超过200件专利的"悬臂式掘进机""列车调度和控制一体化系统"等产品，也有使用专利总数为1件至2件的"盐酸曲马多片""有机硅流化床反应器"等产品。这份名单在显著位置注明：专利密集型产品是指主要由所使用的专利带来市场竞争优势的产品。

长期关注知识产权密集型产业领域研究的同济大学上海国际知识产权学院教授单晓光告诉记者，这体现了专利密集型产品认定标准区分产业领域的特点。他表示，专利密集型产品的认定和培育应着力凸显其市场价值，应优化专利组合布局分布，合理配置并充分利用创新资源，发挥这项工作对产业发展的应有作用。

提升专利产业化水平

"与非专利密集型产业相比，专利密集型产业创新活力明显更强、创新水平明显更高。"单晓光告诉记者。

专利密集型产业成长性高、创新能力强，在支撑实体经济创新发展中发挥了重要作用，这一结论已经得到广泛认可。《方案》提出，培育推广专利密集型产品，健全专利密集型产业增加值核算与发布机制，加强专利密集型产业培育监测评价。

就如何培育推广专利密集型产品，宋河发表示，专利同时具有技术属性和权利属性，技术属性对应着专利的创新优势，权利属性则赋予创新者一定期限内的市场独占权。他认为，培育推广专利密集型产品的过程中，应该对专利的技术属性与权利属性抱以同样的重视。希望创新主体能够通过行使专利权，实现从专利布局到产业布局的跃升，进一步提升专利产业化能力和水平。

单晓光介绍，从十年前的"专利密度高于平均水平"，到"专利规模和密度均高于全国平均水平，同时考虑政策引导性因素"，再到如今更加复杂和精细化的认定标准，我国对于专利密集型产业的统计标准一直在持续发展优化。

国家知识产权局办公室印发的关于开展专利密集型产品认定工作的通知强

调，强化专利密集型产业培育监测和专利产业化水平提升的数据底座功能，为优化知识产权创造、保护、运用各项政策和评价提供基础依据。

"我国地域广阔，各地资源禀赋、经济水平和产业发展情况差异巨大，各区域要因地制宜，优先考虑发展具有比较优势的知识产权密集型产业，从而带动区域内其他产业的协调发展。"单晓光建议。

（刘阳子，原载于2024年1月19日《中国知识产权报》第01版）

006

打通转化关键堵点　　激发运用内生动力

——《专利转化运用专项行动方案（2023—2025年）》系列解读⑥

目前我国已跨入创新型国家行列，全社会研发投入强度突破2.5%，在全球创新指数中的排名位列第十二位。将创新"内力"最大程度转化为现实生产力，要求我们瞄准实践中成果转化的软肋、找准阻碍转化的原因、打通成果转化的关键堵点。

《专利转化运用专项行动方案（2023—2025年）》（下称《方案》）聚焦切实解决专利转化运用的源头质量问题、主体动力问题、市场渠道问题，从强化专利转化激励、强化提升专利质量促进专利产业化的政策导向及加强促进转化运用的知识产权保护工作"三向"发力，作出了系统部署。

突出质量和效益

严把专利转化运用源头质量关，就是要求科技问题从生产实践中来，科研成果到生产实践中去，做到基础研究要真有发现，技术创新要真解决问题，成果转化要真有效果。

"过去，一项技术无论是否有必要通过专利进行保护，如果发明人提出专利申请需求，高校和科研院所大多会按照既有程序协助开展专利申请工作，由此难免产生不以保护创新和成果转化为目的的专利申请，进而难以充分实现专利价值。"中国科学院青海盐湖研究所文献情报与编辑部副主任、青海盐湖产业知识产权运营中心负责人葛飞表示，对此，《方案》强调涉及专利的考核应突出"质量导向"和"转化效益导向"，进一步为科技创新明确了"高质量"准绳。

"《方案》提出推动高校、科研机构加快实施以产业化前景分析为核心的专利申请前评估制度，也是一项可以防止专利申请'盲目上马'的重要制度设计，以真正遴选出高质量、具有产业化前景的专利进行推广应用。"中国政法大学教授、中国知识产权研究会副理事长冯晓青认为，如何解决高校、科研院所依靠自身力量难以合理评估专利价值的问题，将是该条举措落地到位的关键。

湖南省知识产权交易中心副总经理甄彧表示，建立可靠的专利申请前评估制度，应当结合《方案》提出的"梳理盘活高校和科研机构存量专利""针对高价值存量专利，匹配政策、服务、资本等优质资源，推动实现快速转化"等部署，实行"交叉落地"。"专利价值实现是典型的市场经济活动，要求投资收益明确、潜在风险可控、价值认同达成。因此，专利申请前评估的重点应当是使各参与方在'价值与风险认同'上达成一致，通过高效的信息流转充分展示专利转化前景与潜在风险，在市场供需方之间达成价值共识，如此方能有效提升专利转化的成功率。"甄彧说。

加强激励与敦促

解决专利转化运用的主体动力问题，一方面要消除科研人员在专利转化中的"责任顾虑""激励顾虑""保护顾虑"等；另一方面要对科研行为和专利转化运用情况形成监督和敦促，避免科研资源的"悄然"闲置。

根据《2022年中国专利调查报告》，科研人员对职务科技成果"不愿转""不敢转"的一项主要原因是"担心转化专利成果的价值被低估造成单位和个人利益损失"。"对此，《方案》提出健全专利转化的尽职免责和容错机制，优化相关国有资产考核方式，这一举措符合技术创新规律，前期也已形成了一定的试点经验，在此基础上进一步明确落实尽职免责和容错机制的细致场景、做法及政策尺度，将能够有效打消'责任顾虑'。"辽宁省科技厅厅长蔡睿表示。

"促进职务发明创造转化运用，不仅需要调动有关主体的实施主动性，而且需要切实激发科研人员的创造热情，要从畅通赋权机制、加强权益激励等层面持续出实招。"冯晓青表示，国家知识产权局联合科技部等部门开展赋予科研人员职务科技成果所有权或长期使用权改革试点，成效已经显现。在此基础上，《方案》继续提出强化职务发明规范管理，建立权利义务对等的知识产权收益分配机制；对达成并备案的专利开放许可，依法依规予以技术合同登记认定等举措，进一步增强了权益保障，拓宽了激励渠道，为科研人员注入了成果转化的"强心剂"。

特别值得一提的是，2024年1月14日，《建立财政资助科研项目形成专利的声明制度实施方案》正式印发实施。该项制度同样是《方案》着力提升专利质量、促进专利产业化的关键落脚点之一。蔡睿认为："实施财政资助科研项目形成专利的声明制度，既可以从源头梳理这类科研项目专利保护的目标和未来应用的预期，让科研主体'心中有数'；也可以让国家有关管理部门持续跟踪分析相关专利的数量规模、申请质量、转化运用等情况，及时采取更有针对性的转移转化支持政策和措施。"

科技成果转化堵点的形成与消解均非一朝一夕。受访专家均认为，要持续细化《方案》措施、扎实推进落实，在实践中解决实际问题，正确认识并积极引导创新创造、转化运用的合理布局与安排，方能寻找到提升转化运用内生动力的精准切口。

（李杨芳，原载于2024年1月26日《中国知识产权报》第01版）

007

让知识产权要素有序流动

——《专利转化运用专项行动方案（2023—2025年）》系列解读⑦

促进要素自主有序流动，提高要素配置效率，才能进一步激发全社会创造力和市场活力，推动经济发展质量变革、效率变革、动力变革。《专利转化运用专项行动方案（2023—2025年）》（下称《方案》）提出要培育知识产权要素市场，构建良好服务生态，并从建设市场体系、推进金融支持、完善服务链条、畅通国际循环等角度作出了具体安排。

提高配置效率

如何让知识产权要素有序流动？充分发挥市场在资源配置中的决定性作用是重要方面。《方案》提出，"高标准建设知识产权市场体系""建立统一规范的知识产权交易制度"。

"建立规范有序、充满活力、互联互通的知识产权运用网络和统一规范的交易制度，是《方案》的内在要求。"中南财经政法大学知识产权学院院长黄玉烨在接受本报记者采访时表示，建立全国范围内互联互通、开放共享的知识产权市场，更有利于将知识产权资源配置放大到全国范围，促进知识产权转化运用。

在转让、许可等知识产权交易平台建设方面，各地近年来均有探索。海南国际知识产权交易所副总经理刘丽颖介绍，该所积极探索开展跨区域多边合作，与国内多家交易场所达成互联互通的合作共识，目前已经与中国技术交易所、上海技术交易所等实现产品互挂。"各类平台互联互通、开放共享对于高标准建设知识产权市场体系具有重要作用，有助于打通科技成果转移转化'最后一公里'问题，促进知识产权交易和科技成果转化。"刘丽颖说。

不仅要实现跨区域互通，更要实现各类型平台的纵向互联。"特别是在正在探索建立的数据要素市场中，更应体现出知识产权交易平台之间的对接联动。"黄玉烨认为，数据这一新兴生产要素市场，应在建立之初加强数据登记平台与区块链存证平台、公证机构等的互联互通，引导市场内的数据产品安全合规地开展交易，也为交易平台数据产品准入审核增加一道安全保护屏障。

黄玉烨表示，此次《方案》提出"健全知识产权评估体系，鼓励开发智能化评估工具"，以此为契机统一并健全评估标准、路径和方法，明确评估方责任归属，对客观公正地评估知识产权资产价值将带来正面影响，为解决评估难问题提供了解决思路。

提供"财""力"支持

不断为经营主体提供高质量服务资源，让经营主体在想转化时有财力、有能力进行转化，才能为专利转化的市场化资源配置提供强而有力的支撑。

在向经营主体提供多元化知识产权金融支持方面，对于《方案》提出的"探索创业投资等多元资本投入机制""支持以'科技成果+认股权'方式入股企业"，北京仁诚神经肿瘤生物技术工程研究中心有限公司董事长李艺影深有感触。"这种方式通过将研究机构与企业进行科研与资金的'捆绑'，能够达到双方齐头并进的效果，能有效发挥激励创新、促进专利质量提升、增强产学研合作等作用。"李艺影说。该公司是以北京市神经外科研究所的专利作价入股的方式组建，现正在积极推进"肿瘤分子病理伴随诊断检测技术"等诊断试剂专利转化，用于诊断试剂产品开发。基于公司管理实践，李艺影表示，在推进专利作价入股工作中，应建立有效的管理和监督机制，确保专利入股过程的公平、透明。

在为经营主体提供完善的专利转化运用服务方面，首都知识产权服务业协会常务副会长高永懿认为，《方案》中提到的"树立以促进专利产业化为导向的服务理念"是知识产权服务业促进专利转化的关键，也是行业发展的方向。"近年来，我们鼓励代理机构、代理师带着专利产业化的思路深度参与到专利申请全流程。特别是在技术交底书的撰写中，就要融入专利布局、专利转化的思想。"高永懿表示，应让专利转化从源头融入创新过程。知识产权服务机构应主动作为，在专利文件质量上形成行业标准，为专利转化打好源头基础。此外，知识产权服务机构还应不断拓宽服务范围，在专利转化运用以及专利战略制定、专利挖掘、专利信息整理等方面为经营主体提供更多服务类型，在更好支撑专利转化运用的同时，也为行业的可持续发展探索新的赛道。

正如《方案》提出的"激发各类主体创新活力和转化动力，切实将专利制度优势转化为创新发展的强大动能，助力实现高水平科技自立自强"，相信市场这只"无形的手"将在优化知识产权要素资源配置方面释放巨大效能，加快培育知识产权要素有序流动的良好生态。

（杨柳，原载于2024年2月2日《中国知识产权报》第01版）

专利转化运用在行动·配套政策

008

八部门印发《高校和科研机构存量专利盘活工作方案》——
形成更多符合产业需要的高价值专利

科技创新绝不仅仅是实验室里的研究，而是必须将科技成果转化为推动经济社会发展的现实动力。当前，高校和科研机构创新日益活跃，但同时，一部分创新成果与产业需求结合还不够紧密，专利转化运用存在一些难点堵点，需要着力加以解决，从而进一步支撑实体经济高质量发展。

国务院办公厅印发的《专利转化运用专项行动方案（2023—2025年）》将"梳理盘活高校和科研机构存量专利"作为首要任务。为落实该部署，2024年1月26日，国家知识产权局、教育部、科技部等8个部门联合印发了《高校和科研机构存量专利盘活工作方案》（下称《工作方案》），从盘活存量和做优增量两方面发力，在与企业有效对接的基础上引导高校和科研机构形成更多符合产业需要的高价值专利。

盘活存量　挖掘潜在市场价值

《工作方案》强调：力争2024年底前，实现全国高校和科研机构未转化有效专利盘点全覆盖，2025年底前，加速转化一批高价值专利，加快建立以产业需求为导向的专利创造和运用机制，推动高校和科研机构专利产业化率和实施率明显提高，努力促进高校和科研机构专利向现实生产力转化。

"高价值专利对创新主体利用市场机制展开产业化活动意义重大。高校和科研机构存量专利盘活工作的手段是盘点，目的是盘活，能够通过多角度多环节的专业工作，对高校院所的现存专利价值予以详细确认，以便优化配置专利产业化资源，在明确、合理的时间周期内，激活专利服务产业创新发展的作用，为我国产业高质量发展作出支撑。"中国科学院科技战略咨询研究院研究员刘海波在接受本报记者采访时表示。

《工作方案》要求，国家专利导航综合服务平台（下称综合服务平台）根据高校和科研机构现行有效的存量专利构建存量专利基础库。该平台将提供数据汇集、分类整理、分析匹配、跟踪反馈等服务支撑，向各方推送共享相关数据。

同时，方案强调了由供需两端分别对存量专利的产业化前景进行评价，即首先由供给端的高校院所对自有存量专利进行"自评"，再由需求端相关领域的企业从市场的角度进行"他评"，强化市场导向，以提高存量专利产业化前景评价的科学性和有效性。

清华大学技术转移研究院院长王燕认为，盘活存量，评估是基础。高校应对存量专利进行全面梳理和盘点，建立以市场为导向的存量专利筛选评估机制；盘点时，高校应按照《工作方案》，综合考虑技术成熟度、应用场景、产业化前景等因素，充分发挥发明人、校内管理部门、专业服务机构的作用，优先盘点重点产业、优势学科的发明专利。

就企业对高校、科研机构的专利的"他评"，刘海波表示，企业是专利产业化的主力军，上规模、可重复的生产经营活动离开企业无从谈起，因此，对于高校和科研机构筛选出的可转化专利，必须高度重视企业就其产业化前景的评估和反馈工作，在实践中逐步摸索，形成良性闭环互动，并以此机会和模式把我国的产学研融合创新推向新阶段。

做优增量　加快形成新质生产力

高校和科研机构的存量专利是动态形成的，新申请、新授权专利的不断涌现，又将转化为新的存量专利。必须从源头上提升专利申请质量，做优专利增量，才能从根本上盘活存量专利，做到新增一批、转化一批，避免"前清后欠"。

《工作方案》要求，高校和科研机构要在综合服务平台上及时关注并接收企业对可转化专利的评价反馈信息，一方面，根据企业评价反馈的技术改进需求，配合企业共同开展专利技术的验证、中试等工作，对相关专利技术进行优化改进，提升专利产业化的成功率；另一方面，围绕企业反馈的产学研合作需求，特别是关键核心技术攻关、具有重大应用前景的原创技术等重点需求，以问题为导向，与企业联合攻关，开展订单式研发和投放式创新，产出和布局更多符合产业需求的高价值专利。

"坚持产出高价值专利是做优增量、强化专利产业化的'源头活水'。高校和科研机构既要面向企业需求推出高价值专利，实现面向经济主战场的战术目标；也要面向战略性新兴产业创造高价值专利，实现承载国家需要的战略目标。"中国科学院大连化学物理研究所副所长李先锋举例，该所通过与企业围绕产业需求开展联合研发，推进需求导向的技术创新，共同参与重大项目攻关，注重相关领域高价值专利导航与布局，推动了高质量知识产权创造和运用。

同时《工作方案》要求，在政策方面，突出专利质量和产业化导向，出台有利于转化的政策制度，清理不利于转化的政策制度，将专利转化效益纳入高校和科研机构学科评价、机构评估、项目评审、人才评价、职称评定等评价指标。

"高校和科研机构的存量专利盘活工作会进一步强化'不转化就是最大浪费'的专利价值观，有力引导高校院所的研发人员和知识产权工作人员快速调整研发和知识产权工作定位，瞄准事关国计民生的重大产业需求，开展有组织的科技攻关，部署有竞争力的专利组合，切实打通产业链、资金链、价值链和专利链，为新质生产力的加快形成和发展筑牢知识产权阵地。"刘海波说。

（吴珂，原载于 2024 年 3 月 1 日《中国知识产权报》第 01 版）

009

江苏印发专利转化运用专项行动实施方案——

提质量　强机制　重实效

促进专利转化运用是加快科技成果转化为现实生产力的重要手段，也是加快形成新质生产力的重要举措。为深入贯彻落实国务院办公厅印发的《专利转化运用专项行动方案（2023—2025年）》，江苏省政府办公厅印发《江苏省专利转化运用专项行动实施方案》（下称《实施方案》），明确了江苏省专利转化运用的路线图和时间表。近日，江苏省政府召开新闻发布会，解读《实施方案》主要内容。

《实施方案》提出，到2025年，江苏基本建成资源配置效率高、要素市场活力强、配套服务供给足、利益共享机制优的专利转化运用体系，为着力打造具有全球影响力的产业科技创新中心提供重要支撑。其中明确，涉及专利的技术合同成交额达800亿元、备案认定的专利密集型产品年产值达1000亿元、专利密集型产业增加值占地区生产总值的比重达17%。

突出专利质量导向

《实施方案》突出质量导向，将提升专利质量作为推动专利转化运用的基础性工作，提出培优专利产出增量，淡化考核评价中数量要求，强化质量源头治理等目标任务。江苏省知识产权局局长支苏平介绍，《实施方案》提出"提升专利质量，夯实专利转化运用基础"，包括盘活高校和科研机构存量专利、培优专利产出增量、突出专利质量目标导向等3项任务。

"省教育厅和全省高校坚持'科技成果只有转化才能真正实现创新价值'的理念，推动高校科技创新成果加快转化为新质生产力。"江苏省教育厅一级巡视员袁靖宇表示，要加快推进高价值专利培育转化，鼓励高校牵头企业组建高价值专利培育示范中心，提升专利源头质量，加速构建以市场需求为导向的高价值专利培育机制。

"对接什么""谁来对接""如何对接"是江苏省连接专利供给端和需求端要解决的3个重点问题。对此，《实施方案》提出"实施差异化推广对接措施""精准对接市场需求"等具体举措。

支苏平介绍，江苏在高校院所存量专利盘点的基础上，将相关专利智能化匹配到企业，并引导企业有针对性地提出技术改进需求和产学研合作意愿，将具有较好市场前景且能够转化运用的专利筛选出来，梳理形成可转让专利资源库，回答好"对接什么"的问题；支持产业知识产权运营中心，组织技术经纪人、专利代理师等专业团队，深入企业挖掘技术创新需求，分析产业专利发展态势，聚焦关键核心技术，开展专利收储、二次开发、概念验证、供需对接等服务，为专利对接活动提供支撑，回答好"谁来对接"的问题；按照专利技术市场化前景不同，分层次、分类型开展对接活动，回答好"如何对接"的问题。

疏通转化关键堵点

创新主体对专利"不愿转、不敢转、不能转"，很多情况下是因为转化机制运行不畅。《实施方案》聚焦制约专利转化运用的堵点、难点，特别是机制障碍性问题，提出建立专利转化运用发布机制、推进赋权改革试点、实施专利声明制度、优化利益分配、完善容错纠错机制等机制创新。

针对《实施方案》提出的"深化科技成果赋权改革试点"，袁靖宇介绍，江苏扩大高校职务科技成果赋权试点改革范围，细化赋权程序，激发科研人员的成果转化动力；完善职务科技成果资产管理机制，探索职务科技成果单列管理机制，消除科研人员、管理人员科技成果转化顾虑；深化高校科研评价机制改革，强化成果转化应用导向，引导高校科研人员将更多精力投入到科技成果转化中去。

"高校、科研院所利用财政资金取得的技术类知识产权，是职务科技成果的重要形式。"江苏省科技厅副厅长倪菡忆介绍了江苏开展科技成果赋权改革试点进展：2020年，我国开展赋予科研人员职务科技成果所有权或长期使用权试点，江苏4家单位获批列入试点，探索"先使用后付费""先确权后转化""赋权+权益让渡""拨投结合"等一批多样化赋权模式，取得积极成效。在此基础上，江苏在更大范围内推进科技成果赋权改革试点，去年进一步遴选14家单位，支持其开展赋予科研人员职务科技成果所有权或长期使用权试点，进一步打通机制壁垒，激发科研人员创新活力。

赋能实体经济发展

如何实现从专利强到产业强？江苏力争将专利转化运用的实效体现在助力构建现代化产业体系上。《实施方案》聚焦江苏省"1650"现代化产业体系和"51010"战略性新兴产业集群，提出建设重点产业知识产权运营中心、实施产业专利导航工程、培育和壮大专利密集型企业和产业、加大"苏知贷"金融产品投放力度等务实举措，提高了方案的实效性。

"专利密集，是现代化产业体系的显著特征。发展新质生产力，必然要发展专利密集型产业，必然要壮大专利密集型企业队伍。"江苏省工业和信息化厅副厅长张星介绍，江苏将实施世界级先进制造业集群培育专项行动，以16个先进制造业集群，统摄和引领50条重点产业链强链补链延链，增强10个专利密集的国家级集群辐射带动效应；"一群一策"实施培育提升方案，加快打造新型电力装备、新能源等5个世界一流，新材料、物联网等5个国际先进，航空航天、新一代信息通信等6个全国领先的"556"集群方阵。

为进一步构建良好服务生态，《实施方案》提出，推进多元化知识产权金融支持。国家金融监督管理总局江苏监管局二级巡视员周盛武介绍，该局联合江苏省知识产权局印发《关于做好知识产权质押融资银企对接的通知》，分区域、分行业、分机构开展银企对接活动，精准解决企业融资需求；组织辖内银行机构梳理汇集126个针对性强、适配度高的知识产权质押融资等产品。截至2023年底，江苏省知识产权质押融资余额180.7亿元，较上年末增长92%，当年累放贷款金额、户数均居于全国前列。下一步，该局将持续创新和优化与知识产权相关的金融产品与服务，为江苏知识产权强省建设贡献金融力量。

（吴珂，原载于2024年3月22日《中国知识产权报》第01版）

010

五部门联合印发方案——

全链条融通发展　以专利助企成长

"我们很多创新成果需要快速有效地得到产业验证，方案里提到的服务支撑政策，真的非常好！"合肥九韶智能科技有限公司是一家创业中的中小企业，其总经理郑裕峰在一份方案中看到了发展的机遇。

近日，国家知识产权局与工业和信息化部、中国人民银行、金融监管总局、中国证监会联合印发《专利产业化促进中小企业成长计划实施方案》（下称《实施方案》），以全链条服务为理念，推动专利链与创新链、产业链、资金链、人才链融通发展，加速知识、技术、资金、人才等要素向中小企业集聚，形成以专利产业化促进中小企业成长的发展路径。

"科技革命和产业变革的发展史告诉我们，今天引领科技革命和产业发展的大企业，几乎都是从中小企业起步的，都是科技革命的弄潮儿。"同济大学上海国际知识产权学院教授、中国知识产权研究会副理事长单晓光在接受《中国知识产权报》记者采访时表示，我国中小企业数量众多，对专利转化有着强烈需求，因此，面向中小企业开展专利产业化工作举足轻重。

加速要素向中小企业集聚

我国众多中小企业是新技术新产业新业态的重要源泉。《实施方案》以专利产业化为出发点和落脚点，从全链条服务角度促进创新资源要素有效流动和高效配置，助力企业加速成长壮大。

《实施方案》要求，融通创新链，加强专利技术对接和研发。以市场需求为导向，加强专利技术供需双方对接合作，引导科技型创新型中小企业深度参与高校和科研机构存量专利盘活工作，推动产学研深度合作，加快培育高价值专利或者专利组合，助力企业高效获取创新资源、降低创新成本。

"一般而言，中小企业很难设立自己独立的研发部门，主要依赖于与其他科研机构合作。因此，推动中小企业与高校、科研机构等开展产学研深度合作是融通创新链的重点，应该置之于最前端。鼓励中小企业向高校和科研机构出题目、立选项，全程参与研发创新，这样的融通创新才是务实有效的。"单晓光表示。

就社会普遍关注的专利评估难问题。《实施方案》在"畅通资金链，强化专利产业化投融资支持"部分提出，健全知识产权评估体系，鼓励支持运用大数据、人工智能等手段，开发科学可靠的评估工具，为专利产业化投融资提供基础支撑。

"专利转化运用不同于其他，由于专利供需双方信息不对称，交易定价机制很难达成共识。"来自江苏国际知识产权运营交易中心的毕速成对专利价值评估做了深入研究。他认为，专利交易定价需要充分考虑其所涉及的技术、市场、法律及经济等多个因素。在利用大数据和人工智能等手段对专利进行评估时，需要结合实际情况评判所涉及技术的市场价值，结合产业资讯及产业特点，分析技术难度、技术创新程度和市场需求等。可以考虑针对不同产业，研发具有较高针对性的分析工具，根据产业的不同特征，调整评估过程中不同因素的权重，提高评估的准确性和客观度。

围绕其他要素，《实施方案》也提出了相应举措。比如，在融入产业链方面，提出以专利为媒介串联产业上下游，支持具有专利技术特长的中小企业入链融链；在筑强人才链方面，提出支持中小企业培养复合型实用型知识产权人才，为专利转化运用和知识产权管理提供智力支持；在打通服务链方面，强调在实施过程中，围绕专利产业化全链条，注重发挥公共服务与市场化服务的叠加效应，探索构建供需匹配、精准对接、协同高效、运行顺畅的专利产业化服务体系。

打造专利产业化样板企业

"到 2025 年底，培育一批以专利产业化为成长路径的样板企业，从中打造一批'专精特新''小巨人'企业和单项冠军企业，加速形成重点产业领域知识产权竞争新优势；助推一批符合条件的企业成功上市"，是《实施方案》提出的一项工作目标。

这些样板企业如何打造？《实施方案》提出，建立专利产业化样板企业培育库。入库企业实行动态调整机制，经过一段时间重点培育，达到出库标准的，经评估后，予以出库。出库标准为专利产业化率明显提升，新增一件以上专利密集型产品，或者已获认定的专利密集型产品年销售额及利润均实现较大幅度增长。

聚焦企业快速发展过程中的突出问题，《实施方案》对科技型中小企业特别是入库企业给予政策倾斜。其中包括，助推专利技术产品化产业化。鼓励支持国家制造业创新中心、先进制造业集群、中小企业特色产业集群、国家新型工业化产业示范基地等，为企业提供专利技术成果概念验证、中试等服务支撑。

"我们对这个政策十分期待，当前，公司在工业软件开发方面有很强的算法创新、技术创新等底层创新能力，十分需要得到产业验证。如果相关国家制造业创新中心、相关龙头企业能够开放应用场景，给我们的创新成果提供验证和试用的机会，或者一起建立工业软件和制造业联合创新中心，共同建设应用场景，将加快推进创新成果的产业化。"郑裕峰说。

"提高资本市场服务赋能水平"同样是《实施方案》提出的工作目标之一。其中要求，集成知识产权公共服务资源和专业服务力量，打造一批服务于资本市场的知识产权专业服务机构，为企业提供知识产权合规辅导等专业服务，有效降低上市过程中的知识产权风险。

"充分利用各类知识产权运营交易平台优势，解决中小企业在专利转化中遇到的难点，提供一站式解决方案。"毕速成建议，这些机构应在专利申请时，引导中小企业以商业化思维开展专利布局，提升专利申请质量，筑牢专利转化运用基础；加大宣传力度，提升中小企业专利转化运用意识，不断扩大知识产权金融受益面；为高校院所等单位专利转化运用提供挂牌交易、拍卖、网络竞拍等服务；在上市过程中，为企业提供专业辅导，有效降低上市过程中的知识产权风险。

（吴珂，原载于2024年3月29日《中国知识产权报》第01版）

011

上海探索落地对专利开放许可进行技术合同认定登记——

除制度壁垒，让技术与市场"实联"

"对达成并备案的专利开放许可，依法依规予以技术合同登记认定"，是《专利转化运用专项行动方案（2023—2025年）》围绕打通转化关键堵点提出的一项激励性政策举措，也是国家知识产权局部署推进专利开放许可制度全面实施的一项重要工作。

目前，上海市技术市场管理办公室依托上海技术交易所［上海市技术合同认定（52）登记处］（下称上技所）在全国范围内率先探索建立了技术交易与技术合同登记联通机制，简称"双证通用"，并为上技所开设了专利开放许可合同审定专用通道，以上技所出具的专利开放许可交易凭证，作为专利开放许可合同认定审核依据，提供"一站式"服务。

目前，上海市首批专利开放许可合同已完成技术合同认定登记。技术出让方上海哔哩哔哩科技有限公司与技术受让方拉扎斯网络科技（上海）有限公司、三明市脉源数字文化创意有限公司共计3单完成备案的"免费"专利开放许可合同，经上技所受理审核，最终由上海市技术市场管理办公室审定完成技术合同认定登记。

"从加强专利转化激励角度而言，对专利开放许可合同实施技术合同认定登记，能够有效促进技术合同认定登记的激励政策向技术交易市场延伸。"上技所交易部有关负责人表示。

据介绍，技术交易是技术合同认定登记的前序流程和行为，但对于合同金额为零的技术交易或交易条件开口的复杂类型技术交易，对其实施技术合同认定的难度较大，进而导致此类交易行为无法享受技术合同认定给予的免征增值税、减免企业所得税、申请各级科技计划项目资助等政策倾斜，影响了经营主体的入场积极性。

"专利开放许可实施中较为常见的一种价款给付方式是'零元'许可+转化收益分配，探索落地专利开放许可合同认定登记，能够保障专利开放许可交易主体依法享受技术市场的政策惠益，并通过技术合同认定强化其技术落地的市场公信力，进一步提升各类创新主体实施专利开放许可、推进专利产业化的积极性。"上述负责人说。

从优化制度衔接的角度而言，现有实践是以技术交易凭证为纽带，仅需"一次受理"，将其作为专利开放许可合同认定登记的审核依据，直接对接技术合同认定登记程序。"这项探索推动专利开放许可、技术合同认定登记两项行政事务从'虚联'走向了'实联'，可以有效破除知识产权合同与技术合同的制度性壁垒，提高政策的统一性、规则的一致性和执行的协同性，促进知识产权管理与技术市场管理体系有效衔接。"上技所交易部有关工作负责人表示。

记者从上海市知识产权局了解到，该局将持续联合上海市技术市场管理办公室、上技所、上海市知识产权交易中心等单位和平台，对专利开放许可合同认定开展大力宣贯，支持上技所的实践在上海市知识产权交易中心复制推广，不断扩大技术交易与技术合同登记联通机制的覆盖面和影响力。上海市知识产权局还将联合上技所加强完善专利开放许可交易规则及交易系统，为我国全面实施专利开放许可制度提供更多可复制、推广的试点经验。

（李杨芳，原载于2024年4月3日《中国知识产权报》第01版）

012

辽宁推进专利转化运用助力全面振兴新突破三年行动——

强转化　促运用　开新局

为深入贯彻落实国务院办公厅印发的《专利转化运用专项行动方案（2023—2025年）》（下称《行动方案》），辽宁省迅速行动，在全国范围内率先出台由省人民政府办公厅印发的《辽宁省推进专利转化运用工作实施方案（2023—2025年）》（下称《实施方案》），并成立由辽宁省分管副省长任组长，辽宁省人民政府副秘书长及省知识产权局局长任副组长，省教育厅、省科技厅、省工业和信息化厅等17个单位为成员单位的辽宁省推进专利转化运用工作专班（下称专班）。近日，专班第一次全体会议在沈阳召开，会议对《行动方案》和《实施方案》进行了详细解读，并进一步研究通过了2024年度专利转化运用工作重点任务分工及具体落实举措。

"《实施方案》总体突出专利产业化导向和服务实体经济、突出知识产权制度供给和技术供给的双重作用等方面。"辽宁省知识产权局有关负责人介绍。《实施方案》提出，到2025年，推动一批高价值专利实现产业化，有效助力4个万亿级产业基地和22个重点产业集群建设。其中明确，经国家备案认定的专利密集型产品产值超200亿元，建成5个区域性知识产权服务业集聚区、30个高价值专利培育中心或产业知识产权运营中心、15个专利导航服务基地等目标。

依托科教优势　盘活存量专利

辽宁作为科教大省，高校及大型科研院所相对集中，科教资源丰富，创新底蕴深厚，尤其是金属材料、航空发动机、工业自动化等领域的学科和专业研究在国内占有重要地位。但是，辽宁也存在高校专利转化不够充分，科技创新对产业创新的支撑引领作用发挥不全面等短板。

如何将科教资源优势切实转化为发展优势？《实施方案》立足本土特色，从创新源头出发，在专利培育、评估、运用、保护、机制管理、收益分配等多方面制定举措，积极梳理盘活高校和科研机构的存量专利，全面激发高校及科研机构专利转化动力。

"这些举措大多以市场为导向，极具针对性，有利于加速盘活存量专利，推动其实现快速转化。"大连海事大学科技处处长弓永军认为，对于高校和科研机构而言，《实施方案》的任务主要涉及梳理盘活存量专利、进一步提升专利质量、强化专利转化激励等3个方面，为未来3年高校和科研机构在专利转化运用方面指明了路径。

"《实施方案》紧密结合辽宁省实际，既是一幅路线图，又是一针强心剂，为辽宁省高校和科研机构提升自身转化运用能力提供了极大助力。"大连理工大学科研院成果转化办公室主任肖瑛珺表示，梳理盘活高校和科研机构的存量专利，是着眼创新源头，推动一批高价值专利实现产业化的重要工作。同时，他也希望，政府职能部门能对专利申请前评估相关工作进一步出台操作指引，并提供相应的支持。

发挥制度优势　服务实体经济

创新成果的落地离不开企业的支持。辽宁省工业基础雄厚、产业链和产业集群较为完善，实体经济占比较重，但传统产业比重较大，面临着科技成果转化能力有待加强、企业创新能力有待提高等问题。

对此，《实施方案》积极发挥各类主体作用，通过实施知识产权强企梯度培育计划、完善创新成果收益分配激励机制、加大知识产权保护力度等措施，充分发挥知识产权制度优势，形成对专利产业化的有效支撑。

"《实施方案》的出台表明了辽宁省政府对专利保护与运用的重视，有助于激发企业创新活力，提高专利运用效率。"特变电工沈阳变压器集团有限公司科技管理部副部长鄂健表示，"尤其是该方案中对开放许可制度的完善，将释放巨大的制度红利，为发展新质生产力提供有力支撑。"在他看来，专利转化是企业创新发展的关键环节，企业可以根据《实施方案》提出的具体措施和要求，结合自身情况积极参与专利转化，提升自身核心竞争力和市场地位。

"我们将加强助力企业成长与存量专利盘活等工作的有序衔接，推动知识产权公共服务和市场化服务协同发展，有效形成叠加效应，更好满足省内企业创新发展中的个性和共性需求，支持通过专利产业化加速成长壮大。"辽宁省知识产权局运用促进处负责人程鸣介绍。

完善服务体系　打通供需梗阻

完善服务体系是《实施方案》中的一项重点工作。为进一步畅通转化渠道，《实施方案》着力于构建专利转化运用良好生态，通过优化知识产权运营服务体系布局，畅通知识产权要素国际循环等措施，促进知识产权要素集聚。具体包括优化体系布局、加强机构建设、实施导航工程、加强评估工作、加大融资力度、创新融资模式、完善保险体系等多项举措。

"知识产权转化运用工作需要'借力'而行，这就好比一台风扇，需要几片扇叶合力转动，以此带动社会资源向中心区域聚集。"程鸣认为，服务体系的建设，需要各单位通力合作，共同推动相关领域政策协同、资源对接和信息共享，以此促进专利链与创新链、产业链、资金链、人才链深度融合，培育良好生态，激发各类主体创新活力和转化动力。

在专班第一次全体会议上，辽宁省政府副秘书长孙伟表示，专班要积极落实党中央、国务院决策部署和省委、省政府工作安排，研究相关政策措施和重点项目，协调解决难点问题，推进各项任务落实见效，以实实在在的转化成效助力辽宁省全面振兴新突破三年行动深入实施，凝心聚力打造新时代"六地"。

（黄俏，原载于 2024 年 5 月 8 日《中国知识产权报》第 01 版）

013

上海全面实施专利转化运用专项行动——

因"沪"施策，向高价值专利要新质生产力

2024年4月24日，上海市人民政府办公厅印发《上海市专利转化运用专项行动实施方案》（下称《实施方案》），对照国务院办公厅印发的《专利转化运用专项行动方案（2023—2025年）》，立足地方实际，以充分发挥知识产权制度供给和技术供给双重作用、有效利用专利的权益纽带和信息链接功能为关键落点，大力推动专利产业化，向高价值专利要新质生产力。

"《实施方案》围绕提升专利质量、促进专利转化、加快专利流转、突出金融赋能明确了6个方面30项工作任务，强调统筹兼顾和分类施策，突出目标导向和效益导向，为上海高水平推进专利转化运用工作描绘了清晰的路线图。"上海市知识产权局局长芮文彪介绍。

转存量　优增量

专利质量的好坏直接关乎其市场转化效益。对此，《实施方案》注重从源头上提升专利质量，做到"转化存量"和"优化增量"两手抓。

围绕转化存量，《实施方案》提出，面向上海富集的高校院所和医疗卫生资源，大力推进存量专利盘点工作，探索构建上海市专利转化资源库，打造有高转化潜力的专利"蓄水池"。据介绍，上海今年在高校院所和医疗卫生机构全面开展存量专利盘点工作。截至5月9日，全市纳入国家存量专利基础库总体盘点进度为80%，其中高校院所已全部完成盘点任务，共有3.4万余件专利进入国家可转化专利资源库。上海市专利转化资源库也已正式上线，可供市场更加精准地"淘宝"。

聚焦优化增量，《实施方案》从加强政策引导、项目支持和服务支撑发力，

推出一系列举措。比如，强化专利质量和专利运用的政策导向，鼓励产学研深度合作，开展订单式研发和投放式创新，带动形成更多"真材实料"的专利；面向重点产业、重点领域，完善专利导航等决策支撑机制，打造高价值专利培育中心和升级培育项目；提供专利优先审查、快速预审、集中审查等服务，加速技术创新成果产权化、产业化。

"为了进一步推动解决专利转化运用'不愿转、不敢转、不会转'等主体动力问题，《实施方案》注重从加大政策激励、拓展转化渠道、强化转化服务等方面增强推力。"芮文彪介绍，根据《实施方案》，上海市知识产权局将会同相关部门深入推进职务科技成果赋权改革，健全专利转化的尽职免责和容错机制，目前在上海交通大学、中国科学院上海药物研究所均已进行了相关改革，取得了良好效果。通过上海市的公共资源交易平台，"国家平台"、上海市专利转化资源库等的入库专利将实现技术信息"一点发布、全网通达"。同时，支持开展专利项目路演、推介、拍卖及高价值专利运营大赛等活动，确保优质专利"高校院所输得出、中小企业接得住"。

聚要素　促运营

"高标准建设知识产权运营体系，是专利转化运用的重要基础。推动知识产权和科技成果转化交易链接区域和行业交易，促进各类平台互联互通、开放共享，能够有力推动专利资源的有效流转和价值实现。"芮文彪表示。对此，《实施方案》部署深化政产学研合作，从夯实运营底座、畅通运营枢纽、构建运营链条、完善运营机制4个方面加快构建上海知识产权运营体系。

在夯实底座上，《实施方案》要求大力发展知识产权交易市场，推进本市知识产权交易场所完善服务功能、优化业务规则。据介绍，上海市知识产权局近年来加大了对上海知识产权交易中心、上海技术交易所的引导支持力度，在此基础上建立上海市知识产权运营综合服务基地，为创新主体提供知识产权信息集散、定价指导、交易撮合、交易鉴证、资金结算、备案登记等服务。

在畅通枢纽方面，上海市各区和临港新片区现已建立了17个知识产权运营服务集聚区功能园，集聚产业、资本、人才、交易、服务等要素资源，开展专利技术供需对接等工作。上海还铺设了15个"专利超市"，建立起专利技术"中低价交易、高频次流转"的信息匹配机制。《实施方案》进一步提出，要支持上海漕河泾新兴技术开发区等发挥国家知识产权服务出口基地功能，加强知识产权跨境贸易服务。

此外，上海持续推动重点产业、重点领域、重点系统完善知识产权运营机制，铺开知识产权运营网络、搭建运营垂直链条，这也是《实施方案》加强部署的重点方向。据介绍，上海已先后在教育、科技、卫生等系统建立了8家运营促进中心，面向系统内创新主体开展精细化运营促进工作。在集成电路、生物医药、人工智能三大先导产业的行业协会建立了3家运营促进中心，支持创建产业联盟、制定团体标准、推动专利标准化等。在重点产业的领军单位中建立了8家产业运营中心，推动专利池构建和市场化运作。

定准星　深发力

提升存量专利转化效率，培育中小企业新质生产力，是上海实施专利转化运用专项行动的重要任务。

芮文彪介绍："上海将着力培育一批具有技术研发能力和专利产业化基础的高成长性中小企业，以推动开展专利产品备案、推广专利信息分析应用、深入实施《创新管理—知识产权管理指南（ISO56005）》国际标准等工作为抓手，服务支撑中小企业发展。"

根据《实施方案》，上海将进一步加强知识产权金融服务供给，支持中小企业有效运用知识产权化解融资难题。过去3年间，上海市知识产权局联合相关部门，制定印发了《关于促进上海市知识产权金融工作提质增效的指导意见》等政策文件，从不同方面明确了具体的支持措施；推动各区面向中小企业制定完善知识产权质押贷款贴息、保险贴费、转化贴补的"三贴政策"；试点实施知识产权质押贷款风险"前补偿"制度，为《实施方案》的深化落实打下了良好的工作基础。

"此外，我们将结合《实施方案》，一体推进知识产权保护工作。下一步，将聚焦中小企业的知识产权保护需求，进一步打通中小企业知识产权纠纷快速处理通道，加大对专利密集型产品相关专利商标的保护力度，切实保护中小企业专利权人合法权益。同时，持续加强知识产权维权援助等保护服务力度，指导提升中小企业保护意识和维权能力，加快构筑立体化的知识产权保护工作体系和服务网络。"芮文彪表示。

到2025年底，上海市每万人口高价值发明专利拥有量达到60件以上，PCT国际专利申请量达到7000件左右；专利密集型产业增加值占地区生产总值比重达到20%左右；专利商标质押融资惠及中小企业数量超过2000家；全市涉及专利的技术合同成交额超过1500亿元……大力推动专利产业化，是加快实现创新成果向现实生产力转化的"硬道理"，也将成为上海全面推进知识产权强市建设、实现高质量发展的"强引擎"。

（李杨芳，原载于2024年5月10日《中国知识产权报》第01版）

014

浙江落实专利转化运用专项行动出实招——

"浙"里发力,推动高价值专利产业化

为贯彻落实国务院办公厅印发的《专利转化运用专项行动方案(2023—2025年)》,2024年4月16日,浙江省人民政府办公厅在深入调查研究的基础上,结合实际制定《关于贯彻专利转化运用专项行动方案(2023—2025年)的实施意见》(下称《实施意见》),旨在推动一批高质量专利实现产业化,打造专利成果高质量产出、市场化配置、体系化服务的创新生态。

到2025年底,关键核心专利技术产业化推进机制进一步完善,高校和科研机构专利产业化率明显提高,专利产业化促进一批中小企业成长,涉及专利的技术合同成交金额达到800亿元……《实施意见》以专利产业化为主线,从提升专利质量和加强政策激励两方面着力,部署三方面19条具体举措,为浙江深入开展专利转化运用工作制定了"路线图"。

"《实施意见》坚持政府引导和市场主导相结合、激励创新和赋能产业相结合、系统推进和重点突破相结合,充分发挥知识产权制度供给和技术供给的双重作用,为全面落实国务院行动贡献了'浙江方案'。"浙江省知识产权局有关负责人表示,浙江将专利转化运用专项行动纳入2024年"8+4"经济政策体系,推动浙江深度融入全国创新要素配置网络,充分发挥民营经济发达、民间资本充裕、市场机制先发等优势,实现跨区域引进专利、孵化技术、做强企业、壮大产业,为努力打造全国专利转化运用高地提供有力支撑。

增值赋能 提升专利质量

转化效果好不好,专利质量是关键。为进一步从源头上优化专利供给质量,《实施意见》突出高价值创造导向,加大力度推进专利导航工程实施、高校院所存量专利盘活、专利开放许可和公开实施、专利密集型产品培育等重点工作。

高校院所是专利转化运用的主要供给侧，如何将其"沉睡"专利转化为现实生产力？《实施意见》提出，开展高校院所存量专利盘点，建立特色专利转化资源库，推动建立以产业需求为导向的专利创造转化机制。今年初，浙江在高校院所存量专利盘活方面率先发力，联合省科技、教育等六部门发布工作方案，按照"边盘点、边推广、边转化"的思路，组织高校院所开展存量专利梳理、评价和对接推广工作。截至目前，全省99家高校已完成9.1万件存量专利盘点。

专利开放许可和公开实施是浙江在盘活存量专利资源、提升转化运用效率方面的创新之举。"自2021年以来，浙江聚焦高校院所专利转化率低、中小微企业对接难、专利技术实施'最后一公里'有待进一步打通等问题，在全国率先开展专利开放许可试点，并在地方立法中部署专利公开实施制度创新，推动专利技术'一对多'实施。"上述负责人介绍，截至目前，全省累计9344件专利参与专利开放许可试点，5184件（次）专利在企业落地实施，许可金额达596.35万元；累计4498件专利参与公开实施创新改革，2586件（次）专利在企业落地实施，其中86件高价值专利在10家以上企业得到实施应用。

此外，《实施意见》聚焦浙江三大科创高地、"415X"先进制造业集群建设等关键领域，通过开展专利产业化精准对接活动、建设重点产业专利密集型产品培育基地等举措，推动创新活动与产业需求、中小企业诉求精准匹配，实现专利资源与产业发展一体化配置、全周期联动。

集聚要素　畅通供需对接

一端是手握丰富专利资源的高校院所，一端是寻求前沿技术应用的创新企业，完善的知识产权运营交易体系有助于形成"产业和企业出卷、高校院所答卷、市场批卷"的良性互动机制，推动知识产权高效益运用。为此，《实施意见》从知识产权交易、金融赋能、公共服务等方面入手，为畅通供需对接，培育知识产权要素市场提供有效指引。

要素资源有序流动、高效配置离不开知识产权金融的有力赋能。浙江近年来持续完善质押、保险、证券化等全链条知识产权金融服务体系。比如，在供给端，浙江创新打造高校专利转化金融服务超市，打造融"投资基金、质押融资、风险补偿、许可转化、证券化"为一体的知识产权金融服务体系；在需求端，浙江持续开展知识产权质押融资"入园惠企"行动，2023年浙江知识产权质押登记项目 1.0456 万件，担保金额 3028.07 亿元，其中，单笔授信 1000 万元以下的普惠贷款惠及企业 3994 家。

优质的服务供给是专利转化运用的"加速器"。为此，《实施意见》以实施知识产权公共服务普惠工程、知识产权服务业高质量发展工程"两大工程"为抓手，推进产业链、创新链、资金链、人才链深度融合。具体而言，浙江将强化知识产权公共服务网点建设，持续迭代优化"浙江知识产权在线"功能，建设知识产权服务业重点平台，打造知识产权服务业领军企业（机构）等。

政策激励　激发内生动力

"《实施意见》充分发挥政府'有形之手'作用和市场'无形之手'作用，综合集成资金、项目、人才、平台等各类政策和资源，强化促进专利产业化的政策导向，完善市场机制，营造了专利转化运用的良好环境。"上述负责人表示。

聚焦"不愿转、不敢转、不能转"等制约转化机制运行的难点、堵点问题，《实施方案》提出优化专利类国有资产转化管理体制、深入推进职务科技成果赋权改革、实施知识产权保护体系升级工程等务实举措，进一步激发转化内生动力。比如，浙江将鼓励高校院所从源头加强对专利的内部管理，以产业化需求为核心，建立专利申请前评估和以质量为导向的专利代理等服务招标制度；支持相关单位开展赋予科研人员职务科技成果所有权或者长期使用权改革试点，推行技术转移人员贡献积分制等。

"下一步，浙江将参照国家层面做法，持续完善省内推进协调机制，进一步加强统筹协调，制定年度实施计划，推动各项任务落实落地。省级各有关部门将按照《实施意见》要求，出台专利产业化促进中小企业成长、专利密集型产品培育推广等配套方案，推动一批高价值专利实现产业化，为浙江高水平打造知识产权强省作出新贡献。"上述负责人表示。

（薛佩雯，原载于 2024 年 5 月 17 日《中国知识产权报》第 01 版）

015

宁夏加速专利向现实生产力转化——

畅通转化"高速路" 促进专利变"红利"

2024年3月11日，宁夏回族自治区知识产权战略实施工作部门联席会议办公室印发《宁夏回族自治区专利转化运用专项行动实施方案（2023—2025年）》（下称《专利转化实施方案》）和《宁夏回族自治区高校和科研机构存量专利盘活工作实施方案》（下称《专利盘活实施方案》）。

"近年来，宁夏创新活力愈加澎湃，知识产权工作各项指标数据明显提升。然而，在专利转化方面，依然存在专利市场化程度不高等问题。两个方案根据前期科学系统的调研结果，因地施策，给出了宁夏专利产业化发展的'施工图'。"宁夏回族自治区市场监督管理厅（知识产权局）有关负责人在接受本报记者采访时表示，两个方案均与当地实际紧密结合，强化了部门间协同联动，在政策体系、转化机制、服务模式等方面发力，打通宁夏专利转化运用存在的关键堵点，促进创新成果与当地产业实现精准匹配。

以点带面 促进专利转化

《专利转化实施方案》提出助力盘活存量专利、强化专利转化激励、培育知识产权要素市场3个重点任务措施，明确建立可转化专利基础库、开展专利产业化前景评估、组织供需对接推动高价值专利落地转化等17项具体工作，目前已进入全面实施阶段。《专利盘活实施方案》则根据宁夏实际情况明确了构建自治区高校和科研机构存量专利基础库、丰富完善专利转化资源库等4项主要任务。

"《专利转化运用专项行动方案（2023—2025年）》（下称《行动方案》）不仅强调大力推进专利产业化、加快专利价值实现是重要任务，同时还明确了'梳理盘活高校和科研机构存量专利'。我们此次两个方案联合印发，旨在抓住高校院所专利盘活工作这个突破口，全面铺开宁夏专利转化工作这个基本面，做到重点突破、以点带面、整体推进，促进两个方案的贯彻落实。"宁夏回族自治区市场监督管理厅（知识产权局）有关负责人表示。

截至2023年底，宁夏有效专利4.8万件，其中有效发明专利6517件；高价值专利1959件，同比增长37.63%；每万人口发明专利拥有量8.97件，同比增长25.1%。"在这组数据中，以宁夏高校和科研机构为代表的创新主体贡献颇多。然而，高价值专利的培育与本地产业需求结合还不够紧密。"上述负责人介绍。

针对现状并依据《行动方案》具体要求，宁夏回族自治区市场监督管理厅（知识产权局）着手开展了系统的前期调研工作，对全区14所高校存量专利盘活工作进行全覆盖督导调研，解读专利转化相关政策，指导高校加快存量专利盘活进度。目前，宁夏14所高校的2055件存量有效专利全部盘点完毕，盘点建档进度居全国前列。

因地施策　疏通关键堵点

"根据调研，我们发现宁夏专利转化在政策体系、转化机制等方面均存在堵点，导致宁夏专利转化的市场内驱力不足。两个方案针对这些'症结'从多个层面予以回应。"上述负责人介绍，在顶层设计方面，《专利转化实施方案》重视加强部门协同效能，建立了横向协作机制，重点构建知识产权转化运用、金融支撑等关键环节政策体系。此外，《专利转化实施方案》还有3个突出特点，即突出质量导向、机制创新、转化实效。

《专利转化实施方案》将提升专利质量作为推动专利转化运用的基础性工作，对规制非正常专利申请行为提出了明确要求；针对宁夏专利转化运用机制障碍性问题，提出实施专利声明制度、优化利益分配、建立实施尽职免责和容错机制等创新举措；提出建立可转化专利资源库、全面实施专利申请前评估制度、实施统一规范的知识产权交易制度等务实举措，切实提高宁夏专利转化实效。

《专利盘活实施方案》按照"全面盘点、筛选入库、市场评价、分层推广"的原则，坚持"边盘点、边推广、边转化"的工作思路，从盘活存量和做优增量两方面发力，在与企业有效对接的基础上引导宁夏高校和科研机构形成更多符合产业需求的高价值专利。该方案坚持问题、目标和结果导向，引导高校和科研院所推动符合转化运用条件的专利能转皆转、应转尽转，明确将宁夏大学作为宁夏专利转化运用专项行动典型示范建设单位，以带动区内其他高校和科研机构加紧相关工作进度。

不仅如此，两个方案鼓励以多种转化形式促进专利价值实现。围绕宁夏"六新六特六优+N"现代化产业体系，两个方案推动高校、科研机构与企业建立专利定向研发机制，通过自行转化、许可转化、转移转让等转化形式，精准对接市场需求，推动专利技术的快速转化。同时，宁夏创新专利服务模式，大力支持知识产权服务机构为创新主体提供知识产权融资、评估、质押、挂牌交易等"一站式"服务。

"下一步，我们将持续加大《专利转化实施方案》《专利盘活实施方案》的实施力度，优化完善专利转化运用政策措施，全面实施专利开放许可制度，为宁夏重点产业高价值专利实现产业化保驾护航，服务宁夏经济高质量发展。"宁夏回族自治区市场监督管理厅（知识产权局）有关负责人表示。

（姜同天、田俊婵，原载于2024年5月24日《中国知识产权报》第02版）

016

河北出台《关于落实专利转化运用专项行动的若干措施》——

促进专利变"红利" "冀"往开来谱新篇

2024年5月9日,河北省知识产权战略实施工作领导小组办公室印发《关于落实专利转化运用专项行动的若干措施》(下称《措施》),围绕提升转化质量效益、打通转化关键堵点、构建良好转化生态、营造浓厚转化氛围4个方面制定16项措施。

"知识产权制度是激励创新的催化剂,也是经济发展的加速器。全面实施专利转化运用专项行动,将促进一大批专利实现产业化,更好发挥知识产权服务实体经济的优势,为新技术应用和新业态发展提供丰沃土壤,为发展新质生产力蓄势赋能,为建设知识产权强省提供强大技术支撑,助力河北经济高质量发展。"河北省知识产权局有关负责人表示。

盘活存量专利　提升转化成效

"河北省高校和科研机构存量专利规模较大,蕴藏着转化潜力。但由于研究成果与市场需求存在脱节现象、专利转化运用渠道不够畅通等原因,高校院所有效专利实施率偏低问题由来已久。"河北省知识产权局有关负责人介绍,《措施》针对上述难点堵点,提出梳理盘活高校和科研机构存量专利,组织全省高校和科研机构梳理存量专利,筛选出有潜在市场价值的专利或专利组合统一进行线上登记入库,力争2025年底前实现全省高校和科研机构未转化有效专利全覆盖。

在存量专利盘点工作方面,河北省知识产权局牵头省教育厅等相关部门,组织召开存量专利盘点工作推进会、培训班,依托邯郸职业技术学院国家知识产权信息服务中心,基于河北省高校高价值专利转化服务平台,研发"冀小知百事通""人工智能填报助手"等智能软件,在技术链、产业链、人才链、供需链、资金链等方面进行专利需求匹配分析,推动全省高校加快完成存量专利盘点工作。截至今年5月底,河北省121家高校和科研院所已盘点有效存量专利2.57万件,盘点进度达99.6%;今年1月至4月,高校科研机构专利转让许可达293次。

近年来,河北省丰富高校专利转化举措,提升转化成效。"我们召开高校专利转化工作研讨会,吸引河北省产权交易中心和知识产权运营服务平台参与,探讨专利按产业打包转化等模式,并鼓励高校实施差异化推广活动。例如,燕山大学将可转化专利按产业细分领域分批次推广,今年一季度,促成转化20项,涉及金额200余万元。"河北省知识产权局有关负责人介绍,该省还鼓励高校加强京津冀区域合作,其中河北科技大学在梳理存量专利的基础上,在天津产权交易中心发布专利51件,同时在学校自身平台发布天津市专利25件。

《措施》实施以来,河北省知识产权局围绕高校院所与企业供需两端协同发力,按照"边盘点、边推广、边转化"的工作思路,稳步推进专利转化工作。今年一季度,河北省专利转化5843次,同比增长54.17%,知识产权质押融资46.23亿元,同比增长78.91%。

优化市场配置　构建良好生态

《措施》提出,着力优化知识产权要素市场配置,构建转化良好生态。其中,加强京津冀专利转化合作,吸引京津更多高价值专利在冀转化是重要抓手。"围绕推动京津冀知识产权市场流转与价值实现,《措施》明确开展京津冀专利密集型产业研究,同时精准对接省内相关产业聚集区,开展高价值专利转化运用推广对接活动,进一步吸引京津专利成果在冀转化。"河北省知识产权局有关负责人介绍。

京津冀地域一体,文化一脉,近年来三地转化合作更加紧密。京津冀三地知识产权局积极贯彻落实《深入推进京津冀专利转化合作协议》,充分发挥京津冀高校知识产权运用联盟作用,举办多场知识产权运营转化公益讲座。与此同时,河北省在雄安新区举办"校城融合　知产先行"等各类推广对接活动,吸引京津创新成果向雄安聚集;围绕"知识产权赋能新质生产力发展"和"京津冀知识产权快速协同保护支撑雄安新区高质量建设"等内容开展圆桌对话,推动京津冀专利转化和产业化。今年1月至4月,京津专利在河北落地转化与河北专利在京津转化次数均较去年同期有大幅增长。

构建专利转化良好生态，强化专利转化运用服务链条是河北省开展专利转化工作的另一关键。《措施》提出，强化专利产业化服务理念，拓展专利代理机构服务领域，为企业提供个性化、专业化的专利转化运用解决方案；加强知识产权服务品牌机构培育，支持服务机构参与各类科技计划项目，助力核心技术攻关和专利转化运用；依托知识产权公共服务平台、产业技术基础公共服务平台等，加强知识产权运用信息的推广；到2025年，在省内产业比较集中、需求比较大的区域，建设一批知识产权运营服务集聚区。

近年来，河北省转化运用服务链条不断完善，截至目前，该省已培育省级知识产权运营服务平台30余家。"我们支持平台与京津冀高校建立战略合作关系，扩充可转化专利资源库；引导平台构建京津冀知识产权运营专家库，为供需双方提供专业服务和支持；指导平台以提供知识产权托管服务为契机，深度挖掘企业技术需求，建立企业技术需求库。同时，我们鼓励平台与企业、高校共建创新联合体，实现以导航促运营等新的转化模式。"河北省知识产权局有关负责人表示。

"下一步，河北省将以京津冀区域协同发展十周年为契机，探索创新高校院所可转化专利推广模式，打通转化堵点，完善转化服务链条，鼓励引导中小企业走专利产业化成长之路，推进重点产业知识产权强链增效，助力新质生产力发展，为加快建设经济强省、美丽河北，奋力谱写中国式现代化建设河北篇章贡献知识产权力量。"河北省知识产权局有关负责人表示。

（苏悦，原载于2024年6月21日《中国知识产权报》第02版）

017

江西制定专利转化运用"路线图",加快培育和发展新质生产力——

"赣"出真招 "转"出实效

为全面落实国务院办公厅印发的《专利转化运用专项行动方案(2023—2025年)》具体举措,2024年4月30日,江西省人民政府办公厅印发了《江西省专利转化运用专项行动实施方案》(下称《实施方案》)。

到2025年,基本建成资源配置效率高、要素市场活力强、配套服务供给足、利益共享机制优的专利转化运用体系,全省涉及专利的技术合同成交额达300亿元,发明专利产业化率达到42%,专利密集型产业增加值占地区生产总值比重达13%……《实施方案》以专利产业化为主线,部署了三方面15项具体任务,为江西深入开展专利转化运用工作制定了"路线图"。

"推动专利转化运用是加快创新成果转化为现实生产力的重要抓手,也是加快构建新质生产力的重点举措。《实施方案》的出台,是江西深化推进知识产权强省建设、有力推动全省高质量发展的现实要求。"江西省市场监督管理局(知识产权局)副局长谭文英表示,作为江西出台的首个省级层面推动专利转化的专门性文件,《实施方案》将在加快创新成果向现实生产力转化、助力构建现代化产业体系、推动江西高质量发展等方面发挥重要的作用。

提升专利质量 做优专利增量

专利创造质量是推动专利转化运用的基础,如何聚焦提升专利质量、做优专利增量?《实施方案》提出,强化高质量创造政策引领,健全专利高质量创造支持政策,形成激励与监管相协调的管理机制;建立完善以质量和价值为导向的知识产权考核评价体系,发挥好考核评价的"指挥棒"作用,压实各地、各部门工作责任;推动高校和科研院所牢固树立以转化运用为目的的专利工作导向，建立健全以产业化前景分析为核心的专利申请前评估制度，从源头上提升专利质量。

同时，《实施方案》提出，聚焦江西制造业重点产业链，开展高价值发明专利培育，推动产学研服协同创新，培育一批市场竞争力强、支撑产业发展的高价值专利，强化专利高质量产出，有力支撑产业转型和创新发展，到2025年底，组织实施省级高价值培育项目30个以上。为了布局更多符合产业需求的高价值专利，江西省市场监督管理局（知识产权局）指导推动高校和科研机构根据企业反馈的技术改进需求和产学研合作需求，特别是关键核心技术攻关、具有重大应用前景的原创技术等重点需求，对相关专利技术进行改进，或与企业联合攻关，开展订单式研发和投放式创新。

实践中，江西围绕实施专利转化专项计划，采取多种举措推动专利转化运用，取得显著成效。谭文英介绍，2023年，江西专利转让1.4514万次，许可2855次，实现知识产权质押融资登记额130多亿元；发行全省首单知识产权证券化产品，为稀土钨上下游产业"专精特新"企业融资2亿元。"根据《实施方案》制定的实施路径，江西将进一步促进专利供需对接，推进专利产业化，加快创新成果转化为现实生产力，助力培育新质生产力。"谭文英表示。

凸显本地特色　加快转化运用

"《实施方案》的特色是聚焦江西'1269'行动计划，提出了以江西制造业重点产业领域企业为主体，深入开展高价值发明专利培育，产出一批弥补共性技术短板、具有行业领先优势的高价值发明专利组合，举办赣鄱专利转化对接'一地一链'活动，大力推动专利产业化。"谭文英介绍，《实施方案》还聚焦"四链深度融合"抓转化运用，推动专利链与创新链、产业链、资金链、人才链融合，并聚焦打通专利产业化关键堵点，提出健全专利高质量创造支持政策，推进专利开放许可和"财政资助科研项目形成专利的声明制度"实施，建立健全专利转化尽职免责和容错机制，加强对创新成果的全链条保护等。

目前，江西高校院所专利转化整体呈现出积极向好的态势，但仍存在专利质量不高、转化率偏低等问题。如何激活专利供需对接新动能，大力推进专利产业化？《实施方案》提出，实施高校和科研机构存量专利盘活计划、实施专利技术助力中小企业提质升级行动、推进专利密集型产品备案和认定、推进重点产业知识产权强链增效、强化创新成果奖励的示范引领、提升创新主体知识产权管理运用能力。同时，在完善专利转化机制，打通专利产业化关键堵点方面，《实施方案》提出，强化以专利质量提升促进专利产业化的政策导向、建立专利技术产业化推进机制、完善创新成果收益分配激励机制、加大创新成果知识产权保护力度。

此外，为了优化运营服务体系，有力支撑专利产业化，《实施方案》提出，加强知识产权运营服务体系建设、加强专利转化运用服务机构培育和人才培养、加强知识产权评估工作、强化知识产权金融赋能产业发展、深化专利转化运用开放合作等具体任务。

"下一步，我们将推动江西省《实施方案》各项工作落到实处、取得实效，加快梳理盘活高校院所存量专利，落实专利产业化促进中小企业成长计划，推进重点产业知识产权强链增效，推动高价值专利与企业精准对接、加速转化，持续盯紧关键环节、聚焦重点工作，有效解决当前专利转化运用过程中的痛点和难点，提高全省专利转化运用效率和水平，加快推动创新成果向现实生产力转化。"谭文英表示。

（李铎、徐彬，原载于 2024 年 6 月 28 日《中国知识产权报》第 01 版）

018

《福建省贯彻〈专利转化运用专项行动方案（2023—2025年）〉的实施意见》出台——

推动专利产业化激活八闽新动能

到2025年，福建省专利转化运用机制更加灵活，供需对接更加顺畅，转化实施更加充分，工作体系更加完善。高校和科研机构的专利产业化率明显提高，建成3个区域性知识产权服务业集聚区、5个以上知识产权运营中心、15个专利导航服务基地……为深入贯彻落实《专利转化运用专项行动方案（2023—2025年）》要求，高效促进专利转化运用，扎实推进知识产权强省建设，2024年4月2日，《福建省贯彻〈专利转化运用专项行动方案（2023—2025年）〉的实施意见》（下称《实施意见》）出台，围绕提高专利供给水平、提升企业转化运用能力、强化转化运用服务支撑、健全转化运用体制机制四方面部署任务，推动福建省专利转化运用专项行动取得扎实成效。

"《实施意见》从提升专利质量和加强政策激励两方面发力，巩固深化福建省专利转化运用工作成果，聚焦重点领域，打通关键堵点，盘活存量、做优增量，增强创新发展动能，为福建省全方位推动高质量发展提供有力支撑。"福建省市场监督管理局（知识产权局）相关负责人表示。

着眼核心问题　发力供给端

高校和科研院所是专利转化运用重要的供给端。《实施意见》强调，提高专利供给水平。分类筛选梳理高校院所存量专利，在2024年底前实现高校和科研机构未转化有效专利全覆盖；深化高价值专利培育，支持企业与高校院所及各类创新平台对接，推动高校、科研机构加快实施以产业化前景分析为核心的专利申请前评估制度；促进财政资助科研项目的高价值专利产出和实施；促进专利供需精准对接，推动实现快速转化。

为实现高校与产业的"无缝对接"，近年来福建省开展了诸多探索，其中福建清源科技有限公司（下称清源科技）与福州大学科技创新和产业创新的融合实践便是一个生动的例证。

清源科技位于福建省泉州市石狮市，是一家集印染、化工、能源生产和燃料业务为一体的科技企业，其前身为石狮清源印染。当初，石狮清源印染面临着节能减排转型的重要阶段，为破题开局，清源科技将目光落在了福州大学刘明华教授团队的创新技术上，并与其开展深入合作。该团队研发的木质素专利技术，可利用催化重整和磺化、羧甲基化等化学修饰，以及结构重整等反应，并研制出水煤浆添加剂等系列高性能材料，解决企业排放污染问题。

目前，清源科技与福州大学联合成立福建省水煤浆企业工程技术研究中心、福建省院士专家工作站等科研平台，并与国内高校和科研院所开展包括专利许可和技术转让、联合开发科研成果共享等形式多样的产学研合作模式。清源科技也实现了从单一印染加工企业向集印染、化工、能源生产和燃料业务为一体的多元化经营的大型集团公司转变。

福建省市场监督管理局（知识产权局）上述负责人表示，《实施意见》以重点培育高价值专利为抓手，完善产学研用合作机制，为企业与高校院所及各类创新平台联合开展订单式定向研发转化提供助力，形成更多符合产业需求的高价值专利，助力关键核心技术攻关。截至目前，福建省已全部完成盘点任务，盘点专利超3万件。

完善平台体系　强化服务端

加强转化运用载体建设，高效运营"知创福建"知识产权公共服务平台；推进多元化知识产权金融支持，实施知识产权公共服务普惠工程，开展重点产业专利导航分析，推动专利转化供需信息互联互通、开放共享……在健全转化运用服务支撑方面，《实施意见》提出了多个有力举措，其中，如何优化知识产权运营服务平台体系是一项重点内容。

《实施意见》指出，将支持建设各类科技成果转移转化公共服务、交易运营平台及高校院所知识产权运营中心，推动形成线上线下融合的知识产权运用网络。对此，福建省已有所尝试。

2023年，福建省农业科学院借助福建省知识产权交易服务平台，首次开展农业科技成果网上竞价，便是福建省探索优化平台建设的一个缩影。福建省农业科学院参与竞拍的 7 件专利涉及家禽疫病防控、植保、农产品加工等领域，挂牌价为 275 万元，最终竞拍金额为 432 万元，溢价率超过 57%。

"建设规范有序、充满活力的知识产权运营服务平台，是健全知识产权市场运行机制、建设高标准市场体系的重要内容，对于畅通知识产权转移转化渠道、促进专利转化运用具有重要支撑作用。"福建省市场监督管理局（知识产权局）相关负责人表示，《实施意见》提出，将进一步加强平台建设，重点关注高端化、智能化、绿色化为导向的产业，探索专利转移转化新路径，为新质生产力形成和发展注入动能。

蓝图绘就，号角吹响。下一步，福建将围绕重点加强宣传引导，增强专利转化运用意识，营造良好氛围；加强要素保障，加大专利转化运用投入保障，综合运用财税、投融资等政策，形成多元化、多渠道的资金投入体系，引导带动社会资本投向专利转化运用；加强考核评估，对实施情况动态监测，开展阶段性评估、总结和督促检查等重点工作，建立完善专利转化运用工作机制，强化部门协同、上下联动，付诸行动、见之于成效。

（张彬彬，原载于 2024 年 7 月 3 日《中国知识产权报》第 02 版）

019

湖南实施4个专项计划，打通专利转化"最后一公里"——

三湘大地劲吹专利转化运用之风

为深入贯彻落实国务院办公厅印发的《专利转化运用专项行动方案（2023—2025年）》，湖南省人民政府办公厅印发《湖南省专利转化运用专项行动实施方案》（下称《实施方案》），部署实施知识产权提质增效、专利产业化促进企业成长、密集型产业强链增效、服务助推专利转化等4个专项计划和15项具体措施。近日，湖南省人民政府新闻办公室召开新闻发布会，解读《实施方案》主要内容。

《实施方案》明确，到2025年，湖南高校和科研机构向中小企业专利转让许可次数增长20%以上，专利产品备案2500件以上，专利密集型产业增加值占地区生产总值的比重12%以上，全省涉及专利的技术合同成交额400亿元以上，知识产权质押融资金额两年累计实现100亿元以上，普惠性贷款惠及企业数量600家以上。一项项目标任务，为三湘大地打通专利转化"最后一公里"描绘了更清晰的图景。

"《实施方案》是湖南省委、省政府对大力推动专利产业化、加快创新成果向现实生产力转化作出的专门安排，对湖南加快建设'三个高地'、发展新质生产力，更好服务经济高质量发展和科技自立自强意义重大。"湖南省市场监督管理局（知识产权局）副局长吴峰强调。

畅通渠道，唤醒"沉睡"专利

高校和科研机构是科技创新的主力军，专利研发的引领者，也是专利转化运用的主要供给侧。《实施方案》提出，聚焦高校和科研机构激发新活力，实施知识产权提质增效专项计划。具体包括强化高校和科研机构专利转化激励、梳理盘活高校和科研机构存量专利、做优高校和科研机构专利增量、提升高校和科研机构专利运营能力等4项任务。

"近年来，湖南一直在积极推动高校专利的转化运用，从完善体制机制、强化平台建设、树立转化导向等方面着手发力，高校专利转化运用取得了较好成绩。"湖南省教育厅副厅长兰勇介绍，2023年全省高校专利转让1034次、许可634次，涉及专利的技术合同成交额约9亿元。

今年4月25日，湖南完成高校和科研机构存量专利盘点工作，共盘点2023年底前授权的存量专利4.1585万件。"由此，我们初步构建了专利转化资源库，并坚持'边盘点、边推广、边转化'的工作思路，将存量专利按产业领域向企业匹配推送，开展线上线下推广，促成供需对接，盘活存量专利，促进转化落地。"吴峰说。

针对《实施方案》提出的"高校和科研机构落实科技成果所有权、处置权和收益权相关法规政策，形成以专利转化为导向的分配制度"，湖南省科技厅副厅长周斌表示，近三年，湖南省级层面陆续颁布了20余项与科技成果转化紧密相关的政策，建立了多层次的成果转化政策支撑体系，落实以增加知识价值为导向的分配政策，加大股权、分红激励力度，提升了科研人员成果转化热情。

"下一步，湖南将进一步完善政策制度，加大职务科技成果转化工作支持力度，优化激励机制，强化创新链与产业链的深度融合，推动更多优质科技成果从校园走进企业，从实验室走向生产线，从'书架'走上'货架'，转化为新质生产力。"周斌说。

多措并举，促进企业成长

专利产业化是企业运用专利制度增强创新能力、赢得竞争优势和经济效益的有效途径。《实施方案》提出，聚焦企业注入新动力，实施专利产业化促进企业成长专项计划。具体包括引导企业深度参与存量专利盘活工作、建立中小企业专利培育体系、培育推广专利密集型产品等措施。

"湖南正重点培育一批以专利产业化为成长路径的样板企业，全省已有近400家中小企业申报样板企业培育。"吴峰介绍了建立中小企业专利培育体系的进展，接下来，湖南省市场监督管理局（知识产权局）将联合有关部门遴选推荐，集中优质资源进行服务对接，同时引导企业全面开展专利产品备案，推动专利在产品端、产业端转化见效。

湖南省工业和信息化厅二级巡视员倪东海介绍，围绕专利产业化助力中小企业成长，湖南将积极组织企业开展关键核心技术攻关，加速技术升级迭代，形成专利密集型产品；落实奖励支持政策；加强国家级、省级、企业级创新平台建设；开展企业技术需求征集，建立统一规范的技术需求库；深化"专精特新"中小企业"一月一对接""一月一链"投融资路演活动；积极培育具有专利技术特长的"专精特新"中小企业，打造一批"专精特新""小巨人"企业和单项冠军企业。

此外，围绕实施密集型产业强链增效专项计划、服务助推专利转化专项计划，《实施方案》提出，开展产业知识产权运营中心建设，加强专利导航促进产业发展，提升区域专利转化和竞争优势；健全知识产权公共服务体系，优化知识产权金融服务，培育运营机构和人才，营造促进专利转化运用的保护环境，加强专利转化运用合作交流等任务。

吴峰表示，湖南省市场监督管理局（知识产权局）将做好宣传发动，营造转化运用良好氛围；细化落实举措，确保各项任务落实到位；完善工作体系，加强数据统计和分析评价等工作，确保《实施方案》取得实实在在的成效。

（李倩、周广宇，原载于2024年7月24日《中国知识产权报》第02版）

020

广西部署专项工作推进专利产业化——

打造转化运用生态　促进实体经济发展

在国务院办公厅印发的《专利转化运用专项行动方案（2023—2025年）》指引下，日前，广西知识产权战略实施工作厅际联席会议办公室印发《广西壮族自治区推进专利转化运用工作实施方案（2024—2025年）》（下称《实施方案》），对大力推动专利产业化、加快创新成果向现实生产力转化、积极培育和发展新质生产力作出专项部署。

"近年来，广西高度重视知识产权工作，成效显著，但在专利转化运用中，还存在市场对高校和科研机构专利价值及市场前景的评估判断能力不足，相关服务平台水平仍需进一步提升等问题。"广西知识产权局相关负责人表示，为打通广西专利转化运用关键堵点，新出台的《实施方案》因地施策作出部署，围绕推进专利产业化、提升专利转化效益，强化顶层设计、紧抓重点任务、把握关键环节、深化体系建设，为培育发展新质生产力积蓄新动能。

提升质量优增量

高质量专利是技术转化为现实生产力的桥梁。《实施方案》将提升专利质量、做优专利增量作为基础性工作，提出培优专利产出增量、淡化考核评价中的数量要求、强化质量源头治理等目标任务。

针对《实施方案》提出的"强化专利质量和转化运用的政策导向"，广西对实施的科技重大专项、重点研发计划、技术创新引导专项等科技计划项目，均把发明专利产出和运用作为主要考核指标。以国有企业为例，广西国资委、知识产权局联合印发《关于推进自治区国资委监管企业知识产权工作高质量发展的实施方案》，将知识产权工作纳入国有企业负责人年度经营业绩考核，发挥好考核评价的"指挥棒"作用，引导国有企业提高专利质量效益。

高校和科研机构是专利转化的重要"资源库"。广西桂林市有8所高校，其中两所为国家知识产权试点高校，高校专利约占全市有效专利的58%，但在对接市场需求时，却存在专利整体"多而不优"的情况。为此，桂林市一方面构建高校专利"四库"，即存量专利基础库、专利评价专家库、专利技术需求库和专利转化资源库，唤醒"沉睡"专利；另一方面，加强高校、校企和校地之间的沟通协作，建立健全以市场前景分析为核心的专利申请前评估机制，从源头上提升专利质量。

近两年来，桂林市推动高校达成2503件次涉企、涉农专利对接转化；落地高校专利转化专项、上市企业专利护航、企业海外知识产权维权等3个转化运用项目；筹建广西高价值专利示范中心8家；获得中国专利金奖1项，是桂林市首金，也是广西时隔21年的第二金。

创新机制疏堵点

企业是运用专利、对接市场的主力军。"随着企业发展，终端产品种类增多，企业在巩固国内市场份额的基础上，将国际市场作为新的发力方向，出口份额逐年增大，海外知识产权保护十分重要。"广西神冠胶原生物集团有限公司（下称神冠集团）副总裁李成林说。神冠集团是当地专利产业化的重要企业，其专利产品"神冠"牌胶原蛋白肠衣常年稳定销往东南亚、南美洲等多个国家和地区，在全球市场占据30%的份额，故而对海外知识产权保护格外重视。

对此，《实施方案》强调要深化专利转化运用开放合作，推动建设中国—东盟/RCEP国际知识产权总部基地、东盟知识产权国际交流合作中心；组织实施企业知识产权海外护航工程项目8个，帮助企业防范海外知识产权风险；组织实施国际专利运营及转移转化能力提升、粤港澳大湾区专利转移转化合作等项目3个，促进广西与东盟/RCEP成员国以及粤港澳大湾区开展知识产权信息共享和成果转化。

为进一步打造专利转化运用良好服务生态，广西柳州市在知识产权公共服务资源供给上持续发力。"我市建设了国家知识产权局专利局南宁代办处柳州工作站，进一步完善知识产权转化运用'一窗通办''一站式服务'功能；通过多级联动、多方协同模式，开展'一对一'海外知识产权风险评估、公益行等公益服务，分级分类解决专利转化运用问题。"柳州市知识产权局相关负责人介绍。

"值得期待的是，在专利转化运用开放合作不断深入的势头下，'一站式'服务和'一对一'海外知识产权风险评估等将帮助企业大大降低知识产权维权成本，切切实实为企业'出海'助力。"李成林表示。

赋能实体显成效

实体经济发展状况是地区专利转化运用实效的"度量衡"，为赋能实体经济、体现转化实效，《实施方案》强调要采取建设知识产权运营服务体系、强化知识产权金融支持、提升专利转化运用服务能力等多项措施。

"我市形成了'企业需求为主、政府引导辅助、金融机构跟进'的知识产权质押融资体系，加强'政+银+园+企'四位一体强效联动，为企业通过所拥有的专利进行质押融资提供便利；同时推荐'桂惠贷—知识产权贷'入库企业名单，实施精准对接，为企业纾困解难。"桂林市知识产权局相关负责人表示，桂林市从2021年起加快推动专利质押融资工作，到2023年底推动专利质押融资金额近3亿元，融资金额和惠企数量均名列广西前列。

南方锰业集团有限责任公司相关负责人表示，《实施方案》部署从金融、人才、政策等方面体系化支持企业专利转化运用工作，将有力促进企业专利整体质量和转化率的提升。

此外，围绕培育推广专利密集型产品，《实施方案》提出以知识产权示范优势企业、高新技术企业、"专精特新"企业等为重点，全面开展专利密集型产品备案认定工作。截至今年6月底，广西备案专利产品达到632件，认定专利密集型产品22件。

"广西将稳步推动《实施方案》有效落实落细落地，将专利转化运用工作列为自治区人民政府与国家知识产权局开展省部共建重点任务予以强力推进。"广西知识产权局相关负责人表示。

（赵俊翔、金宇菲、易燚波，原载于2024年8月14日《中国知识产权报》第01版）

021

四川深入落实专利转化运用专项行动——

加速专利产业化　解锁发展新红利

专利转化运用是科技成果转化的重要途径，将带来实实在在的创新发展红利。"到 2025 年，推动一批高价值专利实现产业化，全省专利实施率和产业化率明显提高，重点产业领域知识产权竞争优势进一步凸显。"在 2024 年 7 月公布的《四川省专利转化运用专项行动实施方案》（下称《实施方案》）中，四川省人民政府紧紧围绕专利产业化"一条主线"，推动专利成果从"实验室"走上"生产线"，提出了上述工作目标。

《实施方案》着眼于健全工作机制、畅通转化渠道、强化信息链接、激发创新动力等方面，具体提出了全面梳理存量专利、加速推进转化运用、加强政策激励支撑、夯实转化运用基础、提升专利供给质量等五个方面共 14 项具体举措。"《实施方案》是四川省深入推进专利转化运用工作的行动指南。四川省通过盘活高价值存量专利，进一步打通堵点、激发动力、激活市场，更好地促进产学研深度融合，推动产出更多符合产业需求的增量专利，做到盘活存量和做优增量的'双向促进'。"四川省市场监督管理局相关负责人表示。

细致盘点　筑牢基础

欲致其高，必丰其基。四川省作为科教大省，高校及科研院所相对集中，科教资源丰富，创新底蕴深厚，尤其是轨道交通、电子信息、生物医药等领域的学术研究能力在我国甚至世界范围内处于领先地位。

"然而，目前仍存在专利转化率偏低、转化机制尚需畅通、服务体系有待健全等问题，部分专利成果面临转不动、转不通、转不顺等困难。"四川省市场监督管理局相关负责人表示。

激活专利价值、提升转化效率的前提是做到"心中有数"。《实施方案》提出，全覆盖盘点高校和科研机构存量专利。"今年初，我们在四川省市场监督管理局等省级主管部门的指导和支持下，协助省内133家高校及科研院所进行专利盘点工作。我们通过'一对一'专员服务机制，提供全流程盘点咨询、专利分级分类等辅导服务，帮助他们迅速摸清存量专利'家底'。"成都知识产权交易中心（下称成都知交中心）相关负责人介绍，截至目前，按照国家知识产权局任务部署，四川省高校及科研院所存量专利盘点进度完成率实现100%，盘点专利量达到6.4万件。

"我们根据存量专利盘点结果构建起了四川省专利转化资源库，形成60类国民经济行业、40类战略性新兴产业的专利转化供给清单，入库可转化专利3.8万件。"成都知交中心相关负责人介绍。

对接市场　促进转化

披沙拣金，物尽其用。高校和科研院所是专利转化运用的重要供给侧，如何让专利从"书架"走向"货架"？《实施方案》提出，强化专利转化运用政策激励。推动高校和科研机构健全职务科技成果单列管理制度，建立专利转化的尽职免责和容错机制。

政策的完善能够激荡起创新的"源头活水"不断奔赴市场。诞生于西南交通大学的职务科技成果权属混合所有制改革，让学校成为科技体制改革的"小岗村"。

"西南交通大学探索的'先确权、后转化'职务科技成果权属混合所有制，使得科研人员从一开始就和所在单位共享科研成果所有权。就像安徽小岗村解放了农村生产力一样，西南交通大学这次改革调动了教授们将专利产业化运用的积极性。"西南交通大学相关负责人表示，西南交通大学持续探索总结科技成果转化运用的经验做法，《实施方案》的公布为高校及科研院所存量专利的转化运用工作指明了方向。

"四川省人大常委会审议通过的《四川省知识产权促进和保护条例》设置了'运用与促进'专章，对知识产权权益分配改革、转化运用激励机制等作出安排，大力推进职务发明从'纯粹国有'到'混合所有'、从'先转化后确权'到'先确权后转化'、从'奖励性利益'到'权益性利益'、从'资产化管理'到'资产单列管理'四个转变。"四川省市场监督管理局相关负责人表示。

实现价值　反哺创新

牵线搭桥，两全其美。知识产权一头连着创新，一头连着市场，是科技成果向现实生产力转化的重要桥梁和纽带。《实施方案》提出，促进专利供需对接精准匹配。推动高校和科研机构根据市场评价对存量专利开展分层推广、加速转化。"要基于产业细分领域企业对专利技术的需求情况，通过国家专利导航综合服务平台向企业匹配推送专利信息。选取企业集中度高、技术需求旺盛的产业集群，开展高校和科研机构存量专利转化供需精准对接活动。"四川省市场监督管理局相关负责人表示。

"四川知识产权运营中心组织开展全省知识产权运营服务平台体系建设，目前已初步形成以运营中心为省级中心，31家产业分中心和区域分中心共同组成的知识产权运营服务平台体系架构。"四川知识产权运营中心负责人表示，截至目前，全省运营中心共计面向四川省20余个产业领域促成专利转化运用320余项，达成交易额约3.5亿元，孵化初创项目60余项，完成供需精准对接160余次，发布知识产权供需信息1万余条。

点"知"成"金"，带动创新。为减小创新型企业融资压力，《实施方案》提出，推进多元化知识产权金融支持。2024年7月12日，四川知识产权质押融资质物处置平台（下称质物处置平台）正式发布。"知识产权质押融资质物处置难是制约知识产权质押融资提速增量的卡点、堵点问题。"四川省市场监督管理局相关负责人表示，质物处置平台的发布是四川省知识产权金融工作的一项创新，不仅有助于降低金融机构质押贷款风险损失，还有利于鼓励和引导金融机构进一步拓展知识产权质押融资业务。

成都知交中心相关负责人介绍，成都知交中心以"知贷通"知识产权质押融资服务平台为基础，连接现有知识产权交易系统，为知识产权质物提供进场挂牌、大数据监测、评估评价、供需对接等一站式处置服务，规范处置业务流程，形成知识产权质押融资服务闭环，拓展质物处置变现渠道，以降低金融机构知识产权质押融资业务违约损失。

"今年上半年，四川省专利转让许可共计1.5358万件（次），较去年同期增长72.85%；全省实现专利质押融资登记594笔、金额43.6亿元，较去年同期增长分别为38.14%、25.4%，各类创新主体专利转化运用成效进一步凸显。"四川省市场监督管理局相关负责人表示，下一步，四川省将参照国家层面做法，进一步加强统筹协调，推动各项任务落实落地，将一批原创性、引领性专利技术进行产业化应用，为四川省打造西部地区创新高地、建设知识产权强省贡献力量。

（赵振延，原载于2024年9月25日《中国知识产权报》第02版）

022

浙江多措并举，培育和推广专利密集型产品——

新质生产力汇"新"成势探"密"

拓卡奔马机电科技有限公司推出的超高精度单层裁床，效率是人工的3倍至10倍；万向一二三股份公司推出的锂离子微混动力系统电池能较好满足整车助力及能量回收要求……在2024年9月25日举办的第二届全国专利密集型产品展览活动现场，来自全国15个省市的320余家企业携500余件产品齐聚浙江省杭州市，加速催生新质生产力涌流。

"培育和推广专利密集型产品，既是推进专利转化运用专项行动的重点任务，也是检验行动实施成效的重要指标。近年来，浙江省多措并举，护航专利密集型产业发展。"浙江省市场监督管理局（知识产权局）副局长顾文海表示，一件件专利密集型产品，为推动浙江知识产权强省建设、塑造发展新优势添油助力。

企业亮相　展研发"硬核"实力

专利密集型产品是指主要由所使用的专利带来市场竞争优势的产品。《专利转化运用专项行动方案（2023—2025年）》提出，到2025年，备案认定的专利密集型产品产值超万亿元。

托盘式顶升移栽机、节能涂层、储能电芯……展会现场，来自全国各地的一件件专利密集型产品备受观众和投资机构等青睐。通过参展，相关产品不但拓展了市场，还获得了技术交流、品牌打造、质押融资等方面的便利。

"我们连续参加了两届全国专利密集型产品展览活动。被认定为专利密集型产品，不仅提高了企业的市场地位，还带来了经济利益，特别是金融机构的授信支持，为技术研发和市场拓展提供了资金保障。"浙江新和成股份有限公司有关负责人介绍，该公司是一家主要从事医药、精细化工等领域的高新技术企业，拥有授权专利566件。此次展会上，中国建设银行浙江省分行开发了以专利密集型产品价值评估结果为依据的金融产品，为该公司在内的5家公司的5款产品进行了授信，授信额度达63.8亿元。

专注研发医用内窥镜及配套手术设备的杭州好克光电仪器有限公司现场展出了2件专利密集型产品。该公司负责人表示，在专利密集型产品的认定过程中，浙江省市场监督管理局（知识产权局）为公司提供了全方位的支持和服务，认定过程非常高效。"被认定为专利密集型产品后，公司的品牌影响力显著提升，市场开拓更加顺利，融资也变得更加容易。"上述负责人说。

"值得一提的是，展会期间浙江省专利产业化促进中小企业成长'金种子'计划启动。该计划面向创新企业构建'孵化级—成长级—样板级'梯度培育体系，提供覆盖企业全生命周期的增值化陪伴式服务，从创新链、产业链、资金链、人才链和服务链5个方面发力，全力探索把优质专利转化为专利密集型产品的路径。"顾文海介绍。

政府搭台　增创新发展动力

产品满足相关要求后，需经过备案、培育、认定3个环节，才能成为专利密集型产品。这一过程可以帮助企业开展全方位的知识产权体检、产业化培育，促进创新成果转化为实际的产品和市场价值。

近年来，浙江省通过出台相关激励政策、打造和推广平台、创新金融服务等方式，加速推进专利密集型产品的培育和推广工作，取得了显著进展。截至目前，全省3575家创新主体已备案专利产品1.07万件，居全国前列；280家创新主体的415件产品被认定为专利密集型产品，产品年产值突破1000亿元。

强化政策引领，完善支持体系。浙江省将专利密集型产品培育和推广纳入国家知识产权局、浙江省人民政府《2023—2025年共建知识产权强省工作要点》，并修订了浙江省知识产权专项资金管理办法，对认定为专利密集型产品的企业给予资金支持，并将认定情况纳入"专精特新"企业、高新技术开发区的评价标准。各地市也积极出台相应的激励政策，如绍兴市制定了专利密集型产品奖励措施，进一步激发企业的创新热情。

完善平台建设，打造全生命周期服务。浙江省在杭州市萧山区建设全国首个专利密集型产品培育和推广中心，设立6个产业类专利密集型产品培育基地，集聚科研院所、服务机构、金融机构等各类创新要素，形成覆盖培育、推广等全生命周期的服务体系；启动运营全国专利密集型产品线上展馆，持续推动优质企业和产品项目招商落地。

加强金融创新，解决融资难题。浙江省与中国建设银行浙江省分行合作，引入人工智能和大数据手段，建立专利产品评估模型；开发了以专利密集型产品价值评估结果为依据的金融产品，为企业提供便捷的融资渠道。

"在此过程中，我们也发现了地方政策对企业培育和推广专利密集型产品的激励作用有限、专利密集型产品的全球化互认有待进一步探索等问题，一定程度上制约相关工作进一步开展。"顾文海表示，针对该情况，浙江省将进一步修订和完善相关政策，形成多层次、多维度的政策支持体系；完善专利密集型产品培育和推广中心的功能，提升其在培育、展示、推广、招引等全生命周期服务中的作用；继续与金融机构合作，开发更多围绕专利密集型产品定制的金融产品；广泛宣传专利密集型产品的成功案例和政策支持，提升社会认知度。

（赵俊翔，原载于 2024 年 10 月 25 日《中国知识产权报》第 01 版）

023

实施专利转化运用专项行动一年来，北京市——

凝聚转化动能 共创"京彩"未来

"今年上半年，全市专利转让许可总规模2.66万件次，同比增长36.9%；认定登记技术合同4万余项，成交额4139.9亿元，同比增长5.1%。"在2024年11月4日举办的2024年北京市专利转化运用工作会暨京津冀知识产权运用工作推进会上，北京市知识产权局局长孟波表示，自2023年国务院办公厅印发《专利转化运用专项行动方案（2023—2025年）》以来，北京市深入实施专利转化运用专项行动，引导高校、科研机构形成更多高价值专利，推进知识产权与产业融合，加快推动创新成果向现实生产力转化，有效支撑首都经济高质量发展。

摸清存量"家底"

北京市创新资源聚集、专利资源丰富。2023年，北京全社会研发经费投入总量2947.1亿元。截至2023年底，全市有效发明专利量57.43万件，每万人口发明专利拥有量262.9件。

今年1月以来，北京组织全市147家高校、科研机构、医疗卫生机构就22万余件专利开展全面盘点，从技术、法律、市场等多方面进行评价，梳理出具有较好转化前景的专利14.6万件。

"通过盘点我们发现，从区域上看，全市高校和科研机构存量专利资源高度集中；从技术成熟度上看，全市专利技术成熟度整体较高；从产学研协同上看，全市产学研专利合作较为紧密。"孟波介绍，通过盘点，北京市较好摸清了高校、科研机构存量专利的"家底"和特点。

在此基础上，北京市知识产权局联合相关部门重点面向全市2.85万家高新技术企业、"专精特新"企业和知识产权优势企业等开展存量专利对接工作，加快从"盘"到"活"的进程。

此外，为进一步加快专利转化运用，北京市支持中小企业专利产业化，面向高新技术企业、"专精特新"中小企业等开展专利产业化样板企业申请工作，遴选专利产业化工作基础好的企业，推荐纳入培育范畴；推动重点产业知识产权强链增效，征集重点产业知识产权强链增效工作牵头单位43家，支持新能源智能汽车、5G、网络安全、智慧供应链、人形机器人等一批新兴产业和未来产业领域的知识产权强链增效工作；大力培育推广专利产品，全市2024年新增备案专利产品2500余件，关联高价值专利超过2万件，专利产品上一年度销售收入超过5500亿元。

健全工作体系

近年来，北京市知识产权局聚焦知识产权转化运用，大力支持在京知识产权交易中心建设，加强产业知识产权促进中心培育。目前，北京市级层面已形成平台、资本、产业、机构等要素较为齐全的知识产权转化运用工作体系。

"我们要进一步在各区健全知识产权转化运用的工作体系，提升转化运用服务的力度、广度、精准度和专业化水平。"北京市知识产权局副局长潘新胜介绍，北京市纵深推动转化运用服务向基层和主体下沉，率先支持全市7个重点区、经开区及7个街道开展区域知识产权运营中心和区域知识产权赋能中心建设，释放基层知识产权转化运用关键节点效用，打通知识产权转化运用"最后一公里"。

会上，第一批北京市区域知识产权运营中心和第一批北京市区域知识产权赋能中心正式授牌成立。

望京街道是第一批北京市区域知识产权赋能中心之一，目前已投入工作3个月。"望京街道聚集了以猿力科技、知道创宇等为代表的多家'独角兽'企业、300多家'专精特新'企业。这些企业在技术创新、产品研发、人才培育等方面拥有一定实力，但也面临着知识产权保护和管理方面的挑战。"朝阳区望京街道办事处主任刘丹介绍，今年8月8日，望京街道联合朝阳区企业联合会设立了朝阳区首个基层知识产权赋能站，可为企业提供知识产权培训、商标托管等多项服务。

"我们出台科技成果先使用后付费、专利开放许可等政策，推进发行4期知识产权证券化产品，共为40余家科技企业融资约12亿元，同时设立4000万元规模的知识产权质押融资风险补偿资金池、1000万元规模的知识产权运营担保风险补偿基金等。"海淀区知识产权局局长张芳英介绍，下一步，海淀区将以区域知识产权运营中心建设为依托，着力打通专利转化运用的关键堵点，培育一批知识产权转化运用高水平复合型运营人才，并发挥街道知识产权赋能中心力量，提高区域专利转化运用效率和水平。

京津冀协同发展

近年来，北京市知识产权局会同天津市知识产权局、河北省知识产权局持续推动京津冀知识产权协同发展，根据京津冀三地专利转化运用专项行动实施方案和知识产权转化运用工作要求，推动京津冀知识产权转化运用政策协同、工作协同、服务协同，助力培育发展新质生产力，支撑京津冀高质量发展。

在此次会议上，三地一体化推进专利转化运用工作更进一步——北京市知识产权局、天津市知识产权局、河北省知识产权局联合制定的《促进京津冀知识产权协同发展行动方案》发布，明确到2025年底前，京津冀知识产权协同运用工作机制更加健全，知识产权要素流动更加顺畅，知识产权运营服务生态更加完善，知识产权领域统一市场加快形成。

当前，行动方案部署的资源共享、先行先试等工作任务已经开始落实。在会议现场，北京城市副中心、天津滨海新区、河北高新区3个知识产权转化运用先行区授牌成立。北京知识产权交易中心与天津产权交易中心、河北科技成果展示服务中心共同签署京津冀三地专利交易数据联合发布和转化运用合作协议，深入推进京津冀三地高校、科研机构专利数据资源互通共享，支持专利盘活与转化运用。

孟波表示，下一步，北京市知识产权局将以全面深化实施专利转化运用专项行动为主线，持续聚焦重点区域、重点产业、重点企业，紧密围绕推动一批高价值专利产业化，推动构建多层次、多维度的专利转化运用服务体系，以高效能专利产业化助力新质生产力培育，为北京国际科技创新中心建设和首都经济社会高质量发展提供有效的知识产权保障和支撑。

（杨柳，原载于2024年11月20日《中国知识产权报》第02版）

专利转化运用在行动·专家谈

024

吹响专利成果转化的时代号角

中国实施专利制度已近40年，PCT国际专利申请量连续4年位居世界首位的同时，有效发明专利也实现量质齐升，其中不乏高价值专利。但同时，我国仍然面临着专利转化率偏低、激励不足、机制不畅等问题，即使是部分高价值专利，也在一定程度上还存在着"束之高阁转化难，难入应用第一线"的状况。

当前，我国已进入高质量发展阶段，着力打通专利转化运用的关键堵点对于有效提升专利转化运用效益、助力经济高质量发展起着更加关键的作用。2023年10月17日，国务院办公厅印发《专利转化运用专项行动方案（2023—2025年）》（下称《方案》），从提升专利质量和加强政策激励两方面发力，针对专利成果转化痛点、难点和堵点问题"对症下药"，吹响了我国在未来一段时间内深化专利成果转化尤其是高价值专利成果转化的号角。

纵观《方案》，锚定全覆盖与强调高效率是其重要特色。为进一步解决专利"转化难"问题，《方案》目标明确、举措清晰，提出到2025年，推动一批高价值专利实现产业化，高校和科研机构专利产业化率明显提高，全国涉及专利的技术合同成交额达到8000亿元，一批主攻硬科技、掌握好专利的企业成长壮大，重点产业领域知识产权竞争优势加速形成，备案认定的专利密集型产品产值超万亿元等具体发展目标，并从大力推进专利产业化、打通转化关键堵点、培育知识产权要素市场、强化组织保障4个方面推出一系列有针对性的措施，激发各类主体创新活力和转化动力。同时，《方案》聚焦高效率，把专利转化运用的着力点和落脚点放在服务实体经济上，通过推进重点产业知识产权强链增效、培育推广专利密集型产品等举措，大力推进专利产业化，建立健全有利于专利成果转化运用的制度安排和激励政策，进一步优化市场服务和培育良好生态，加快创新成果向现实生产力转化。

值得关注的是，由于我国创新成果转化尤其是专利转化运用工作具有一定的复杂性，各地和各部门在落实推进《方案》的过程中需要积极探索、不断实践、与时俱进、突出重点、抓住关键，及时发布先进经验和典型案例。

高校和科研机构作为国家战略科技力量和国家创新体系的重要组成部分，梳理盘活其存量专利、提升创新成果转化率是《方案》的关注重点之一。力争2025年底前实现高校和科研机构未转化有效专利全覆盖；筛选具有潜在市场价值的专利，有效运用大数据、人工智能等新技术，按产业细分领域向企业匹配推送，促成供需对接；基于企业对专利产业化前景评价、专利技术改进需求和产学研合作意愿的反馈情况，分层构建可转化的专利资源库……一系列"组合拳"，有利于在梳理盘活存量专利的同时激活创新增量，促进高校和科研机构专利高效转化。当然，这些举措可以集成化的"整合配套"，也可以选择性的"零打碎敲"，一切应以实事求是、实用实效为前提。

需要强调的是，专利是创新成果的核心组成资源，但创新成果还包含技术秘密、集成电路布图设计、植物新品种等，创新成果的转化同样也包含了专利转化与其他创新成果的转化。因此，在推进专利转移转化的过程中，应充分整合考量专利与其他创新成果权益转移转化的状况。此外，一项创新成果如选择了提交发明专利申请，在进入"专利生命周期"后还可能会遭遇提交专利申请后与专利申请文件公开前期间的技术秘密权益保护、专利申请公开后的"临时法律保护"等问题。因而在推进专利转化时，宜全面考量多方面因素，综合解决转化中出现的各类问题。

专利转化正当时，春华秋实盼有期。《方案》的印发，给我国科技成果转移转化带来了新的指引和契机，各界应切实将专利制度优势转化为创新发展的强大动能，助力实现高水平科技自立自强，加快建设知识产权强国。

（陶鑫良，系上海大学知识产权学院名誉院长、教授，原载于2023年12月20日《中国知识产权报》第01版）

025

推动重点产业强链补链

《专利转化运用专项行动方案（2023—2025年）》对我国大力推动专利产业化、加快创新成果向现实生产力转化作出专项部署，强调要"推进重点产业知识产权强链增效"。这为知识产权促进重点产业创新发展指明了方向，也为我国专利转化运用开辟了崭新道路。

知识产权是影响和制约产业链和供应链安全的重要因素。当今世界主要国家之间综合国力的竞争，实际上是现代化产业体系的竞争。现代化产业体系建设不仅包括传统产业结构优化升级、新兴技术产业发展壮大，也包括产业科技成果和知识产权的高效转化运用。

过去，由于科技项目缺乏可持续的高质量知识产权组合创造机制，我国一些重点产业虽然产出了不少知识产权，但并未获得主导全球收益的控制力。以技术秘密和专利为代表的科技成果产出短板，必然造成重点产业产业链和供应链出现短板，而知识产权是推动重点产业强链补链的重要手段。

推动重点产业强链补链，提升重点产业竞争力，关键是提升重点产业科技创新能力。提升科技创新能力必须高度重视重点产业知识产权创造运用能力建设，制定有效的知识产权政策，加强创新主体知识产权管理。

要制定促进产业关键核心技术知识产权高质量创造、组合创造和可持续创造的政策。要制定和优化科技计划知识产权政策，重大科技专项、自然科学基金、重点研发计划要制定知识产权高质量创造、组合创造和可持续创造政策。

要建设科研项目专利导航机制。在科技计划项目立项和实施中，要加强专利导航机制建设，深入实施创新过程知识产权管理国际标准。要通过专利等知识产权检索分析，通过运用技术功效矩阵、技术生命周期、技术路线图等方法，有效指导研究开发投入、新产品研发、人才引进、知识产权战略布局和知识产权高效运用。

要建立重点产业科研项目知识产权全过程管理制度和知识产权专员制度。要系统开展科研项目知识产权检索分析管理、项目创新性管理、知识产权预测预警管理、知识产权战略布局管理、知识产权申请获取管理、知识产权维持管理、知识产权与技术标准融合管理、知识产权价值评估管理、知识产权合同管理和知识产权运用管理，全面系统提升科研和创新的效率效益。

要制定支持专业化知识产权运用机构和人才队伍建设政策。要通过支持建设资金、投资担保、基金入股、贴息、奖励等方式支持高校科研机构和企业建设集科技成果转移转化、知识产权管理和种子投资基金于一体的专业化知识产权管理机构，配备专业化人才队伍。支持建立发明披露评估流程和知识产权申请前评估流程，不必要公开的技术要以技术秘密进行保护，大幅度提高知识产权质量，形成知识产权组合效应，不断提升知识产权管理科学化现代化水平。

要面向产业主导产品和服务，布局自主知识产权。重点产业科研项目承担主体要积极参与重点产业技术标准制定和修订，布局和掌握产业技术标准必要专利，通过技术标准制定和修订，推动重点产业优化升级。创新主体也可以通过制定企业标准和布局标准必要专利形成对未来产业的控制力。

要积极参与或牵头建设重点产业专利池或专利组合。要支持建设重点产业知识产权运营中心，支持产业知识产权运营中心牵头制定国家或行业、区域技术标准，参与国际技术标准的制定和修订，牵头组建或参与基于技术标准的专利池或专利组合，从而形成重点产业自主可控优势。

要支持可持续布局高价值知识产权。由单位科技成果转化和知识产权运用部门统筹知识产权事务经费提取和使用。在科研项目完成后和科技成果转化阶段，要持续支持布局高价值专利和专利组合，防止项目结束后，由于没有持续布局知识产权而导致产业控制力缺失。

（宋河发，系中国科学院科技战略咨询研究院研究员、博士生导师，原载于2023年12月27日《中国知识产权报》第01版）

026

加快实现专利价值　赋能产业链创新

纵观《专利转化运用专项行动方案（2023—2025年）》（下称《方案》），大力推动专利产业化、加快创新成果向现实生产力转化是核心任务。如何推进专利产业化？《方案》特别提及要推进重点产业知识产权强链增效，即通过不同层面为产业链创新赋能来实现专利价值。

其一，要盘活高校和科研机构存量专利，为产业链创新提供知识和能力支撑。当前，高校和科研机构的专利转化率不高现象仍然存在，究其原因是近年来各级政府的激励举措有效激发了以专利为标志的创新产出，促使专利产出总量大幅提升，由此带来了一定的存量专利。但同时也应关注到，现实中大量的专利转化都伴随着技术开发，发明人在专利创造过程中积累的知识和形成的能力对技术开发起着支撑作用，然而我们当前对专利转化的关注重点一般只涉及专利的许可转化情况，对专利转化运用过程中知识和能力的溢出关注不够。

为推动高校和科研机构的专利转化运用，《方案》提出由高校、科研机构组织筛选具有潜在市场价值的专利，依托全国知识产权运营服务平台体系统一线上登记入库；按产业细分领域向企业匹配推送，促成供需对接等。笔者建议在实施层面，要充分认识到存量专利的价值主要体现在发明团队具备的解决问题的知识和能力，在存量专利转化统计考核中将基于存量专利再创新作为盘活相关专利的重要方式纳入专利转化范畴进行统计。

其二，要推进面向产业的专利转化运用，为产业链创新提供"源头活水"。专利转化定位在运用，面向产业的专利转化运用成效主要取决于转化的精准性与运用的规模化。

实现专利转化的精准性，要求专利的运用场景清晰、专利的技术价值高。为此，《方案》提出要以重点产业领域企业为主体，培育和发现一批弥补共性技术短板、具有行业领先优势的高价值专利组合，这样可以较好实现专利运用场景的必要性和可行性。《方案》同时强调要协同各类重大创新平台，旨在通过整合高校和科研机构的创新资源，在专利创造的过程中实现创新链与产业链的全面融合。

实现专利转化运用的规模化，其实质是基于专利的技术价值、法律价值，采取适宜有效的方法和模式来扩大专利产业化的规模和效益，最大化地实现专利的市场价值。《方案》提出了建立关键核心专利技术产业化推进机制、组建产业知识产权创新联合体等一系列举措，其核心要求就是深耕产业链，通过构建组织来策略性地提升专利转化运用规模。而且现代产业发展的趋势更强调资源共享，扩大专利转化运用规模无疑能更加高效地实现更大收益，为此，《方案》提出"面向未来产业等前沿技术领域，鼓励探索专利开源等运用新模式"，旨在为产业链创新引入更多的"源头活水"。

笔者建议，面向产业开展专利转化运用的过程中，要高度重视针对特定产业培养一批产业背景深厚的转化服务人才，强化服务人才的技术背景在精准转化中的作用；同时应鼓励各高校知识产权运营中心积极探索跨学校、跨技术领域整合知识产权资源，最大化实现知识产权价值。

其三，要提升创新过程中的知识产权管理能力，为产业链创新提供组织保障。知识产权管理是企业经营战略的重要体现，知识产权管理能力直接体现为企业实现专利价值的能力，即获取和维护动态核心竞争力及将创新成果转化为有价值的知识产权资产的能力。自2013年国家标准《企业知识产权管理规范》颁布实施以来，全国上万家企业特别是一批中小企业通过贯标建立知识产权管理体系，企业知识产权管理能力、专利创造和运用能力均得到了显著提升。随着我国参与国际竞争的深入，技术和产品体系需要与国际接轨。《方案》中关于深入实施创新过程知识产权管理国际标准、推动创新主体提升国际标准制定能力等举措，旨在强调要围绕创新过程量身定制知识产权管理工作，并采用相应的管理工具和方法，为新阶段企业面向国际的创新活动提供组织保障，特别是对我国重点产业参与国际技术标准制定提供有力支持。笔者建议，应遴选不同行业的企业基于现实场景探索创新过程中的知识产权管理国际标准实施经验；基于开放创新模式，建立健全产业知识产权创新联合体的管理体制机制。

（唐恒，系江苏大学知识产权学院院长、教授，原载于2024年1月10日《中国知识产权报》第01版）

027

促进技术链接资本　提升企业专利转化能力

聚焦促进技术、资本、人才等资源要素高效配置和有机聚合，大力推动专利产业化，《专利转化运用专项行动方案（2023—2025年）》（下称《方案》）围绕"以专利产业化促进中小企业成长"、"高标准建设知识产权市场体系"和"推进多元化知识产权金融支持"等内容作出详细部署，为推动资本市场和技术市场顺畅融合、促进专利高效转化运用和企业高质量发展提供了坚实保障。

《方案》提出，要推动专项支持的企业进入区域性股权市场，开展规范化培育和投后管理。支持开展企业上市知识产权专项服务，加强与证券交易所联动，有效降低上市过程中的知识产权风险。这些部署契合区域性股权市场的发展定位，为区域性股权市场更好服务中小科技企业提供了明确的方向和政策依据，同时关注到知识产权风险对企业提速发展的影响。

区域性股权市场是多层次资本市场的塔基，近年来在服务中小企业尤其是"专精特新"企业方面的功能不断完善，提供了股权管理、股权转让、投融资对接服务，以及规范运作、辅导培训、并购重组等上市前的培育服务，逐步建立起与其他层次资本市场的有机联系。截至2023年6月底，全国35家区域性股权市场累计服务中小科技企业超5万家；服务企业中累计转沪深北交易所上市121家，转新三板挂牌871家。因此，区域性股权市场可以在已有探索的基础上，更好赋能知识产权专项支持的中小企业高质量发展。

为了帮助科技企业在上市等关键发展节点上尽可能规避知识产权风险，《方案》同样作出相关部署。未来，建议完善相关规则和标准，打造一批知识产权领域的证券服务机构，为上市公司和拟上市公司提供知识产权相关的评估、法律、信息等专业服务。

《方案》还对如何为专利产业化提供多种金融工具支持作出了具体部署。国际上一直在探索丰富知识产权融资工具和提高知识产权可交易性的方式，而将股权、债权与知识产权相结合是一个发展趋势。近年来，部分金融机构、私募基金、担保公司还对认股权进行了积极探索。认股权是指企业或相关方按照协议约定授予外部机构在未来某一时期认购一定数量企业股权的选择权，"科技成果+认股权"的模式能够给予成果持有人、投资方和中小企业更大的灵活性，有助于解决科技成果估值难、交易难、融资难的问题，能有效动员各方力量加大对于科创企业的支持力度。

国内区域性股权市场在管理知识产权质押贷款风险补偿基金、开展认股权试点等方面已经进行了不少探索，为下一步形成可推广可复制的做法奠定了良好基础。

其中，在认股权方面，北京股权交易中心于2022年11月获批开展认股权综合服务试点，建设集认股权确权存证、登记托管、估值转让、行权注销等为一体的综合服务平台。截至2023年3月，该中心首批11单认股权业务已成功落地，储备项目近30笔。首支认股权策略创业投资基金在2023年中国国际服务贸易交易会全球PE论坛上启动设立，初步形成认股权业务生态体系聚集效应。认股权业务的试点范围后续也将逐步扩大。

《方案》提出了高标准建设知识产权市场体系的具体要求，包括优化全国知识产权运营服务平台体系，支持国家知识产权和科技成果产权交易机构链接区域和行业交易机构，在知识产权交易、金融、专利导航和专利密集型产品等方面强化平台功能等。

目前，我国知识产权运营平台和技术交易市场的数量较多，但在信息披露、价值评估、交易撮合等关键环节上难以形成公认标准和统一规则，对高质量技术成果的服务能力有待提升。

在中共中央办公厅、国务院办公厅印发的《建设高标准市场体系行动方案》、国家知识产权局印发的关于认定全国知识产权运营服务平台体系功能性平台的通知等相关政策持续推动下，各知识产权运营平台积极探索、加强合作，同时突出各自特色，高质量开展专利转化相关业务。其中，深圳证券交易所科技成果与知识产权交易中心自2022年11月运作以来，累计服务各类科技成果、知识产权和科技企业项目1000余项，并与中国技术交易所、上海技术交易所建立了合作关系，初步形成良好的辐射带动效应。

面对新一轮技术革命和产业变革,《方案》的出台无疑将有助于加速科技、金融、产业的良性循环,为高水平科技自立自强提供更加有力的支撑。

(王晓津,系深圳证券交易所副主任研究员,原载于 2024 年 1 月 17 日《中国知识产权报》第 01 版)

028

发挥运营服务平台在专利转化运用中的关键作用

《专利转化运用专项行动方案（2023—2025年）》（下称《方案》）提出：到2025年，推动一批高价值专利实现产业化。高校和科研机构专利产业化率明显提高，全国涉及专利的技术合同成交额达到8000亿元。一批主攻硬科技、掌握好专利的企业成长壮大，重点产业领域知识产权竞争优势加速形成，备案认定的专利密集型产品产值超万亿元。《方案》目标明确、要求具体、强调落实、注重实际，不仅对促进各类创新主体推动专利转化运用具有十分重要的指导意义，而且对知识产权运营服务平台体系建设提出了具体的要求。

作为落实《知识产权强国建设纲要（2021—2035年）》和《"十四五"国家知识产权保护和运用规划》的重要举措，我国高度重视知识产权运营服务平台体系建设工作，认定了中国技术交易所、上海技术交易所、深圳证券交易所科技成果与知识产权交易中心等机构为功能性国家知识产权运营服务平台运营单位，支持专利转化专项计划中央财政重点支持省份和知识产权运营服务体系建设重点城市开展专利开放许可试点业务，支持知识产权运营服务平台开展专利导航、评价估值、交易促进、知识产权质押融资、知识产权证券化等业务，为知识产权运营服务平台体系的建立和完善打下了坚实的基础。

《方案》明确，优化全国知识产权运营服务平台体系，支持国家知识产权和科技成果产权交易机构链接区域和行业交易机构，在知识产权交易、金融、专利导航和专利密集型产品等方面强化平台功能，搭建数据底座，聚焦重点区域和产业支持建设若干知识产权运营中心，形成线上线下融合、规范有序、充满活力的知识产权运用网络。

上述要求为知识产权运营服务平台体系的建设和运营平台的发展指明了方向。各运营服务平台应以《方案》实施为契机，积极落实《方案》要求，在不断完善自身服务功能的同时，加强制度规范、资源共享与业务合作，切实发挥引领示范作用，共同建设规范有序、充满活力、互联互通的全国知识产权运营服务平台体系，推动专利转化运用专项行动顺利开展。

要充分认识平台体系建设的重要意义。建设规范有序、充满活力、互联互通的全国知识产权运营服务平台体系，是落实《方案》的重要举措，是健全知识产权市场运行机制、建设高标准市场体系的重要内容，对于畅通知识产权转移转化渠道、促进专利转化运用具有重要支撑作用，同时为各运营服务平台的建设和发展带来了新的机遇。

要不断强化自身服务能力建设。各运营服务平台应切实围绕专利转化运用的共性需求和关键环节，加强能力建设，重点建设科技成果与专利技术登记入库系统、健全市场导向的专利筛选评价体系、完善中小企业创新需求挖掘机制、提升供需对接和交易促成效率、优化政策咨询方案设计评价估值等方面的配套服务功能。同时要提升在专利转化运用咨询、专利技术评价估值、专利导航、专利收储，知识产权交易促进、质押融资、证券化、纠纷调解等方面的专业服务能力。要主动链接重点区域或重点行业，努力打造承载核心功能、辐射带动全国的项目、服务、数据等资源中心，促进重点区域和重点产业领域的专利转化运用。

要推进统一知识产权交易流程规范。建议以中国技术交易所、上海技术交易所和深圳证券交易所科技成果与知识产权交易中心三家国家知识产权运营交易服务平台的规则流程为基础，对其中关键要素、关键环节、关键信息进行归纳凝练，形成知识产权交易制度规则流程的基本规范，并向其他运营服务平台推广运用；推动各运营服务平台之间的评价估值结果、投资人准入标准、服务会员资格以及交易凭证的互认。

要优化数据资源共享与信息联合发布机制。各运营服务平台应通过统一的数据接口，进一步建立健全数字共享机制和知识产权交易信息联合发布机制，推动各运营机构之间的数据联通、资源共享、渠道共用和业务互动，切实强化知识产权要素市场的信息匹配、资源对接和交易促进功能，提升服务专利转化运用的能力。

（郭书贵，系中国技术交易所有限公司董事长，原载于2024年1月24日《中国知识产权报》第01版）

029

用高水平转化运用支撑
绿色能源化工产业高质量发展

  《专利转化运用专项行动方案（2023—2025年）》（下称《方案》）对"大力推动专利产业化，加快创新成果向现实生产力转化"作出专项部署，必将有力提升我国能源化工产业专利转化运用水平，更好支撑国家能源化工技术创新和产业进步，加快推动经济社会高质量发展。作为重要的专利密集型产业，绿色能源化工覆盖领域广、产业链条长、技术种类多，专利转化运用成效和水平直接决定整个行业创新能力和产业水平，深刻影响着我国高质量发展目标和任务的实现。

  围绕《方案》提出的"以重点产业领域企业为主体，协同各类重大创新平台，培育和发现一批弥补共性技术短板、具有行业领先优势的高价值专利组合"，行业龙头企业要围绕国家重大战略需求，加快关键核心技术攻关，重点布局一批基础性、前瞻性、引领性的高水平专利，奋力打造原创技术策源地。要推动知识产权深度融入科技创新和产业发展全过程，在页岩气勘探开发、天然气水合物开采、碳捕集与利用等绿色能源化工领域加大专利创造和布局，锻造更多"杀手锏"和"独门秘笈"。

  行业龙头企业应聚焦能源化工关键技术创新，牵头搭建产业知识产权专题数据库，充分发挥专利信息对产业创新发展的引导功能，全方位推进化石能源洁净化、洁净能源规模化、生产过程低碳化。各类创新主体要积极用好专利导航综合服务平台等国家级支撑机构，共同推动构建以专利为纽带、创新为核心、市场为导向的专利转化运用体系。要主动加强与高校院所的联合攻关，统筹优化创新资源配置，围绕新能源、新材料等战略性新兴产业，形成更多产业急需的高价值专利，提升产业链韧性和安全水平。应树立"专利只有转化运用才能产生价值"的应用导向,建立并完善专利转化运用制度体系,促进重要专利产业化应用,全面提升我国能源化工领域技术创新力、产业引领力和核心竞争力,更好支撑现代化产业体系建设。

针对《方案》提出的"支持建设产业知识产权运营中心,组建产业知识产权创新联合体,遵循市场规则,建设运营重点产业专利池",行业龙头企业应发挥好引领作用,高标准建设和运行国家级绿色能源化工产业知识产权运营中心。产业运营中心要积极获取国家政策、政府服务、市场资本等优质资源的支持,提升专业化运营能力和水平,高效精准提供专利产业化全链条市场化服务。

行业龙头企业要以国家级运营中心为纽带,探索组建绿色能源化工产业知识产权创新联合体,以市场化手段建设运营产业专利池、构建高价值专利组合,实现知识产权成果共享和产业链资源优势互补。各类企业需用好《绿色技术专利分类体系》,推进专利密集型产品备案认定,加快绿色能源化工技术(产品)高价值专利产出,支撑推动我国能源化工产业加快向绿色化、低碳化、高端化转变。

《方案》就"打通转化关键堵点,激发运用内生动力"作出了具体部署。国有企业需创新并完善专利转化运用工作体制机制,深化内部职务发明专利的使用权、处置权和收益权改革,完善处置流程和收益分配机制,从根本上解决"不愿转""不会转""不敢转"的问题,打通存量专利产业化路径。各类创新主体、经营主体应围绕技术和产业需求,强化以转化实施为目标的知识产权运用,以市场化机制促进各方主体共享知识产权价值。作为知识产权人才培育的主体,企业应加快培育高素质、专业化的专利产业化服务人才,为绿色能源化工产业高质量发展提供强有力的知识产权人才支撑。

当前,世界能源化工产业绿色低碳转型升级之路任重道远。我们要充分运用知识产权制度功能和专利转化运用制度优势,加快我国绿色能源化工领域专利向现实生产力转化,为保障国家能源安全、满足人民群众美好生活需要、促进经济社会高质量发展作出新贡献。

(王丽娟,系中国石油化工集团有限公司科技部副总经理,原载于2024年2月7日《中国知识产权报》第01版)

030

大力推进新能源产业知识产权转化运用

《专利转化运用专项行动方案（2023—2025年）》（下称《方案》）提出，大力推动专利产业化，加快创新成果向现实生产力转化。《方案》强调，推进重点产业知识产权强链增效，以重点产业领域企业为主体，协同各类重大创新平台，培育和发现一批弥补共性技术短板、具有行业领先优势的高价值专利组合。

新能源产业是我国战略性新兴产业的重要组成部分，对于促进经济平稳健康发展、构建绿色低碳的能源体系具有重要意义。当前，新能源产业呈现出快速发展的态势，成为推动全球可持续发展的重要力量。中国企业在全球动力电池市场上占据了重要份额，近年来的专利布局持续完善。

新能源产业的特点主要包括技术密集、资本密集、政策驱动等，其中，技术创新是新能源产业发展的关键因素之一，加强知识产权保护和运用对于促进该领域的技术创新具有重要意义。《方案》的出台，有利于大力推进新能源领域的专利产业化，加快专利价值实现。

笔者认为，在实践中，应从以下几个方面推进新能源领域的专利转化。一是推进建设先进动力电池和储能产业链知识产权运营中心。当前，全球动力电池和储能市场呈现中日韩三分天下的局面，但欧美近年来也在大力发展电动汽车产业及电池产业，并制定保护和扶持政策，对我国企业进军欧美市场具有一定的影响。

基于当前国际形势，我国亟需建立先进动力电池和储能产业链知识产权运营中心，发挥龙头企业在先进动力电池和储能产业的资源和产业优势，为优质科研资源和产业经营主体提供科技、平台和人才支撑；同时，将知识产权创造、运用、保护和管理全链条融入先进动力电池和储能产业创新链、资本链和政策链，实现对内整合创新资源，加快先进动力电池和储能产业集群关键技术领域的创新突破，聚合先进动力电池和储能产业相关"产、学、研、金、介、用"多方主体资源，促进产业结构转型升级，横向推动先进动力电池和储能产业与光储端信产业的协同创新、融合发展，纵向推进先进动力电池和储能全产业链条水平提升、创新发展层次跃升。

二是积极开展产业链和供应链的知识产权协作。为了进一步提升我国新能源产业的国际竞争力，需提升整个产业链和供应链的创新能力，促进产业链升级。

为促进行业创新和知识产权价值实现，笔者所在企业与高校院所及龙头企业等加强新能源技术的前瞻性研究和知识产权协同保护，共享基础成果，提高研发效率。

完善的知识产权管理制度是加强协作的基础，笔者所在的企业建立了产业链和供应链中知识产权风险评估和纠纷解决机制；加强产业链和供应链之间的知识产权信息共享，以提高整个产业链和供应链的知识产权保护和运用水平；推进建立知识产权联盟或专利池，科学开展价值评估工作，对相关成果进行分级分类管理，明确成员间或专利池内专利的范围和使用条件，确保成员之间的权益平衡；建立了专利交叉许可机制，并积极通过实施许可、转让、作价入股、产业化等多种方式推动高价值知识产权转化运用。

三是大力推进专利和标准的结合，引领技术标准制定。笔者所在企业非常重视依托专利参与国内和国际标准制定，通过专利和标准的结合实现专利标准化，进一步提升行业竞争力。

具体而言，在推进专利挖掘和标准制定之前，企业需深入了解市场需求和行业发展趋势，掌握相关技术和标准的发展动态，为创新研发和制定技术标准提供指导；围绕核心技术开展专利布局，力争在技术标准制定中占据主导地位，增加话语权；积极参与国内和国际标准制定，提升中国产品、企业乃至产业的竞争力。

（孙明岩，系宁德时代新能源科技股份有限公司首席知识产权官，原载于2024年2月21日《中国知识产权报》第01版）

031

开拓新时代高校专利转化运用新路径

国务院办公厅印发的《专利转化运用专项行动方案（2023—2025年）》（下称《方案》），对大力推动专利产业化、加快创新成果向现实生产力转化作出了专项部署。《方案》的出台，为我国专利转化和运用绘制了清晰的"路线图"，是落实推进《知识产权强国建设纲要（2021—2035年）》和《"十四五"国家知识产权保护和运用规划》部署的重要举措。

高校是国家战略科技力量的重要组成部分，是关键核心技术领域专利的重要供给者，要坚持教育、科技、人才一体化，在发展新质生产力的过程中起到支撑引领作用。《方案》围绕"项目发现—评价审批—转化运营—作价增值"的全链条对有组织推进专利转化运用提出了新路径，给新时代高校专利转化运用工作的开展提供了行动指南。

在项目发现阶段，《方案》提出梳理盘活高校高价值存量专利的新路径。《方案》从源头出发，坚持转化导向，倡导建立市场化的供需对接机制，有效利用大数据、人工智能等技术，建立专利资源库并开展分层评价、差异化推广，按产业细分领域向企业匹配推送。同时，《方案》鼓励依托专业化的知识产权运营服务平台，实现信息的实时更新和跨部门共享，提高工作协同性与转化效率，引导高校与企业联合攻关，形成更多符合产业需要的高价值专利。

在评价审批阶段，《方案》提出专利转化运用的考核与激励的新路径。《方案》从专利的转化效益和转化时效入手，鼓励开发智能化评估工具，明确涉及专利考核的质量导向和转化效益导向，推动加快实施以产业化前景分析为核心的专利申请前评估制度，规范建立合理的知识产权归属与收益分配机制，加强跟踪监测、评价反馈与登记备案机制；支持高校通过多种途径筹资设立知识产权管理资金和运营基金，并通过加强立法一体推进专利保护与运用。《方案》

进一步增强了权益保障，拓宽了激励渠道，有助于进一步激发科研人员推进转化的内生动力。

在转化运营阶段，《方案》提出构建高校专利协同转化网络的新路径。高校专利转化是知识链、创新链、产业链三者融合的系统工程，专利运营能力是能否实现高质量转化的关键要素。《方案》提出要加强地方政府部门、产业园区、行业协会和全国知识产权运营服务平台体系等各方协同，高标准建设知识产权运营网络，支持专利代理服务机构提供集成化专利转化运用解决方案、推进多元化知识产权金融支持、完善知识产权保险服务体系、加强知识产权保护体系建设等具体举措。这为高校科技成果转化服务队伍提升服务能力和水平，充分参与到各主体的协同网络中，探索与科研团队和转化企业建立利益共享机制提供了新的思路。

在作价增值阶段，《方案》对专利作价入股所形成国有股权的保值增值的考核提出新要求。高校科技成果作价投资方式应符合学校和企业长期可持续发展的需要。《方案》明确，探索高校职务科技成果转化管理新模式，支持以"科技成果+认股权"方式入股企业，强调了健全专利转化的尽职免责和容错机制。同时，《方案》对专利等科技成果作价入股所形成国有股权的保值增值，实施按年度、分类型、分阶段整体考核，不再单独进行个案考核，这种方式在一定程度上分担了由市场经营产生的风险，使更多高校敢于以作价入股方式实施专利转化，对构建以知识产权形成的股权为纽带的新型稳定的校地、校企合作生态具有重要意义。

总体来说，《方案》为高校有组织推进专利转化运用制定了明确的任务目标，定位精准、保障有力，具有较强的可操作性。相信在《方案》的引领下，面对未来技术更新和产业变革，我国可以更好发挥专利在促进科技创新和发展新产业新赛道中的重要作用，到2025年，推动一批高价值专利实现产业化，高校专利产业化率得以明显提高。

（任其龙，系中国工程院院士、浙江大学工业技术转化研究院院长，原载于2024年2月28日《中国知识产权报》第01版）

032

坚持原创、优化布局　激发转化运用源动力

国务院办公厅印发《专利转化运用专项行动方案（2023—2025年）》（下称《行动方案》），为高校和科研机构在新时期提升创新能力、推动专利转化运用提供了重要工作依据。为进一步贯彻落实《行动方案》任务部署，国家知识产权局联合多部门印发《高校和科研机构存量专利盘活工作方案》（下称《盘活工作方案》）。按照《行动方案》《盘活工作方案》的具体部署，高校和科研机构应着重从盘点存量专利、坚持原始创新、开展专利许可、加强关键核心知识产权布局和全流程管理等工作着手，不断激发转化动力、提升转化效能。

高校和科研机构要积极盘点现有专利，挖掘存量专利潜在的市场活力和价值。高校和科研机构作为国家创新研发的主力军，要从提升专利质量和加强政策激励两方面发力，打通专利转化运用的关键堵点。全面梳理盘点高校和科研机构存量专利，根据市场评价进行分层推广和精准对接，筛选出企业认可和需要的技术与产品，有助于提升知识产权市场供给侧的质量，进而促进知识产权市场需求侧的积极性和投入度。实施《盘活工作方案》，将有效促进高校、科研机构和企业紧密衔接，推动存量专利蕴藏价值"变现"，使知识产权市场化运营机制更加完善健全。

高校和科研机构要坚持原始创新，优化知识产权布局，构建产业创新策源地。科技创新建立在长期的积累和扎实的基础之上，高校和科研机构要通过不断传承、发展、创新，坚持问题导向和需求导向，践行"量"的积累和"质"的跨越，最终实现从技术创新到产业应用的突破，支持经济社会规模化体系化发展。前瞻布局高质量知识产权并进行有效保护，是实现高效率转化运用的关键前提。应坚持知识产权全过程管理，推动新技术规模化应用。中国科学院大连化学物理研究所（下称大连化物所）在中国科学院"聚焦布局、重塑队伍、

提升效能"的总体思路指导下，始终坚持原始性重大科技创新研究，瞄准区域和企业需求开展合作，与行业领军企业加强合作，实现重大科技成果转移转化。

高校和科研机构要积极推动以许可方式实现专利转化运用，形成供给侧和需求侧之间的良性互动。专利许可既可以筛选出企业的真需求，支撑起企业的真转化，又能帮助创新主体打消后顾之忧，持续创新研发。近年来，大连化物所积极通过许可方式进行专利转化，涉及第三代甲醇制烯烃、全钒液流电池储能、钙钛矿电池等重大成果，撬动了千亿量级的产业投资。同时，聚焦合作过程中的知识产权保护问题，加强专利许可转化合同管理，探索设定退出机制，建立许可纠纷应对机制，保障单位国有资产权益。该所还建立了收益反哺机制，将转化收益主要用于支持人才队伍建设和自由探索基础研究等工作，形成了科研产出与产业化应用的良性循环。

高校和科研机构要通过关键核心技术知识产权布局和全过程管理，推动高质量知识产权创造和运用。坚持产出高价值专利是做优增量、强化专利产业化的"源头活水"。高校和科研机构既要面向企业需求推出高价值专利，实现面向经济主战场的战术目标；也要面向战略性新兴产业创造高价值专利，实现承载国家需要的战略目标。大连化物所坚持落实关键核心知识产权布局，扎实推进知识产权管理体系建设，推动高质量知识产权创造和运用；通过与企业围绕产业需求开展联合研发，推进需求导向的技术创新，共同参与重大项目攻关，注重相关领域高价值专利导航与布局，培养专业人才；依托技术与创新支持中心（TISC）的知识产权大数据平台和专题数据库，大幅度提升对科研工作的服务支撑能力。

高校和科研机构要坚持原始创新，优化专利布局，打通转化关键堵点，加速创新成果向现实生产力转化，既有现实紧迫性，又有历史必然性。高校和科研机构应当持续增强使命感，共同努力为我国实现高水平科技自立自强和经济社会高质量发展贡献新的力量。

（李先锋，系中国科学院大连化学物理研究所副所长，原载于2024年3月20日《中国知识产权报》第01版）

033

盘活存量、做优增量　赋能经济社会高质量发展

开展专利转化运用专项行动，大力推动专利产业化，加快创新成果向现实生产力转化，是党中央、国务院对当前知识产权工作作出的一项重要决策部署。2024年1月26日，为贯彻落实《专利转化运用专项行动方案（2023—2025年）》，国家知识产权局联合多部门发布《高校和科研机构存量专利盘活工作方案》，从盘活存量和做优增量两方面发力，推动高校和科研机构专利向现实生产力转化。

盘活存量，评估是基础。以工作方案的落实为契机，高校应对存量专利进行全面梳理和盘点，建立以市场为导向的存量专利筛选评估机制，对专利资产进行分级分类，从中挖掘市场需求潜力较大、经济价值较高的高价值存量专利，便于有针对性地推动相关工作开展。进行盘点时，应综合考虑技术成熟度、应用场景、产业化前景等因素，充分发挥发明人、校内管理部门、专业服务机构的作用，优先盘点重点产业、优势学科的发明专利。

盘活存量，激活是关键。在全面盘点的基础上，统一互通的数据平台将在打通供需信息流通堵点方面发挥非常重要的作用，分领域组建专利评价专家库、组织各类企业经营主体对高校盘点得到的高价值专利进行市场评价，采用大数据、人工智能等方式及时进行匹配推送；分类施策，通过开展常态化对接推广、匹配优质资源、丰富各类转化模式等方式，推动高价值专利落地转化。对于高校自身而言，也应花大力气、下大功夫，完善体制机制，畅通运行流程，拓展合作网络，健全风控体系，提高服务水平，切实推动高价值专利向现实生产力转化。

做优增量，要以市场需求为导向。作为科技创新的策源地和科技成果的供给端，高校和科研机构应从需求侧出发，加强产学研合作，开展订单式研发和

投放式创新，分工协作、优势互补、协同创新，着力突破制约产业发展的关键核心技术和共性技术，把能否为产业化服务、支撑产业高质量发展和产业核心竞争力提升作为科技成果是否提交专利申请的重要衡量标准，培育高价值专利。

做优增量，从源头提升专利质量。如何对有产业化前景的科技成果进行高质量的知识产权保护、提升科技成果的整体价值，是高校和科研机构面临的另一难题。要完善高校科研管理部门与技术转移机构的联动机制，实现创新价值的及早发现和及时保护；选好用好高水平专利代理机构和专利代理师，建设知识产权专员队伍，健全知识产权管理流程，开展体系化知识产权布局，培育高价值专利组合，从源头提升专利质量，为成果的转化运用打造牢固的知识产权底座。

高校和科研机构是国家战略科技力量和国家创新体系的重要组成部分，知识产权既是高校创新成果的重要载体，也是连接创新与市场、促进创新成果向现实生产力转化的桥梁纽带。盘活存量，做优增量，加速转化，释放创新动能的号角已经吹响，让我们携手共进，一起推动科技成果从象牙塔走向市场，走向产业，进一步助力经济社会高质量发展。

（王燕，系清华大学技术转移研究院院长，原载于2024年3月27日《中国知识产权报》第01版）

034

全面拆解产业化过程　全域分析专利价值

国务院办公厅印发的《专利转化运用专项行动方案（2023—2025年）》提出，"建立市场导向的存量专利筛选评价、供需对接、推广应用、跟踪反馈机制""基于企业对专利产业化前景评价、专利技术改进需求和产学研合作意愿的反馈情况，识别存量专利产业化潜力"。这些要求聚焦专利转化前景的评估，强调站位产业化全流程研判专利转化价值。

长期以来，判断专利转化价值主要采取两种方式：一种是利用传统资产评估方法如市场法、收益法等进行评价，评估结论主要立足于专利成果已经产生的市场收益；另一种是利用科技成果评价指标体系对专利成果市场收益进行判断。对这两种方式的"简单套用"都不适用于专利转化前景的判断，实践中往往造成较大的"价值偏差"。因此，亟需形成站在产业端、投资端视角识别专利转化前景的评估方法。

湖南省知识产权交易中心在长期的转化实践中认识到，专利价值实现是典型的市场经济活动，关键在于具备三要素，即"投资收益明确""潜在风险可控""价值认同达成"。在推动专利转化的过程中，应充分展示专利转化前景和潜在风险，以此力促供给端、需求端和服务端达成价值共识，有效提升专利转化的成功率。

为此，湖南省知识产权交易中心研究形成专利价值评估"全域分析法"。该方法基于商业本质，对专利转化"从0到1"商业化过程涉及的技术、市场、运营、法律、经济等要素进行了全面拆解，归纳为社会各方关注的排他开发、技术潜力、量产可控、市场开拓、发展前景、投资回报、社会贡献等7个模块68项指标，大部分指标设计由经验丰富的技术经纪人作出判断。"全域分析法"的评估结论能够较为全面地展示专利转化前景、预期收益与潜在风险，形成转化各方达成价值共识的基础，以此实现专利转化运用"看得透、谈得拢、能落地"。

以湖南凝英新材料科技有限公司（下称凝英科技）的专利价值评估实践为例。凝英科技是一家新材料领域科创型企业，围绕建材领域绿色转型升级，研发形成了国内领先的低碳混凝土、低碳水泥、固废掺合料系列技术。湖南省知识产权交易中心持续支持该公司布局高价值专利，并应用"全域分析法"对相关专利开展转化价值评估，通过技术拆解、专利检索、专家探讨、信息分析、市场调研等方式，对68项指标进行确认、判断和预测，形成价值评估报告。通过向社会资本推介专利价值，该公司陆续引入了千万级的项目投资，实现了专利密集型产品稳定量产供应。在该案例中，基于投资视角开展专利转化价值评估，进而推动产业化落地的做法，受到创新端与投资端的全面认可，并在产业化过程中规避了评估揭示的风险，实现专利快速转化。

以"全域分析法"为内核，湖南省市场监督管理局（知识产权局）加快研究制定湖南省地方标准《专利价值评估指南》，长沙市知识产权局制定了《长沙市知识产权价值评估指南》，长沙市科技局制定了《长沙科技成果分类评价及转化价值评估工作指引》，旨在通过推广"全域分析法"，在本地区建立形成市场导向的专利价值观，带动专利转化运用体系建设良性发展。

理论凝练于实践，成为全新服务的基石。湖南省知识产权交易中心以"全域分析法"为理论基础，开发出覆盖专利转化全流程的服务产品，比如，面向高校、科研院所、科技型企业提供高价值专利培育指引及专利产业化前景分析服务；面向产业链、产业集群提供拟引进专利技术项目的价值识别服务；面向技术交易机构或金融机构提供专利价值评估分析报告等，获得了创新团队、高校和科研院所、投资机构、企业园区及产业链的认可。

接下来，湖南省知识产权交易中心将助力专利转化全链条主体在"价值与风险认同"的交汇点上进行科学决策和精准运作，以此提升专利转化的成功率，让专利转化运用成为发展新质生产力的加速器。

（吴勤，系湖南省知识产权交易中心董事长、总经理；甄彧，系湖南省知识产权交易中心副总经理，原载于2024年4月17日《中国知识产权报》第01版）

035

强化知识产权增信功能　加速专利产业化进程

知识产权与产业协同发展，加速专利产业化进程，提升产业链供应链韧性和安全水平，是推动新型生产关系与新质生产力相适应、助推新质生产力发展的重要措施。专利产业化进程中的堵点之一在资金链，表现为融资难、融资贵，致使专利产业化渠道不畅。为此，国家知识产权局等五部门于2024年3月19日联合发布《专利产业化促进中小企业成长计划实施方案》，指出要强化知识产权增信功能，畅通知识产权质押等融资渠道，提高企业知识产权质押融资效率和规模。

强化知识产权增信功能，旨在以知识产权提升企业信用，提振投资方对企业发展的信心，通过融通资金链，盘活知识产权资产，助推专利等知识产权产业化。知识产权增信有内外两个方面的要素，一是知识产权内在质量，如高价值专利本身所具有的增信功能，可以提高融资规模；二是知识产权转化运用的外部条件，如通过优化服务提高专利转化效率，增强专利对资本市场的吸引力。

强化知识产权增信功能，应着重质量增信，以专利的高质量、高价值提振银行和资本市场参与的信心。专利通过产业化才能实现市场价值，而专利价值正是其具有增信功能的基础。专利产业化往往不是一件专利的简单转化应用，更多体现为重点产业领域一批高价值专利组合的产业化。因此，中小企业若想获得资本市场的青睐，在发展中不能片面追求专利的数量指标，要筛选配置高质量专利或专利组合实施产业化。这些高质量专利往往与产业发展协同，是产学研深度合作的成果；能产生品牌效应，形成可预期的专利密集型产品；能通过专利池、专利开源等新模式形成知识产权协同发展机制。如果作为融资标的物的专利或专利组合，能够弥补共性技术短板，具有行业领先优势，有望成为标准必要专利并增加创新主体参与国际标准制定的机会，则其在知识产权金融领域的优势将更加明显。

强化知识产权增信功能，还当以全面、精准的服务为投资方提供参与融资的便利条件。通过优化知识产权服务，解决融资难、融资贵问题，是消除资本市场顾虑、提升知识产权增信的重要举措。在实践中，建议完善知识产权服务体系，围绕专利产业化全链条，汇聚咨询、培训、检索、分析、评估、交易等服务资源，叠加公共服务与市场化服务，健全专利产业化服务体系，建立知识产权纠纷多元化解机制，降低知识产权质押融资中的风险；发挥政府引导基金的作用，提高对天使投资、创业投资的影响力，促进企业与资本对接，拓展融资渠道；强化相关政策支持，建设重点产业知识产权运营中心，有效利用区域性股权市场等投融资平台，为知识产权金融发展创造良好环境。

（刘春霖，系河北经贸大学法学院教授，原载于2024年4月26日《中国知识产权报》第01版）

036

推进知识产权转化运用　更好赋能高质量发展

知识产权作为国家战略性资源和竞争力核心要素，是培育新质生产力的催化剂、高质量发展的加速器，发挥着不可或缺的制度供给和技术供给双重功能。知识产权转化运用效能直接决定着知识产权功能实效的发挥。党的十八大以来，我国知识产权转化运用效能快速提升，新征程上，要继续推进知识产权转化运用，带动知识产权全链条提质增效，为加快发展新质生产力培育新动能。

伴随着国家创新驱动发展战略和知识产权战略的实施，各高校和科研机构产生了大量知识产权，但长期以来一直存在着转移转化率低的问题。为此，笔者认为，需要完善知识产权转化的法治保障，从制度激励和监督两方面来破除科技成果转化的现实阻碍。在立法授权的基础上，针对各高校和科研机构，要进一步细化职务技术成果权益分配机制，探索赋予科研人员职务科技成果所有权或长期使用权，充分调动创新者的积极性，让创新者积极推动成果转化、享受创新带来的收益。除了正向激励之外，科学技术进步法、促进科技成果转化法、专利法等还对财政资助形成科技成果的强制转化进行了规定。《专利转化运用专项行动方案（2023—2025年）》（下称《方案》）专门强调了政府管理部门对财政资助形成专利的监督和促进实施的义务。未来有必要进一步完善具体实施规定，细化财政资助形成科技成果的转化实施的合理期限、执行主体、实施主体、实施程序、转化后的利益分配以及惩戒机制，从而全面促进财政资助高价值专利的实施和产出。

新质生产力的"新"来源于科技创新，在产业层面对应的是新能源、新材料、先进制造、电子信息等知识产权密集型产业。新质生产力的关键在质优，对研发成果及时应用到具体产业链上的需求更加迫切。应对标发展新质生产力的需求，围绕产业链开展知识产权布局，培育专利、商标、版权等知识产权密集型产业，推进战略性新兴产业从技术密集型向知识产权密集型转变。通过《方案》的实施，探索建设重点产业专利池，充分激活专利存量资源，并催生更多高价值专利增量资源。通过深入实施商标品牌战略，提升国产品牌的产品附加值和品牌竞争力，培育更多"国潮爆款"。通过加强版权保护，严厉打击各种侵权盗版行为，协同推进科技创新和文化创新，推动国家文创实验区提质扩容，打造更多版权产业集群。通过实施地理标志运用促进工程和地理标志保护工程，以区域特色经济助力乡村振兴，使中西部的"土特产"销往全国统一大市场。通过建立健全数据知识产权保护规则，推动数据开发开放和流通使用，促进数字经济与实体经济深度融合，以数智化变革赋能高质量发展。

企业是科技创新的主体，也是知识产权产出和转化的主体。笔者认为，应深入实施知识产权强企行动，大幅提升知识产权转化效率。目前，我国国内有效发明专利中，企业所占比重已超过七成。同时，应当看到，中小企业知识产权转化还存在一些困难。一方面，应落实《专利产业化促进中小企业成长计划实施方案》，通过"普惠服务+重点培育"支持有研发能力的中小企业，引导中小企业制定和实施知识产权战略，打造专利产业化样板企业。另一方面，落实《高校和科研机构存量专利盘活工作方案》，推动高校和科研机构高价值专利与企业精准对接，加速知识、技术、资金、人才等要素向企业特别是中小企业集聚，打通从基础研究到高价值专利的转化渠道。

同时，我国还需完善知识产权服务体系，持续优化知识产权转化运用的创新生态和营商环境。近年来，我国数字经济快速发展，政务服务系统更加高效，完善知识产权服务体系有助于更好地满足产业创新和企业产品创新的现实需求。可整合企业、高校、科研院所、中介服务机构等知识产权信息资源，构建大数据中心和智能化公共服务平台；加强知识产权服务业监管与自律，搭建知识产权运营平台，撮合知识产权交易，调动技术人才创新活力；探索开展知识产权金融生态综合试验区建设，构建兼具科学性和权威性的知识产权价值评估体系，搭建多样化的知识产权融资渠道和线上知识产权质押融资平台；提升知识产权治理能力和行政保护效能，加大专利、商标领域执法力度，加强知识产权海外维权援助，持续优化创新生态和营商环境。

（马一德，系中国科学院大学知识产权学院院长、教授，原载于2024年5月15日《中国知识产权报》第01版）

037

立足产业实际，推进重点产业知识产权强链增效

国务院办公厅 2023 年 10 月印发《专利转化运用专项行动方案（2023—2025 年）》（下称《专项行动方案》），对我国大力推动专利产业化、加快创新成果向现实生产力转化作出专项部署。为贯彻落实《专项行动方案》，国家知识产权局联合有关部门于 2024 年 6 月 21 日发布《关于推进重点产业知识产权强链增效的若干措施》（下称《若干措施》），从强化高质量创造、加速产业化进程、构建协同发展机制、统筹国际合作与竞争、加强工作协同和保障支撑 5 个方面提出科学措施。这些措施立足产业实际，强调各个层级的协同，注重国际竞争与产业安全，顺应了产业发展新趋势、新要求。

《若干措施》强调各个层级的协同。在知识产权保护的协同之外，知识产权创造的协同、产业知识产权的协同发展、政府部门与企业之间及政府部门相互之间的协同，在实际工作中需要进一步强化。各个层级的进一步协同对于推动专利链与创新链、产业链深度融合，发挥专利在创新链中的权益纽带和信息链接功能，强化专利在产业链中的强链增效作用，具有更加直接和关键的作用，同时具有深远的现实意义。《若干措施》紧紧抓住这些关键点，明确提出一系列要求，包括要推进标准与专利协同创新，制定出台标准与专利协同政策指引；要强化产业链知识产权资源整合和战略协同；要加强工作协同和保障支撑等。

《若干措施》注重国际合作竞争与产业安全。在当前百年未有之大变局下，国际局势动荡复杂，推动传统产业升级、新兴产业壮大、未来产业培育，从"国际以合作为主"的思维向"合作竞争并存、关注产业安全"转换，成为越来越不可回避、越来越重要的考量。《若干措施》紧盯这一转换，鼓励支持重大技术攻关项目建立全过程知识产权管理机制，引导在项目立项时同步制定知识产权布局策略，面向全球产业链、供应链，做好统筹布局；鼓励产业界参与

规则的制修订，参与新兴领域知识产权国际治理，探索开展相关国际规则的产业影响评估；健全完善海外知识产权信息服务平台，持续发布重点产业国外知识产权相关动态信息；收集海外知识产权纠纷信息和诉求，及时开展应对指导；建立健全产业知识产权海外风险监测预警机制。

《若干措施》顺应发展实际与新趋势。在产业快速发展、技术取得进步的同时，我国在诸多领域仍处在并跑、跟跑阶段，而且数字经济要求创新更加快速地迭代和传播。《若干措施》准确把握了这种发展实际和新趋势，在专利池保护方面，强调按照公平、合理、无歧视原则，有效平衡专利权人和被许可人的利益；面向未来产业前沿技术领域，探索专利开源等开放式创新和知识产权运用新模式。

（王怀宇，系国务院发展研究中心信息中心副主任、研究员，原载于2024年8月14日《中国知识产权报》第01版）

038

强化专利转化运用，赋能重点产业提质强链增效

2024年6月21日，国家知识产权局等九部门联合印发《关于推进重点产业知识产权强链增效的若干措施》（下称《若干措施》），从强化知识产权高质量创造、加速专利产业化进程、构建产业协同发展机制、统筹知识产权国际合作和竞争等4个方面作出工作部署，为加快发展新质生产力提供有力的知识产权支撑。

突出高质量专利创造。企业既是科技创新的主体，也是产业发展的主体，特别是中央企业还承担着国家战略科技力量的核心职责，这就要求企业充分发挥主体作用，以订单式研发、投放式创新等方式，衔接技术创新和市场需求，加快培育产出原创性、基础性专利和高价值专利组合。在这方面，中国石油化工股份有限公司（下称中国石化）通过"十条龙"重大攻关项目的组织形式，建立了覆盖研发立项到产业化全过程的知识产权创造机制，统筹制定了专利和技术秘密、核心专利和外围专利等协同的知识产权布局和保护策略，推动我国页岩气、芳烃等能源化工领域重点产业链不断实现新的跃升。此外，企业还应常态化用好专利导航工具和平台，为细分领域的技术研发、专利布局、产业发展等提供支撑和引领。

突出高水平专利产业化。专利产业化是一项复杂且耗时的系统性工作，从技术和产品研发到应用过程中，需要高校、科研院所和企业等多主体的密切协同，从而带动全产业链上下游一体化发展。加速高校和科研院所有价值的存量专利向重点产业的体系化规模化应用，是强链增效的重要内容。为此，要在拓展产业链专利转化渠道和模式上下功夫，比如通过线上匹配对接、线下交易撮合等转化对接活动，让企业与高校、科研院所真正形成产业链上的利益共同体。此外，《若干措施》提出的鼓励探索专利开源等运用新模式，势必加速新兴重

点产业的技术集聚、市场提升。

突出专业化实施途径。产业知识产权运营中心承载着链接科技创新和产业发展的职责，《若干措施》提出要把重点产业知识产权运营中心做实做强，对产业知识产权运营中心提出了具体的工作要求。近年来，中国石化作为绿色能源化工产业知识产权运营中心的牵头承建单位，在面向行业技术许可、服务校企专利转化对接、联合高校共建专利池等方面开展了积极的实践探索，正在不断推动形成具有能源化工行业特色的专业化服务模式。《若干措施》提出的以信息共通、利益共享、风险共担为目标，聚焦细分产业领域，鼓励组建知识产权创新联合体的举措，将对推进产学研用深度融合以及提升科技成果转化质量和效率等产生积极的影响。中央企业等行业龙头要积极推动建设运营重点产业专利池，以"FRAND"（公平、合理、无歧视）原则为基本出发点，以交叉许可和打包许可等方式，加快将产业链的核心专利资源从"书架上"推向"生产线"，增强重点产业链、供应链韧性和安全水平。

突出全球性竞争合作。知识产权是国家发展的战略性资源和国际竞争力的核心要素，迫切需要国内产业界在国际和区域性知识产权治理方面发出更多声音、发挥更大影响。一方面，要积极参与数字经济、人工智能等新兴领域知识产权国际治理，不断评估相关国际规则对产业的影响，支撑国内战略性新兴产业和未来产业发展，促进国际相关产业进步，以此不断增强我国产业引领力和话语权。另一方面，应充分研判国际知识产权竞争新态势、新要求，在加强企业自身基本功建设方面投入更多基础性资源，尤其针对具体涉外业务加强知识产权合规管理，也希望政府部门、行业协会等能够加强对企业的指导和培训。

党的二十届三中全会吹响了进一步全面深化改革、推进中国式现代化的冲锋号角，知识产权作为构建高水平社会主义市场经济的重要基石，在构建产业生态、优化产业布局、提升产业能级、增强产业竞争力等方面作用关键、大有可为。企业要积极落实强链增效的各项措施，加快推进专利链与产业链、创新链深度融合，全面开创以知识产权支撑引领现代化产业体系建设、加快发展新质生产力的新局面。

（王丽娟，系中国石油化工股份有限公司科技部副总经理，原载于2024年8月21日《中国知识产权报》第01版）

专利转化运用在行动·有问必答

039

如何盘点与评价高校和科研机构存量专利？

企业是专利技术的需求方和应用方，面对高校和科研机构海量的专利存量，企业如何做好需求端的专利评价工作？《高校和科研机构存量专利盘活工作方案》（下称《工作方案》）对该项工作予以说明。

问：高校和科研机构如何开展存量专利盘点？

答：高校和科研机构可以采取发明人自评、单位集中评价等方式，综合考虑技术成熟度、应用场景、产业化前景等因素，筛选出市场需求潜力较大、经济价值较高的专利，按照转让、许可、自行应用或产业化等不同方式，逐一标注转化意愿，登记形成专利转化资源库。同时，对已实施专利的具体情况等信息进行标注。需要标注的具体信息项，高校和科研机构可以登录国家专利导航综合服务平台（下称综合服务平台）查看或下载。高校和科研机构在盘点筛选工作中，要有效发挥其内设科技成果管理部门、技术转移转化机构、高校知识产权信息服务中心的作用，充分借助知识产权公共服务机构以及市场化服务机构的力量，加快盘点工作进度，提高盘点工作质量。盘点进度方面，要求2024年6月底前，国家知识产权试点示范高校完成全部存量专利盘点入库，其他高校和科研机构完成30%以上。2024年底前，全国高校和科研机构完成全部存量专利盘点入库。

问：各地如何组织企业评价并反馈结果？

答：知识产权优势示范企业、"专精特新"中小企业、高新技术企业、国有大型企业创新能力强、技术需求旺盛，是承接高校和科研机构专利并进行产业化的主力军。由这些企业对专利转化资源库中的专利能否真正实现产业化进行评价，并反馈相关需求，既提升了评价的精准性和可信度，也有利于促成校企之间的沟通合作。在省级有关部门的组织下，各地知识产权优势示范企业、

"专精特新"中小企业、高新技术企业、国有企业等各类企业，对相关领域可转化专利的产业化前景进行评估，并反馈技术改进需求和产学研合作意愿。企业在评价过程中通过了解专利、熟悉发明人，与高校或科研机构抓紧对接合作，加快专利技术落地转化的进程。评估结果由企业直接在综合服务平台进行标注，或者由各省级知识产权局按照标准格式反馈至综合服务平台，对高校和科研机构筛选形成的专利转化资源库进行丰富完善，并向全国推送共享。

问：怎样充分发挥专家库的支持作用？

答：高校盘点、企业评价的过程中，对一些技术复杂的专利的产业化前景，如何作出科学的判断，需要借助长期在一线工作的本领域专家。因此，综合服务平台按产业领域组建专家库，供有需求的企业、高校进行选择，充分发挥全国范围内的专家资源的智力支持作用。各地相关企业在省级有关部门的组织下，在综合服务平台注册并推荐各个领域的专家入库，形成的专利评价专家库向各地开放共享。2024年4月底前，专利评价专家库建设完成。企业可以组织入库专家对平台推送的重点产业领域可转化专利进行评估，评估结果由综合服务平台分发推送，支持各地丰富完善专利转化资源库。高校、科研机构和企业在专利产业化过程中，可以根据实际情况和需求，从专家库中选择相关专家寻求技术指导和服务。

（原载于2024年3月20日《中国知识产权报》第03版）

040

如何进行专利开放许可实施合同备案?

问：办理专利开放许可实施合同备案人员有无限制？

答：办理专利开放许可实施合同备案的主体，可以是专利开放许可声明公告中的专利权人（即许可人）；也可以是向专利权人书面通知实施开放许可专利，并按开放许可声明公告中的许可使用费支付方式和标准，已经支付了许可使用费的被许可人。

问：办理专利开放许可实施合同备案前应准备哪些材料？

答：办理专利开放许可实施合同备案，应当提交下列文件：请求人签章的《专利实施许可合同备案申请表》（注意：专利开放许可实施合同备案与普通专利实施许可合同备案共用同一制式表格）；被许可人以书面方式向专利权人发出的通知；被许可人向专利权人支付许可使用费的凭证（或专利权人收到许可使用费的凭证）；请求人身份证明材料；委托代理的，应提交注明委托权限的委托书；纸件形式办理备案手续的，应提交经办人身份证明材料；其他需要提供的材料。

问：提交专利开放许可实施合同备案请求的方式有哪些？

答：可以通过线上或线下两种方式提交备案请求。当事人可以选择通过电子形式在线提交，也可以选择通过邮寄或窗口提交纸件等方式，办理专利开放许可实施合同备案手续。目前，全国各地34家专利代办处都可以受理专利开放许可实施合同备案请求。

电子形式在线提交的，通过专利业务办理系统的"专利事务服务""专利合同审查"模块在线提交。线下形式提交的，专利实施许可合同双方均为国内单位或个人的，当事人可到所在省份专利代办处就近办理备案手续；也可以到国家知识产权局专利局办理备案手续。

专利实施许可合同双方当事人涉及外国人、外国企业或外国其他组织的，当事人应当将相关纸件材料面交或邮寄到国家知识产权局专利局办理备案手续。

问：外国人、外国企业或者外国其他组织可以实施开放许可专利吗？

答：中国境内单位或者个人实行专利开放许可，外国人、外国企业或者外国其他组织有意愿实施时，应当符合《中华人民共和国技术进出口管理条例》和《技术进出口合同登记管理办法》等有关规定并办理相关手续。

（原载于2024年10月11日《中国知识产权报》第03版）

041

已经实行开放许可的专利，还能转让、质押吗？

问：已经实行开放许可的专利能否进行权利转让？

答：可以，但专利权人在办理相应著录项目变更手续前，应首先撤回正在实行的专利开放许可。

问：对于已经实行开放许可的专利，专利权人能否主动放弃该专利权？

答：可以，但专利权人应在办理放弃专利权手续前，首先撤回正在实行的专利开放许可。

问：已经实行开放许可的专利，能否出质担保并办理专利权质押登记手续？

答：经质权人同意的，可以出质担保并办理专利权质押登记手续。当事人在办理专利权质押登记时，应当提供质权人同意继续实行专利开放许可的书面声明。

问：如何查询当事人名下已公开的开放许可声明、专利质押登记、专利实施许可合同备案信息？

答：开放许可声明、专利权质押登记、专利实施许可合同备案信息可在中国专利公布公告网站（http://epub.cnipa.gov.cn/SW）查询。

以开放许可声明为例，用户可在中国专利公布公告网站"事务查询—事务类型"中选择"开放许可声明及撤回"。

在"事务信息"中，在"事务数据信息"一栏中可以输入具体的专利权人、联系人、使用费支付方式等信息进行查询。

采用类似的方法，可以进行专利权质押登记、变更及注销和专利实施许可合同备案的生效、变更及注销的信息查询。

（原载于2024年11月13日《中国知识产权报》第11版）

专利转化运用在行动·优秀案例

042

铁建重工以自主+协同创新点燃专利产业化的加速器——

汇聚创新力量 铸就"国之重器"

以"最大直径"创造新的"最大直径"！在上海市静安区，全球最大直径竖井掘进机"梦想号"正掘地潜行、施工不停。再过几个月，这里将建成世界最大直径、上海首个垂直掘进（盾构）地下智慧车库，实现城市空间利用率"翻倍升级"。

"梦想号"，上海地下智慧车库掘进的"绝对主力"，是名副其实的"国之重器"和专利密集型产品。其由中国铁建重工集团股份有限公司（下称铁建重工）联合中铁十五局集团突破多项关键核心技术攻关打造而成，填补了掘进机产品型谱的世界空白，是以科技创新为新质生产力蓄势赋能的"代表作"之一。该装备的研发应用入选国家知识产权局发布的专利产业化十大典型案例。

"梦想号"整机高约10米，开挖直径达23.02米，最大开挖深度可达80米。铁建重工掘进机研究设计院项目负责人姚满具体介绍，大部分掘进机的作业方式是横向开挖，"梦想号"则是从地面向下纵深掘进，能够适用于15米至23米不同直径竖井掘进，实现一机多用和智能化井下无人作业。并且，"梦想号"可以针对不同复杂地质采取多样化工作模式，具有适用范围广、占地面积小、施工效率和安全性高、成本低、绿色环保和对周边建筑物影响小等优势，能够有力支持新型工业化"提档加速"。

"以'梦想号'为代表的超大直径竖井掘进机及系列产品能够聚势而生，高效落地，离不开铁建重工实施'自主+协同'创新，以及'自主+合作'转化共进的模式。"铁建重工知识产权负责人郝蔚祺解释，作为制造业企业，铁建重工坚持自主研发，始终将专利与产品、产业紧密结合，打造拥有自主知识产权的高端装备，既保护了创新，又实现了专利价值。"但面对一些技术瓶颈时，研发时间很长，从而会影响产品落地的周期。"郝蔚祺说。

为此，铁建重工近年来积极与高校和科研院所开展合作，充分发挥"产学研用"协同创新的优势，推动一部分合作专利技术加速应用到产品中，实现专利价值最大化。

一方面，铁建重工持续自主开展关键核心技术攻关，在研发过程中，围绕超大直径竖井掘进机整机及工艺、开挖系统、出渣系统、支护系统等方向开展专利布局，形成高价值专利组合，共提交了100多件专利申请。另一方面，铁建重工与中南大学、西南交通大学、浙江大学等高校密切开展产学研合作，共同研发了超大直径竖井掘进机的多自由面高效破岩机理、大尺寸高承压密封设计方法、重载大尺度构件高精度位姿控制技术，通过机理、研究、试验、运行等全链条合作，充分释放高校科研资源优势和企业的产业化优势。

"在技术创新和转化过程中，自主与协同双模式相辅相成，点燃了专利产业化的加速器，提升了产品研发效率，不仅为我国高端装备制造业快速发展作出贡献，也有效带动了特种钢材、硬质合金、机械传动、电气系统等上下游产业发展，推动高价值产业链聚链成势。"郝蔚祺说。

截至目前，超大直径竖井掘进机及系列产品已应用于上海地下智慧车库、广（广州东）花（花都天贵）城际铁路、沿江高速公路（宜宾至攀枝花高速）等多个交通、市政领域的竖井工程建设中，市场应用规模超80亿元。

"历时十多年，中国高端地下工程装备实现了从跟跑、并跑再到领跑的跨越，'世界装备装备中国'已成为过去，'中国装备装备世界'正在变成现实。"铁建重工首席科学家刘飞香表示，作为中国地下工程装备企业的排头兵、国家知识产权示范企业，铁建重工将更加精细地做好知识产权工作，充分发挥知识产权制度的支撑作用，为加快发展新质生产力保驾护航，不断开拓"中国装备装备世界"之路。

（李倩，原载于2024年5月22日《中国知识产权报》第01版）

043

北京大学以专利许可方式实现脑科学前沿技术产业化——
架起创新成果走向市场的"立交桥"

促进神经药理学、脑机接口、疾病诊断等领域新发展；相关技术应用收入预期超10亿元……北京大学超高时空分辨微型化双光子显微镜的成功研发，让科研人员研究和记录自由活动动物的脑干活动变为可能，加速了脑科学研究和临床应用进程。

过去一段时间，如何在自由活动动物上实现单个神经元和神经突触的动态信号的记录，一直是困扰科学家的关键技术问题。2014年，北京大学程和平院士团队开启研发历程，历经4年，一款超高时空分辨微型化双光子显微镜问世，在国际上首次实现自由活动动物大脑神经元和神经突触清晰、稳定的双光子成像。在此基础上，团队于2022年成功研制出空间站双光子显微镜，其搭乘天舟五号货运飞船运抵中国空间站，成为世界首台进入太空的双光子显微镜。该技术的研发应用入选国家知识产权局发布的专利产业化十大典型案例。

"微型化单光子成像技术可以对自由活动小鼠神经元成像，但其分辨率和对比度低，无法实现三维成像，也无法进行连续观测。双光子显微镜的成像视野是我们团队于2017年发布的第一代微型化显微镜的7倍多，同时其具备的三维成像能力，帮助我们成功获取了自由活动小鼠在自由运动行为中大脑三维区域内上千个神经元清晰稳定的动态功能图像，并实现了针对同一批神经元长达一个月的追踪记录。"该项技术发明人之一王爱民介绍。

为了让科技成果早日落地，2018年5月，北京大学与北京超维景生物科技有限公司（下称超维景公司）以独占许可的方式签订了专利实施许可合同，超维景公司支付230万元入门费，双方约定定期支付销售额阶梯式提成。

在双方合作的过程中，研发人员继续发挥北京大学的科研实力，在企业实践中解决技术难题，推动已有专利技术落地和产业化，加速形成更大的市场和应用场景。截至2023年底，应用上述技术的超高时空分辨微型化双光子显微成像系统整机设备累计销售72台（套），创造直接经济价值约2.3亿元。目前，超维景公司全面进行了相关产品的标准化定型，并加快推动科研成果向医疗产品应用转化。此外，北京大学还与超维景公司签署了长期合作项目，在现有基础上，围绕双方感兴趣的研究方向开展面向未来的技术合作。

在上述技术的转化中，科研人员通过许可的形式，将科技成果的相关权利掌握在自己手中，并与企业建立起长期联系，持续跟进技术更新与迭代，为创新主体推进专利产业化提供了借鉴。"与'买断式'专利转让相比，专利许可方式对双方都有利。在专利转化过程中，起初很难判断受让方是否合适，通过许可的方式可以设定许可期限及使用权限，在专利实施的过程中便有了调整的余地。"北京大学科技开发部部长姚卫浩介绍，考虑到专利转化的最终目的是让技术真正落地实施，为避免受让方怠于实施或不实施，还可在许可合同中设定相应的条件，例如，若在某一时间段内达不到相关要求可约定解除合同，让权利人更具主动性。

该项技术成功实现产业化得益于北京大学整合知识产权管理和成果转化一体化运营，建立了科技成果创造、运用、保护、管理"一门式"全流程贯通的工作体系，架起创新成果从实验室走向市场的"立交桥"。2013年，北京大学率先探索改革专利管理制度，设立专利运营基金，挖掘和培育高价值专利，促进成果转化。近5年来，北京大学累计培育运营29个高价值专利项目，涉及生物技术、医疗器械、化学化工等领域的重大原始创新。

今年以来，北京大学继续阔步前行，通过项目实施构建起高价值专利培育运营模式，探索出专利开放许可的有效路径，为科技成果转化工作奠定了坚实基础。越来越多的创新成果将通过"立交桥"走出实验室，走向市场，走进人们的生活。

（王晶，原载于2024年5月29日《中国知识产权报》第01版）

044

湖南大学构建专利转化全流程服务体系——

"湖大模式"为专利产业化蓄势赋能

从最初相关专利获得20万元转让费、被评价为"高质量、低价值的技术",到形成高价值专利组合以1亿多元作价入股,湖南大学通过构建"筛选培育—分析导航—融资谈判—落地转化"专利转化全流程服务体系,推进"电涡流阻尼新技术"落地转化,道出该校专利产业化成效大幅提升的"秘诀"。目前相关技术已落地于北京大兴国际机场、北京冬奥会国家体育馆速滑馆等大跨结构减振工程。该技术的研发应用入选国家知识产权局发布的专利产业化十大典型案例。

振动与冲击防治是土木、机械等多个工程领域结构安全的共性关键技术,其技术核心是高质量阻尼减振器。为此,湖南大学陈政清院士团队开始对阻尼器技术的攻关,围绕阻尼减振技术进行了一系列原始创新。2010年,"电涡流阻尼新技术"研发成功,突破了桥梁工程领域近40年来处于主导地位的油阻尼器通过固-液摩擦耗能的方式,在土木、机械等领域形成了新应用。

只有转化才能实现创新价值。2016年,研发团队将"电涡流阻尼新技术"相关专利向企业进行转让,但仅获得20万元转让费。在企业的推广下,电涡流阻尼器被应用到上海中心大厦、深圳世界之窗等项目中,但专利授权费也并不理想。

伴随着2018年湖南大学科技成果转化中心(知识产权中心)的成立,该项技术的转化运用迎来了新契机。2019年起,湖南大学科技成果转化中心(知识产权中心)组织专人与陈政清院士团队共同探讨阻尼系列技术的应用及转化前景,并通过全面梳理相关技术的存量专利,筛选出关键核心专利进行分析与导航,最终形成《"电涡流阻尼新技术"专利分析报告》。同时,该中心多次组织专人陪同陈政清院士团队与投资机构对接，进一步细化应用场景、积极争取优质资源配置；通过举办"湖南大学专利转化系列活动·院士专场——电涡流阻尼新技术产业化研讨会"，初步明确了产业方、投资方合作对象，进一步扩充了相关技术应用场景。

"通过几十次磋商谈判，到2021年10月，湖南省高新创业投资集团、湖南省产业技术协同创新有限公司以现金出资1000万元，湖南大学以'电涡流阻尼新技术'职务科技成果作价1.0005亿元，三方同步向湖南省潇振工程科技有限公司（下称潇振科技公司）增资。"湖南大学科技成果转化中心（知识产权中心）主任李飞龙介绍，目前，潇振科技公司是全球掌握磁阻尼全套技术的高科技企业之一。

"电涡流阻尼新技术"保障了厦门绿道等高密度人群通行的人行桥的安全与舒适性；大吨位电涡流阻尼器在江阴大桥等桥梁的使用年限超过原美国油阻尼器使用寿命，可全面替代进口……在潇振科技公司的推广下，目前，该项成果广泛应用于120多项工程，遍及多个国家和地区。"该技术的转化运用，从根本上改变了电涡流阻尼难以用于大型结构减振的状态，为多领域提供了减振缓冲耗能成套新技术和系列新装备，具有较高的社会效益、经济效益和生态效益。2022年公司新增合同额3300万余元，实现营收1200万元；2023年新增合同额近7000万元，实现营收2100万元。"潇振科技公司有关负责人介绍。

"专利转化运用是一个复杂的系统工程，需要政府、高校、科研机构、企业等多方共同努力。通过加强产学研合作、市场需求对接、专利布局和战略规划及市场推广和产业化应用等措施，可以推动专利技术的有效转化和高效运用，为科技创新和产业升级提供有力支撑。"李飞龙表示，下一步，湖南大学将持续营造良好专利转化生态，引导师生在科研全过程重视科技成果的产权和转化价值，加强项目转化投资的可行性研究报告撰写指导和尽职调查；强化专利质量源头管理，进一步完善以技术成熟度、市场应用前景等为主要维度的专利申请前评估机制，提升专利转化运用的规范化管理水平；推动专利高效高质转化，围绕国家重大战略需求，结合学校学科优势，主动对接大型国企、省内外上市后备企业，谋划科技合作和研发支撑，逐步形成紧密、长效的合作转化机制。

（王晶，原载于2024年6月5日《中国知识产权报》第01版）

045

中电网通推动手机直连卫星芯片产业化——

打通"产研"链条　按下转化"加速键"

无论是航行在广阔的海洋，还是行进在林深草密的大山，只要手机中加入一个芯片，就可以"天地一体"，直连卫星获得移动通信。近年来，中国电科网络通信研究院（下称中电网通）开展卫星通信终端轻量化、小型化、便携化研究，在手机上打造出直连卫星功能的芯片，实现"只要能看到天空，就能得到卫星信号实现通信"。

在民用通信领域，移动通信网络目前只覆盖了全球不到10%的面积，而手机卫星通信则可以轻松覆盖海洋、沙漠、深山等人烟稀少的地区。作为国内卫星通信领域的领军企业，中电网通在这一领域积累了大量科研成果。截至2023年底，中电网通共拥有有效专利3000余件。

中电网通科技部负责人伍洋介绍，为了充分发挥这些专利应有的价值，中电网通加速专利梳理、实施产研协同，实现手机直连卫星芯片从样品到产品再到商品。这一科研成果产业化落地入选国家知识产权局发布的专利产业化十大典型案例。

为推动科技成果早日落地，中电网通加速梳理盘活存量专利，制定了科学的专利评价方法，实施专利分级化管理，并在新申请专利和对专利的后续评价中应用。在知识产权转化运用过程中，中电网通以卫星通信领域专利为试点，构建了基于技术价值、法律价值、市场价值3个价值维度9个细分指标的综合评价体系，邀请发明人、技术专家、市场人员和法务部门分别对专利进行评价评估，符合要求的专利提交给评估公司进行专利价值评价。

2023年，经过专利评估评价，中电网通将"一种基于SOC集成化可扩展卫星通信业务系统"发明专利，许可给河北神舟卫星通信股份有限公司（下称神舟卫通）使用，为手机直连卫星芯片批量化生产提供了技术支持。

在手机直连卫星芯片产业化过程中，中电网通与神舟卫通充分协调科技创新与产业推广的关系，完成科研成果从产品到商品的转化。双方以"神舟卫通出题、中电网通答题"为导向，建立面向市场需求的科技计划项目形成机制，强化从产业实践中凝练应用研究任务。

"中电网通利用在卫星通信领域的人才、技术优势负责科技创新工作。神舟卫通则利用其先进的生产条件、高效的生产能力和灵活的用人方式负责产业化推广运用。通过成果协同创新模式，双方打通了科研成果从试验样品到定型产品最终到货架商品的'最后一公里'，促进创新链和产业链精准对接，把科技成果充分应用到产业化中去。"中电网通手机直连卫星芯片项目总师王力权表示。

实现产研协同转化，提高科研人员参与成果转化的积极性格外重要。"与传统的'先转化后奖励'模式相比，'先赋权后转化'的模式不仅可以充分发挥科研人员在科技成果转化过程中的'主人翁'作用，也可以帮助研究院所简化科技成果转化流程，提高科技成果转化效率。"中电网通相关部门副主任王金海介绍，为解决科研人员产业化动力不足、效率不高等问题，中电网通建立职务科技成果赋权改革等试点，探索出一条"研究院引人、企业用人、合作育人"新路径，对企业技术人员职称评定、职务晋升机制进行改革，将产研合作中的人员交流、从业经历作为重要的人才评价指标，提高人才在院企之间交流的积极性。

通过协同创新的产业化新模式，中电网通与神舟卫通针对手机直连卫星技术开展研究，利用现役"天通一号"卫星及地面系统，设计了新型低速卫星移动通信体制，突破了低灵敏度信道解调、轻量化极简协议、极低码率话音编解码等关键技术，实现了手机直连卫星通信产业化发展。目前，中电网通在相关领域共拥有专利53件，其中发明专利42件，外观设计专利11件，包含高价值发明专利10件。

"截至2023年底，公司凭借该产业化项目已取得经济效益数亿元。目前，以该芯片为核心的车载样品已完成研制，正在向国内头部汽车厂商进行推广。随着商业卫星移动终端不断普及，未来产生的经济效益和社会效益值得期待。"神舟卫通有关负责人如是说。

（苏悦，原载于2024年6月12日《中国知识产权报》第01版）

046

以 10 余件发明专利质押，获得千万元融资——
让量子计算从实验室走进千万用户

未来，技术发展将有多快？量子技术被喻为未来产业。相较于传统计算机，量子计算机可以带来算力的指数级增长，在大数据、人工智能等领域具有广阔的运用前景。

作为目前中国最先进的可编程、可交付超导量子计算机，中国第三代自主超导量子计算机"本源悟空"搭载72位自主超导量子芯片"悟空芯"，目前已为全球上百个国家和地区用户提供计算服务，全球访问人次已达千万次。从研发国内首台超导量子计算机到更新至第三代并面向全球提供运算服务，本源量子计算科技（合肥）股份有限公司（下称本源量子）这家中小企业受到社会关注。

本源量子的成立源于一次专利转化运用实践。21年前，中国的第一个量子计算研究小组在中国科学技术大学的一间废弃教室里成立。2017年，经过多年研发，这支研究小组在量子技术领域积累了大量研究成果。彼时，国际上很多企业已经开始了量子计算的产业化运用。作为主要研究人员之一，中国科学院量子信息重点实验室副主任、中国科学技术大学教授郭国平萌生了一个想法——将量子计算的理论研究转化为一台真正的量子计算机。为此，由郭国平组织的一支从实验室而来的研发团队成立了本源量子。公司成立初期，中国科学技术大学以5件专利作价3000多万元入股，为本源量子奠定了深厚的技术基础。

"公司成立初期，我们一方面加快研发进程，另一方面基于公司发展开始进行专利布局。"本源量子知识产权与商务中心总监赵勇杰介绍，该公司成立了专门的知识产权团队，密切对接技术人员，在全盘了解技术过程中形成知识产权保护方案，着力打通专利转化运用的第一关键堵点。

基于研发与生产的深度融合，本源量子在2018年发布国内首款量子计算编程框架；2020年上线国内首台国产超导量子计算机"本源悟源1号"，并通过云平台面向全球用户提供量子计算服务；2022年发布了国内首个量子计算机和超级计算机协同计算系统解决方案……

凭借自主创新成果，2023年，本源量子以10余件发明专利质押获得千万元融资，入选国家知识产权局发布的专利产业化十大典型案例。"这笔融资款最主要的作用就是推动我们的研发。"赵勇杰坦言，在全球竞争加剧的背景下，量子技术发展不进则退，因此需要不断对量子芯片、控制系统、环境系统等方面的技术开展研发，推进技术迭代。而这些研发工作，需要大量的资金来支持。

"我们考虑到通过专利运营获得发展资金。但是，目前量子技术领域还处于早期发展阶段，难以找到适合进行专利转让、许可等转化落地的行业企业。相较而言，知识产权质押融资更易于操作，而且获得融资成本较低，能够让专利快速实现价值。"赵勇杰告诉记者。

关于专利和技术的关系，赵勇杰认为，好的专利与技术之间的关系应该是青出于蓝而胜于蓝，好的专利能够展开技术、拓展技术边界，来满足技术产品化时所需条件，为基于技术的产品的市场通行保驾护航。多年来，本源量子对关键核心技术的知识产权布局做到"能保尽保颗粒归仓"，同时还多次运用专利导航分析强化产业技术制高点的洞察和布局。在量子计算的全新赛道上，本源量子以专利导航和检索为先驱，完成构建量子芯片、量子计算测控系统和量子软件及量子计算机整机生产线和相关产品的全产业链。

"当前，中国量子计算行业上下游相关主体已经达到200余家，本源量子将积极运用知识产权链接产业上下游企业，促进行业发展。我们希望通过多方合作，营造量子计算生态圈，更好地以蓬勃的创新推进新质生产力发展。"赵勇杰说。

（吴珂，原载于2024年6月19日《中国知识产权报》第01版）

047

科学家完整享有技术成果所有权，摇身一变创业家——

赋权改革助力硬科技飞出"象牙塔"

"患者后腹腔空间成功建立，通信延时小于80毫秒，符合手术要求，可以进行远程操作。"近日，海军军医大学第一附属医院泌尿外科王林辉教授团队，通过5G网络与远在2400多公里外的某岛礁医院连线，成功实施一台单孔机器人辅助腹腔镜左侧肾囊肿去顶减压手术。

手术室内，王林辉通过3D高清电子内窥镜实时观察患者腹腔内状况，操控3支弯转自如、运动灵活的蛇形手术器械臂从一个2.5厘米直径的小口中伸入，游离、切割、止血、缝合，腹腔镜手术一气呵成。

这款专业单孔腔镜手术机器人脱胎于上海交通大学（下称上海交大）徐凯教授团队在腔镜手术机器人关键核心技术领域近20年的潜心研发。上海交大通过首创的"完成人实施"模式，已将由徐凯作为发明人的核心专利技术的成果所有权全部赋予其本人。徐凯进而以专利出资的形式创办了北京术锐机器人股份有限公司（下称术锐机器人公司），把企业作为市场化的延伸，加速推进核心技术研发和成果产业化。该创新成果的研发应用入选国家知识产权局发布的专利产业化十大典型案例。

团队建了、论文发了、专利有了，科技成果产业化却迟迟未动，是不少高校科技成果转化普遍面临的困境。"在职务科技成果权属制度下，教师团队的科技成果属于国有资产，一旦转化失败，可能面临国有资产流失的风险，这种责任顾虑往往导致转化中束手束脚。"上海交大先进产业技术研究院知识产权办公室有关负责人告诉本报记者，"'完成人实施'模式的底层逻辑就是赋予科研人员完整的成果自主权，实现责任松绑"。

2020年，上海交大获批全国首批"赋予科研人员职务科技成果所有权或长期使用权"试点单位，探索"赋权+完成人实施"新途径，支持教师创业促进科技成果产业化。学校将科技成果70%的所有权份额赋予科研人员，自留30%的份额。当科研人员有意向创业时，学校再按照专利的成本价格收取一定费用，将30%的所有权份额转让给科研团队，并将专利权变更为科研人员完整所有。随后，科研人员将完整产权投入创业公司，吸引社会资本，进行成果转化。

"许多科技成果转化预期收益大、失败风险高，引进市场化的风险投资参与科研人员创业是通行做法。但大多数风险投资机构并不希望高校国有资产以参股的形式介入科创企业的股份结构中。"上述负责人直言，"赋权+完成人实施"模式可以有效避免这类尴尬，让市场要素更自如地参与配置、提供保障，高效推动科技成果产业化。

抛向术锐机器人公司的"橄榄枝"让徐凯对此深有感触。在国内单孔腔镜手术机器人领域的引领潜能，不仅帮助术锐机器人公司先后获得工信部、科技部，以及北京市科学技术委员会等政府部门的支持，还获得了国投招商、正心谷资本、天峰资本等多家投资机构的青睐。

上海交大对于教师创业企业的保驾护航进一步延伸至产学研用的紧密协作。"由于手术机器人具有较高的技术和理论知识门槛，上海交大持续为我们提供工程技术支撑，术锐机器人公司则主要负责设计研发和产品落地推广。同时，校企双方建立起以企业为创新主体的技术攻关机制，在术锐单孔腔镜手术机器人的材料结构、制造工艺、控制算法软件等多个方面实现创新突破，形成了'面向连续体机构的形变驱控技术'等拥有自主知识产权的优势技术。"徐凯介绍，术锐单孔腔镜手术机器人成为国内首款、全球第二款单孔腔镜领域获批上市的手术机器人，做到了"尚未进口、即可替代"，实现了国产化产品在高端精准医疗装备领域的弯道超车。

记者了解到，目前不少"上海交大系"科创企业都与学校建立了联合研发平台，超六成企业已经对学校形成正向科研反哺。上海交大正在积极探索概念验证和未来产业园建设，以期不断完善科技成果转化的"服务链""共赢链"，帮助更多新质生产力飞出"象牙塔"，生长在高质量发展的广袤热土上。

（李杨芳，原载于2024年6月26日《中国知识产权报》第01版）

048

清华大学推动高温气冷堆核能技术产业化落地——
廿载求索，从实现堆到商业运行

绿色发展是高质量发展的底色。2023年12月，华能石岛湾高温气冷堆核电站完成168小时连续运行考验，正式投入商业运行，每年可带来14亿千瓦时的发电量，预计每年减少二氧化碳排放90万吨。

这是我国国家重大科技专项标志性成果之一，拥有完全自主知识产权，标志着我国在第四代核电技术领域达到世界领先水平。"在空间跨度上，该核电站集聚了关键技术研发、设计验证、设备制造、工程建设、调试运行等产业链上下游500余家单位。在时间跨度上，高温气冷堆核能技术从实验堆到商业运行已经走过了20年。"清华大学核研院副院长、高温气冷堆核电站重大专项副总师董玉杰在接受《中国知识产权报》记者采访时表示。

安全性是核能发展的生命线，20世纪80年代，作为被业界公认为具有固有安全特性核能技术的优选堆型，高温气冷堆技术吸引了世界多国研究人员的目光。在中国科学院院士王大中带领下，清华大学勇闯"无人区"，开展先进核能技术研发。在国家"863计划"支持下，清华大学攻克了球形燃料元件、球床流动特性等多项关键技术，并于2000年建成10兆瓦高温气冷实验堆，2003年并网发电。

"这个实验堆相当于一个大型的验证系统，验证了我们技术的可行性，相当于实现了'从0到1'的突破，从科学研究角度看很有意义，但从应用层面看还远远不够。"董玉杰告诉记者，2003年，清华大学开始了"从实验堆到商业规模电站"的探索，与中核集团联合成立中核能源科技有限公司，共同设计研发高温气冷堆核能技术产业化应用方案。在此基础上，2006年"高温气冷堆核电站"被列入国家科技重大专项，清华大学成为当时唯一牵头实施国家科技重大专项的高等学校。

从技术到产品，需要再研发再设计。用董玉杰的话说，当中的很多历程非常艰难。"这条路此前没有人走过，需要有前瞻性的布局。"根据高温气冷堆能够达到其他堆型达不到的冷却剂出口温度这一特性，清华大学核能团队开发的这项技术将不只用于高效发电，还将发展核能的非电应用，包括工业用高温蒸汽和核能制氢等领域。沿着这一产业化方向，团队成功突破大型反应堆高温氦气冷却与密封、高温核级系统、一系列首台套设备研制等重大技术挑战，研发出国际上性能最优的核燃料元件，开发出产能最大的生产工艺和设备技术体系等。

"技术是产业发展的基础，知识产权则是产业竞争力的优势所在。"董玉杰表示。自2006年起，清华大学围绕高温气冷堆核能技术持续进行知识产权布局。多年来，清华大学逐步形成专利、软件著作权、技术秘密等各类知识产权保护形式相互配合，覆盖模块式反应堆设计、耐高温全陶瓷包覆颗粒球形核燃料元件、反应堆不停堆在线换料等核心及相关配套技术的知识产权保护体系。同时，清华大学还通过《专利合作条约》（PCT）途径等在10余个国家和地区提交国际专利申请，密织知识产权保护网。

2020年10月，清华大学以131件专利、4件软件著作权及相关专有技术增资入股中核能源科技有限公司，中核集团同步注入5亿元资金，共同推动后续60万千瓦级高温气冷堆产业化项目落地。清华大学以知识产权打包增资入股新公司方式推动高温气冷堆核电站运行，加速能源绿色化转型，入选国家知识产权局发布的专利产业化十大典型案例。

这一方式加强了清华大学和中核集团的集中研发力度。"我们选取了一部分与此次产业化方向相契合且易于转化的知识产权进行增资入股，同时选派专业技术人员根据需求入驻企业，随时解决产业化推进中遇到的具体问题。目前项目进展良好。随着项目的进展，新技术不断产生，并陆续实现产业化。"董玉杰说。

在"双碳"背景下，社会对清洁能源的需求更为迫切，经过20年技术供需的深度融合，过去实验室里的技术逐渐走向市场，成为推动高质量发展的新质生产力。谈及未来高温气冷堆核能的运用，董玉杰满怀憧憬："现阶段这项技术实现了小批量的推广应用，在高温堆工艺热应用、核能制氢等方面的研发运用也在持续推进。我们期待这一技术能够在更大范围实现商业化运用，为全球绿色发展注入更多生机活力。"

（吴珂，原载于2024年7月3日《中国知识产权报》第01版）

049

大连化物所推动液流电池储能技术落地生根，
全球市场占有率超60%——

构建核心"专利群" 提升技术"含金量"

在我国能源结构绿色转型进程中，构建以新能源为主体的新型电力系统，是保证能源安全、实现可持续发展的重要一环，但像风能、太阳能这类可再生新能源本身存在不连续、不稳定的特点，如何把其产生的电能有效储存起来，供人们在生产、生活中随取随用？经过20余年的潜心钻研，中国科学院大连化学物理研究所（下称大连化物所）储能技术团队研发的新一代全钒液流电池储能技术在我国落地生根。该技术的产业化运用，为我国能源结构调整和转型、实现"双碳"目标提供了关键技术支撑，并入选专利产业化十大典型案例。

大连化物所坚持"产、学、研、用"的思路，从产业实际需求出发，围绕液流电池储能技术，强化高价值专利培育，实施"专利群"战略，运用专利导航等工具做优新增专利、优化专利布局，在国内外实施了包括全球最大100MW·h/400MW·h国家级液流电池储能调峰电站在内的20余项商业化示范项目，国际市场占有率超60%。

"科研工作和产业需求脱节，是技术成果产业化前景不好的主要原因之一。我们所有的基础研究都是围绕着解决产业化应用中存在的关键科学与技术问题开展的。"大连化物所副所长、储能技术团队负责人李先锋介绍，膜材料是液流电池的部件之一，是液流电池产业化的关键。针对全钒液流电池技术领域用隔膜长期依赖于进口的"卡脖子"难题，储能技术团队以产业实际需求为导向，展开核心技术攻关，首次提出了"不含离子交换基团"的"离子筛分传导"机理，将多孔离子传导膜引入液流电池，并进一步突破了多孔离子传导膜的规模放大技术，建成膜材料批量化生产线，每年产能超过20万平方米，实现了膜材料国产化和产业化应用。

利用开发的膜材料，研发团队开发出 30 千瓦级高功率全钒液流电池电堆。该电堆不仅保持了传统电堆的高功率，同时大幅提高了电堆的可靠性和批量化生产程度，电堆总成本降低 40%。

"我们在研发的同时，十分注重围绕核心技术进行高价值专利培育，为高效率的转移转化提供支撑。"李先锋介绍，在研发过程中，大连化物所始终践行知识产权全过程管理，制定年度知识产权保护方案，及时对研究成果进行统计、收集和评估，持续提升专利质量。通过前期对专利申请方向进行布局，大连化物所建立并形成了以多孔膜核心专利为中心的"专利群"，使不同类型、不同保护程度的专利相互交叠，提高核心技术的保护力度。

"当前，我们团队就全钒液流电池相关技术在国内外共申请专利 300 余件，目前拥有有效发明专利 100 余件，技术覆盖从电池隔膜、电极、双极板等关键材料到核心部件和系统，形成了相对完善的知识产权保护体系。"李先锋说。

高价值专利的培育，有助于持续提升技术的含"金"量。基于高价值专利组合，大连化物所经历了作价入股、专利转让、专利许可等不同形式的探索，与大连融科储能技术发展有限公司、开封时代新能源科技有限公司等多家企业建立了长期合作，相关技术支撑了全球规模最大 200MW·h/800MW·h 全钒液流电池储能调峰电站国家示范项目落地建设，目前该项目一期工程已实现并网运行。2022 年，大连化物所与比利时一家公司签订了用户侧液流电池技术许可，在欧洲市场推广应用。这是我国液流电池技术向发达国家输出的有益实践，体现了该项目新一代液流电池技术在国际上的领先地位。此外，储能技术团队还牵头制定并发布了首项液流电池国际标准，主导和参与制定了 9 项国家标准、13 项行业标准，引领和推动全球液流电池技术与产业发展。

"我们将持续积极面向产业需求，通过关键技术创新推动技术持续进步，加强与中央企业对接交流，不断推动'产、学、研、用'良性循环，强化专利技术转化能力，切实推动专利技术向现实生产力转化落地。"李先锋表示。

（黄俏，原载于 2024 年 7 月 24 日《中国知识产权报》第 01 版）

050

通过专利有偿许可和部分转让的方式
加快技术应用，金风科技——

科技向"新"驭风行　产业向"绿"赴全球

走进"中国风谷"新疆达坂城，矗立着的风力发电机组绵延成片，宛若"白色森林"。在这里，专利产业化的生动故事正在精彩上演。

2023年，在龙源达坂城二场项目中，33台由金风科技股份有限公司（下称金风科技）生产的GWH191—6.X机组替换下155台不同型号的老旧风机，减少了约78%的全场风机点位。"尽管风机点位个数减少，但龙源达坂城二场项目的电量却增发了约6.6亿千瓦时，是之前的2.5倍，年平均上网电量约9.33亿千瓦时，项目经济性大幅提高。"金风科技知识产权负责人郭霞告诉记者，新机组应用的偏航集电环技术，可以避免传统机组为实现最大风能捕获而带来的电缆磨损、解缆时间过长、范围受限造成的发电量损失等问题，实现了机组可靠性和发电量的"双提升"。按照单机一年强制解缆两次、等效年利用小时数增加1小时计算，一台单机容量6MW的风机每年可提升发电量6000千瓦时。

偏航集电环技术是金风科技从"0"到"1"自主研发攻关的一项颠覆性创新，该技术的产业化运用入选国家知识产权局发布的专利产业化十大典型案例。这背后，离不开技术研发团队从"0"看到"10"的眼光和能力。

"起初，提出这项技术攻关时，鲜有人认可，甚至不少国外同行也质疑中国的企业是否有创新实力。"项目开端的种种不易，让团队的每一个人记忆犹新。顶着压力，项目团队在总工程师的支持下，靠着其他项目挤出的一点预算结余，做成了一台原理样机，在新疆进行运行试验。然而，试运行还不到两个月，样机的电阻却增大9.8倍，这意味着样机的稳定性和可靠性均不理想。在尝试多种贵金属新材料方案后，仍不见效果，项目一度陷入停滞。

那时，新疆已入冬，严寒的天气与项目的双双"遇冷"并没有浇灭大家的那股冲劲儿。"在上下班的路上，大家都在琢磨着解决方案。"郭霞向记者讲述，2020年春节期间，经过两个多月接触电阻抑制方案的测试后，项目团队终于攻克了该难题，前后历时一年多，偏航集电环技术终于"破土而出"。

围绕这项硬核技术，金风科技加紧专利布局，累计获得39件专利授权和2件软件著作权登记，包括14件发明专利、24件实用新型专利、1件外观设计专利；并在海外提交了7件专利申请。

偏航集电环技术解决了行业内风电机组大型化固有技术难题，将有助于推动整个风力发电行业的技术迭代和升级。当意识到新技术对行业革新的重要意义时，金风科技决定以专利产业化的形式推动该技术加快落地应用，赋能整个行业发展。

"通过专利许可转让，创新技术能得到更广泛的运用，同时也增强了我们自身的行业影响力与话语权。"郭霞介绍，经过前期专利评估与市场调研，金风科技以专利有偿许可和部分转让的方式，许可制造商生产销售相关产品供给第三方企业。基于该领域系列专利技术，金风科技正牵头制定行业标准。

截至2023年底，应用偏航集电环相关专利的产品已经在国内外累计装机4609台，实现了陆地、海上风力发电机型全覆盖。不仅如此，通过专利转化运用，金风科技获得收益超1500万元，预计未来相关专利还将持续带来每年数百万元收益。

这只是金风科技大力推动专利产业化的一个缩影。近年来，为支撑国家战略，推动产业升级，金风科技从创新源头、实施路径等方面保障高价值知识产权产出；建立专利价值评估体系，实现专利分类分级管理，着力打造专利密集型产品，专利产业化实施转化率达60%；积极推进专利成果转化，持续打造产业协同创新合作，先后实现对外专利许可及转让数十项，持续推进专利"开源"，助力整个清洁能源行业及相关产业链的技术发展与进步。

如今，金风科技向"新"向"绿"的步伐已遍布全球六大洲41个国家。"未来，金风科技将充分发挥专利产业化运用优势，通过合作加强知识产权共享，形成高价值专利产业链布局，实现产业资源优势互补，提升产业链整体创新能力，促进更多新技术的产品化、商业化，激发风电行业新质生产力，推动风电产业高质量发展。"郭霞表示。

（张彬彬，原载于2024年8月7日《中国知识产权报》第01版）

专利转化运用在行动·地方动态

051

各地出台专项方案，扎实推进专利转化运用工作——

加快盘活高校和科研机构存量专利

自国务院办公厅印发《专利转化运用专项行动方案（2023—2025年）》（下称《行动方案》）和国家知识产权局、教育部等八部门联合印发《高校和科研机构存量专利盘活工作方案》（下称《工作方案》）以来，各地积极响应，认真学习贯彻两个方案精神，广泛组织动员高校和科研机构、企业积极参与。连日来，河北、黑龙江、安徽、福建等地知识产权管理部门研究制定专项方案，部署开展高校和科研机构存量专利盘活工作，持续做优专利增量，加快专利转化和产业化，扎实推进各项任务落实见效。

在河北，河北省知识产权局会同省教育厅、省科技厅等七部门联合印发《高校和科研机构存量专利盘活工作实施方案》，推动专利转化运用工作提质增效。

方案明确了工作思路和目标，提出力争到2024年10月底，实现河北省高校院所未转化有效专利盘点全覆盖，加速转化一批高价值存量专利；到2025年底，建立以产业需求为导向的专利创造和运用机制，河北省高校院所专利产业化率和实施率明显提高，高校院所专利向现实生产力转化能力明显增强。方案围绕构建高校和科研院所存量专利基础库、丰富完善专利转化资源库、推动高价值专利落地转化、以市场需求为导向做优专利增量等方面部署了四项重点任务。

方案要求，充分发挥河北省专利转化运用专项行动推进机制作用，及时研究解决重点难点问题。全省各地要将相关工作举措和实施成效作为专利转化运用专项行动绩效考核的重要内容，充分调动各类经营主体和专业服务机构的积极性和能动性，形成全面推动专利转化运用工作合力，构建各方高效联动、稳妥有序推进的工作局面。

在黑龙江，黑龙江省知识产权局、省教育厅等四部门结合科教大省实际，联合制定印发《黑龙江省高校和科研机构存量专利盘活工作方案》。方案明确到2024年底前实现全省高校和科研机构未转化有效专利盘点全覆盖，并要求在主要任务上采取"盘点存量专利、企业评价反馈、分层推广应用、做优专利增量"四步走，明确时间节点，落实主体责任，做到在对象和任务上不落一家、不落一项，在节点和进度上抢先抓早、进位提速。

自《行动方案》和《工作方案》印发实施以来，黑龙江省知识产权局进一步推动专利转化运用工作，牵头发挥专利转化运用专项行动推进机制作用，积极开展专利产业化促进中小企业成长服务活动，实施高校、科研院所高价值发明专利培育项目，依托哈尔滨工业大学、哈尔滨工程大学、黑龙江省科学院等14家高校、科研院所高层次的科研团队（平台）开展高价值发明专利培育工作，试点开展存量专利盘活工作，持续推动专项行动各项重点任务在全省落地见效。

接下来，黑龙江省知识产权局将加速推进落实高校和科研机构存量专利盘活工作任务，充分运用人工智能和大数据等工具，创新和拓展高校和科研机构存量专利盘活和转化路径，宣传推广典型案例，进一步营造有利于专利转化运用的良好氛围。

在安徽，安徽省市场监督管理局（知识产权局）联合省教育厅、省科技厅等四部门在充分调研、广泛征求意见的基础上，研究制定了《安徽省开展高校科研机构存量专利筛选推介工作实施方案（2023—2025年）》。

方案明确了盘点存量专利、精准匹配推送、企业评价反馈、分层推广应用、优化管理机制等5项重点任务，旨在推动高校、科研机构专利产业化与促进中小企业成长、培育专利密集型产品联动贯通，激发各类主体创新活力和转化动力，不断提升专利转化效率和经济效益。

为进一步贯彻落实《工作方案》，安徽省市场监督管理局（知识产权局）在合肥、芜湖、马鞍山等地选取了中国科学技术大学、合肥工业大学等10所重点高校先行先试，对高校2023年底前授权的所有存量专利进行全面盘点，并采取发明人自评、单位集中评价等方式，筛选出市场需求潜力较大、经济价值较高的专利，形成一批经验、树立一批典型，为全省高校和科研机构存量专利盘活提供了有效经验。

下一步，安徽省将坚持"边盘点、边推广、边转化"的工作思路，以高校和科研机构存量专利盘活工作为抓手，持续提升高价值专利培育力度，大力推动专利产业化，让更多的专利成果从"书架"走上"货架"。

在福建，为充分调动各类经营主体和专业服务机构的积极性和能动性，福建省市场监督管理局（知识产权局）、省教育厅等七部门近日联合印发《福建省高校和科研机构存量专利盘活工作实施方案》。

方案围绕分级分类构建高校院所存量专利基础库、组织高校和科研机构与企业开展常态化对接推广、开展订单式研发和投放式创新等方面部署了重点工作任务，明确力争到2024年底前，实现高校和科研机构未转化有效专利盘点全覆盖；到2025年底前，加速转化一批高价值专利，加快建立以产业需求为导向的专利创造和运用机制，推动高校和科研机构专利产业化率和实施率明显提高，努力促进高校和科研机构专利向现实生产力转化。

聚焦高校和科研机构存量专利盘活工作，福建省充分发挥省委加快建设知识产权强省领导小组和专利转化运用专项行动推进机制的作用，推动各部门加强统筹协调、政策协同和服务指导，及时总结在盘点评价、转化运用过程中的有益经验、典型案例和存在问题；强化激励约束，考核督促，对成效突出的高校和科研机构在专利奖推荐名额、科技特派员派驻等方面予以倾斜；做好宣传培训、监测评价，加强宣传解读，建立数据通报反馈机制，定期通报工作情况，持续扩大参与主体的覆盖面。

（苏悦、邢赫巍、苏东、程飞、李灵婧，原载于2024年3月15日《中国知识产权报》第02版）

052

各地新政策新举措推进落实专利转化运用专项行动——

促进高校和科研机构专利向现实生产力转化

自国务院办公厅印发《专利转化运用专项行动方案（2023—2025年）》（下称《行动方案》）和国家知识产权局、教育部等八部门联合印发《高校和科研机构存量专利盘活工作方案》（下称《工作方案》）以来，各地积极响应，认真学习贯彻两个方案精神，广泛组织动员高校和科研机构、企业积极参与。连日来，吉林、内蒙古、江苏、陕西等地知识产权管理部门或制定专项方案、或举行推进会议，部署开展高校和科研机构存量专利盘活工作，持续做优专利增量，促进高校和科研机构专利向现实生产力转化。

在吉林，吉林省知识产权局与省教育厅联合举办全省高校院所存量专利盘活工作推进会。

会上，吉林省知识产权局对高校院所专利盘活工作目标、工作任务和工作要求进行详细解读，吉林大学、中国科学院长春光机所、长春理工大学等5家高校院所和服务机构作交流发言，介绍专利盘点工作进展情况、存在问题及有关建议。

会议对各地各单位下一步工作提出明确要求：一是要高度重视专利盘活工作，指定专人负责跟进，加快推进专利盘活工作进度，盘点一批、入库一批、推广转化一批。二是要有力落实国家和省政府部署安排，通过盘点摸清自家底数，把有用的、可转化的高价值专利筛选出来，树立以转化运用为目的的价值导向，提升专利源头供给质量。三是要持续推进专利转化运用后半篇文章，吉林省知识产权局将会同有关部门、产业联盟、运营中心、投融资机构等，按产业领域开展供需对接、银企对接和项目路演活动，精准有效推广成熟技术成果，加快促进专利产业化，为实现高水平科技自立自强提供有力支撑。

在内蒙古，内蒙古自治区市场监督管理局（知识产权局）举办全区专利转化运用助力科技突围工程暨高校科研机构存量专利盘活工作推进会。会上，内蒙古自治区市场监督管理局（知识产权局）对《工作方案》和《关于加快推进专利转化运用助力科技突围工程的若干措施》进行解读，内蒙古工业大学介绍了存量专利盘活工作开展情况。

会议要求，各盟市和各成员单位要充分利用当地高校院所、机构、平台等现有资源，认真落实各类政策，抓好专利转化工作；各高校、科研机构要充分利用各知识产权公共服务平台等现有资源，持续做优专利增量，加快专利转化和产业化，迅速组织开展全面盘点工作，明确存量专利盘点范围、内容、方式并及时入库，根据实际情况制定工作计划，于3月20日前完成盘点工作。

下一步，内蒙古自治区市场监督管理局（知识产权局）将进一步树立以转化运用为目的的专利工作导向，加强与各盟市、各部门的配合，围绕重点事项，加大督导力度，加强与相关部门对接，把专利转化运用工作与相关企业的培育工作相结合，重点推动开展高校存量专利盘活工作，提升高校专利转化效率，建立健全以产业化前景分析为核心的提交专利申请前评估制度，从源头上提升新增专利的质量，为专利转化运用工作奠定坚实基础。

在江苏，江苏省知识产权局组织召开国家知识产权示范高校存量专利盘点工作推进会，南京大学等国家知识产权示范高校专利转化运用相关业务负责同志参加会议。

会议指出，要把盘活工作放到打造具有全球影响力的产业科技创新中心的战略大局中理解，放到锚定在高质量发展上继续走在前列的战略目标中思考，不断强化对存量专利盘活工作重要性的认识。

会议强调，国家知识产权示范高校是全省高校知识产权工作的"排头兵"，存量专利资源丰富，盘点工作示范性强，要充分发挥典型带动作用，以"走在前、做示范"的果敢担当，率先推动江苏高校存量专利盘活工作取得成效。在工作谋划上，要尽快制定学校内部盘点方案，结合知识产权管理实际，制定"路线图""施工图"；在进度安排上，要按照3月底取得明显成效、4月底全部完成的时序要求，加快推进盘点工作；在盘点绩效上，既要敢于发现问题，也要善于凝练典型，切实为全省全面推进存量专利盘点工作积累经验、提供示范。

会上，与会人员围绕盘点系统功能、专利分配原则、数据标引规范等实务问题进行充分讨论。

在陕西，陕西省知识产权局、省教育厅、省科技厅、省工信厅、省农业农村厅、省卫健委、省国资委、中国科学院西安分院等八部门联合印发《陕西省高校和科研机构存量专利盘活工作实施方案》，全面启动在陕高校和科研机构存量专利盘活工作。

该方案明确了4项重点任务。一是梳理盘点高校和科研机构存量专利，要求省内所有高校、科研机构10月底完成存量专利盘点入库。二是丰富完善市场导向的专利转化资源库，要求引入经营主体对存量专利的产业化前景、技术改进需求和产学研合作意愿等完成评估，建成陕西高校和科研机构专利转化资源库。三是畅通渠道推动高价值专利落地转化，要求组织开展高校、科研机构与企业对接推广、技术验证和熟化等活动；鼓励高校和科研机构采取开放许可方式。四是以市场需求为导向不断做优专利增量，要求聚焦陕西省制造业重点产业链发展和西安"双中心"建设，支持高校和科研机构建立提交专利申请前评估机制；开展订单式研发和投放式创新，布局更多符合产业需求的高价值专利。

下一步，陕西省将做好统筹协调和服务指导，从盘活存量和做优增量两方面发力，有序推进存量专利盘活专项工作。

（邱月、章志祥、李庭开、蔺朝阳，原载于2024年3月20日《中国知识产权报》第02版）

053

各地多措并举落实专利转化运用专项行动方案——

扎实推进高校和科研机构专利盘活工作

自国务院办公厅印发《专利转化运用专项行动方案（2023—2025年）》（下称《行动方案》）和国家知识产权局、教育部等八部门联合印发《高校和科研机构存量专利盘活工作方案》（下称《工作方案》）以来，各地积极响应，认真学习贯彻两个方案精神，广泛组织动员高校和科研机构、企业积极参与。连日来，湖北、湖南、重庆、甘肃等地知识产权管理部门或制定专项方案、或举行推进会议，在各地的不懈努力之下，已有一些地方高校和科研机构存量专利盘活工作迎来阶段性成果。

在湖北，近日，湖北省知识产权局、省教育厅、省经信厅联合举办湖北省高校院所存量专利盘活工作推进活动。湖北省知识产权局副局长梁绍斌出席活动并讲话。

会议传达了国家知识产权局高校院所存量专利盘活工作推进会情况，解读了《湖北省高校和科研机构存量专利盘活工作实施方案》。华中科技大学、武汉理工大学和三峡大学3所大学作为湖北存量专利盘活试点高校，结合自身实践，交流了经验做法和思考体会。国家知识产权运营（武汉）高校服务平台对专利盘活工作进行了实操培训。

梁绍斌在讲话中强调，要以更高站位重视存量专利入库盘活工作，通过高质量的入库盘点，识别筛选存量专利的潜在价值，各地各单位要以进取心态、奔跑姿势、实干状态、卡紧节点，全力下好存量专利盘活"先手棋"，持续深入推进专利转化运用，切实将更多专利资源转化为新质生产力，为加快推进知识产权强国建设作出湖北贡献。

会议还进一步明确目标任务完成时限、各级相关部门加强协同联动、开展督促指导、及时报送工作信息等事项。全省各市州知识产权局等单位相关负责人，部属和省属高校院所、知识产权优势示范企业、部分"专精特新"企业代表在线上或线下参会。

在湖南，为唤醒"沉睡"专利，促进高校和科研机构专利向现实生产力转化，今年2月以来，湖南积极推进高校和科研机构存量专利盘点工作，截至3月31日，累计盘点存量专利3.71万件，盘点任务完成率达85%。

在整个盘点过程中，湖南省市场监督管理局（知识产权局）认真落实《行动方案》《工作方案》，印发《湖南省高校和科研机构存量专利盘活工作实施方案》，明确工作时间表、任务书，落实日调度、日通报制度，通过调研座谈、政策宣讲、操作培训和点对点服务等方式，推动盘点工作落实见效。

目前，湖南省共40所高校和科研机构完成盘点任务，其中，作为国家知识产权示范高校的中南大学率先完成1.3万件存量专利盘点、湖南大学完成5000件存量专利盘点，实施方案确定的4所盘点工作重点高校湘潭大学、湖南科技大学、湖南师范大学、湖南工业大学全部完成盘点任务。

湖南省市场监督管理局（知识产权局）相关负责人表示，将按照"边盘点、边推广、边转化"的思路，充分调动高校和科研机构的积极性、能动性，争取上半年实现108所高校和科研机构未转化有效专利盘点全覆盖；同时，举办相关推广对接活动，组织国家知识产权优势示范企业、"专精特新"中小企业、高新技术企业、相关国有企业入库，深度参与存量专利盘活工作，大力推动专利产业化。

在重庆，近日，重庆市知识产权局召开全市2024年第二季度高校存量专利盘点工作推进会，重庆市知识产权局副局长范俊安出席会议并讲话，重庆市教委、17个区县（开发区）知识产权管理部门、53家高校院所相关负责人参加会议。

会上，重庆市知识产权局有关处室负责人通报了重庆高校专利盘点工作的最新进展。重庆大学、重庆理工大学相关负责人分享了存量专利盘点入库的工作经验，与会高校介绍了前期工作开展情况和下一步工作重点。重庆市教委相关处室负责人从工作认识、统筹联动、工作谋划三方面对存量专利盘点工作提出了要求。

范俊安强调，要深入贯彻落实《行动方案》《工作方案》，坚持"边盘点、边推广、边转化"的工作思路，加快完成在渝高校有效存量专利盘点入库工作。一是主动作为，各高校要加强组织领导，落实专人负责跟进，加强与重庆市教委、相关区县知识产权管理部门联系，及时反馈工作进展，形成工作合力。二是加强协调，从严把握入库专利质量，切实提升专利的转化率和实施效益，确保在4月26日前完成盘点工作。三是扩大宣传，找到典型，对形成有益经验的机制分析提炼，不断扩大存量专利盘点工作的影响力。

在甘肃，近日，甘肃高校存量专利盘活工作取得阶段性成果。截至3月底，全省有46家高校和科研机构注册登录盘活系统，已完成5139件有效专利登记入库，占全部存量专利的50.55%。其中，兰州大学、兰州理工大学已按期率先完成高校存量专利盘点入库工作，为下一步推动高价值专利产业化奠定了良好的基础。

为深入做好高校和科研机构存量专利盘活工作，甘肃省市场监督管理局会同省教育厅等单位研究制定了《甘肃省高校和科研机构存量专利盘活工作实施方案》，召开高校和科研机构存量专利盘活工作推进会。会议结合实际，对高校和科研机构存量专利盘活工作进行了安排部署及任务分工，细化了落实举措，明确了责任部门。按照"全面盘点、筛选入库、市场评价、分层推广"的原则，甘肃省坚持"边盘点、边推广、边转化"的工作思路，充分调动各类创新主体和专业服务机构的积极性、主动性，推动存量专利盘点入库工作取得实效。

（丁伟、周广宇、夏仲言、马新华，原载于2024年4月17日《中国知识产权报》第02版）

054

全国多地发布专利产业化典型案例——

丰富专利转化"资源库" 耕好创新发展"试验田"

山西高校与企业签署 LM49 片临床批件及知识产权转让协议,转让金额达1.1亿元;内蒙古沙地治理专利技术开发及其产业化项目修复沙地、沙化草原面积334万亩;上海15个"专利超市"累计挂牌专利7421件,达成交易417件,成交金额7.9亿元……连日来,全国多地陆续发布专利产业化典型案例,各地通过盘活高校技术供给端、培育提升企业需求端、做大做强产业接收端、优化平台服务端,为促进创新成果向现实生产力转化、发展新质生产力提供强有力支撑。

积极探索赋权改革

促进高校和科研机构专利加速向中小企业转移转化,为中小企业技术赋能,是专利转化运用专项行动的一项重要命题。《专利转化运用专项行动方案(2023—2025年)》(下称《行动方案》)提出,探索高校和科研机构职务科技成果转化管理新模式。

在上海发布的专利转化运用十大典型案例中,上海交通大学的"完成人实施"模式便是高校和科研机构职务科技成果转化管理的一次有益探索。据介绍,该模式按照一定比例,由学校和教师共享专利权,支持教师按照专利成本价格回购学校专利权,通过自主创业或按照第三方评估价格向科技企业转让,形成了"职务科技成果赋权完成人+教师自主实施创业+高校未来收益保证"的成果转化新路径,进一步破解科技成果转化难题,激发科研人员创新创业活力。

在该模式的激励之下,上海涌现出一大批优质科技企业,上海交通大学教授徐凯依据"科技成果、自主转化"相关政策创立的北京术锐机器人股份有限公司（下称术锐机器人公司）便是其中之一。目前，术锐机器人公司已形成了完备的自主知识产权保护体系。截至2024年1月底，术锐机器人公司已获得国内外专利255件。

以转让、许可、作价入股等多种方式对专利进行转化，有利于加快高校和科研机构专利落地转化的进程。

在内蒙古发布的专利产业化优秀案例中，内蒙古工业大学的"一种亚低温条件下资源化奶牛粪便制备牛床垫料的方法"发明专利使用权实施许可案例正是通过作价入股进行专利转化的成功案例。内蒙古工业大学依托该技术，以作价入股的形式成立内蒙古内工科技创新产业园有限公司，迈出以作价入股成立学科初创公司实施科技成果转化的第一步，进一步强化了"让科学家做科研，让企业家做市场，让科学家与企业家握手"的核心理念，让创新链和产业链充分融合，形成闭环。

赋能铸就国之重器

在各地专利产业化典型案例中，专利技术赋能铸就大国重器的生动实践尽展风采。

在湖南发布的专利产业化优秀案例中，湖南科技大学"海牛"团队与湖南科技大学、湘潭高新科技园区开发有限公司三方共同出资成立湖南海牛地勘科技有限责任公司。"海牛"团队以26件专利作价1.2亿元入股，持股高达81.75%，投资建设以深海海底取芯钻机为引领的科技成果产业化项目，主要进行产学研融通平台、人才培养、研发落地、知识产权及科技成果转化等方面建设，转化形成一批具有国际影响的重大原始创新成果，推动面向深海海底沉积物、软岩、硬岩的系列化海底勘探成套装备产品和配套装备技术的应用。

在福建发布的专利产业化典型案例中，漳州科华技术有限责任公司建立专利产业化运作机制，将专利产业化策划与产品开发紧密结合，跟进专利技术的成果转化。该公司依托国家重大专项，围绕核级UPS核心技术，形成"核级供电系统"专利组合，实现核级UPS全自主可控及国产化发展，提高了我国三代非能动系列核电厂的国产化配套能力。2020—2023年，应用上述专利技术的产品产量近10万台，并成功应用于国内外多个核电项目，累计新增销售额30余亿元。

聚焦产业强链增效

关注重点产业，建设运行重点产业专利池，培育和发现一批弥补共性技术短板、具有行业领先优势的高价值专利组合等措施，是《行动方案》围绕产业链供应链，建立关键核心专利技术产业化推进机制，推动扩大产业规模和效益，加快形成市场优势的重要抓手。

在浙江发布的专利产业化典型案例中，中国科学院宁波材料技术与工程研究所（下称宁波材料所）围绕太阳能光伏隧穿氧化硅钝化接触（TOPCon）核心专利技术转化运用，便是有效运营产业专利池，推进创新链、产业链、资金链深度融合，实现经济效益和社会效益双提升的一个鲜活案例。

我国是光伏产业大国。为持续推动光伏产业升级，宁波材料所瞄准关键材料制备、核心工艺突破、高效器件集成、自主装备开发等TOPCon产业链各环节核心技术持续深耕。

从实验室验证阶段到专利产品量产全面落地，宁波材料所尝试了一种"联盟+基金+孵化"等专利池多元转化模式，依托国家新材料知识产权运营中心，构建和运营太阳能TOPCon系列专利池。通过该模式，宁波材料所积极对接新材料产业知识产权联盟，与60余家企业达成免费实施许可，通过专利快捷转化帮助联盟生产企业降低成本、提升效率。同时，通过运营专利池，宁波材料所还孵化了一家拥有自主技术的太阳能装备上市公司。此外，TOPCon太阳能电池专利产业化项目获中国科学院科技成果转化母基金首期投入资金2000万元，有力推动下一步量产和市场开拓。

在山西公布的十大专利产业化典型案例中，山西天地煤机装备有限公司以培育具有行业领先优势的高价值专利组合，推动扩大产业规模，形成市场优势。该公司以硬岩掘进机为核心专利，在分体掘进机及连接方法、锚护装置集成等方面布局18件专利，形成具有行业领先优势的高价值专利组合。同时，该公司与山东能源、中植能源、陕煤集团、河南能源、贵州能源、永煤矿业等煤炭集团所属煤矿达成合作，截至2023年底，由该专利技术实施转化的掘进机已累计生产销售8台，累计新增销售额6959.29万元。专利转化运用赋能产业强链的成效不断凸显。

（张彬彬，原载于2024年5月15日《中国知识产权报》第02版）

055

专利转化运用专项行动持续走深走实——
多地开展丰富活动推进专利转化运用

自国务院办公厅印发《专利转化运用专项行动方案（2023—2025年）》以来，各地围绕行动方案深入推进，部署开展了丰富多彩的活动，将方案任务要求落到实处。连日来，北京、河北、湖南、广东、广西积极行动，或开展对接活动，或举办宣讲会，为专利转化运用开辟更多好渠道。

在北京，近日，北京市科学技术委员会、中关村科技园区管理委员会、北京市知识产权局、北京市海淀区人民政府、知识产权出版社和中关村发展集团联合举办高价值专利培育项目专场对接会。

活动发布了2023年海淀区知识产权白皮书、科创企业创新力评价标准和专利产业化供需对接模型。与会代表围绕创新与专利许可生态、专利转化运用业态、高价值专利培育与运营等内容发表主旨演讲。在项目路演环节，来自中国航天空气动力技术研究院、北京科技大学等单位的7个项目同台展演。

据悉，此次展演项目分别为中国·海淀高价值专利培育大赛、长三角高价值专利大赛、粤港澳大湾区高价值专利培育布局大赛等赛事活动的优质获奖项目，来自投资机构、知识产权服务机构、科创企业的专家针对展演项目作了点评。

在河北，近日，河北省市场监督管理局、省教育厅、省科技厅、省人民政府国有资产监督管理委员会和国家金融监督管理总局河北监管局等部门联合印发《2024年"专利转化燕赵行"活动实施方案》（下称《实施方案》）。

《实施方案》以"专利转化运用河北在行动"为主题，以推进专利转化和产业化为目标，以建设激励创新发展的知识产权市场运行机制为主线，聚焦高校院所和中小企业供需两端，在全省开展整合专利转化资源、供需对接、"一月一链"助企、走进知识产权优势示范企业、专利导航成果进园区、举办专利转化讲座和专家"问诊把脉"等七类活动。

河北省市场监督管理局有关负责人介绍，"专利转化燕赵行"活动已是第3年开展，全省将形成专利转化合力，努力打造河北专利转化运用特色活动品牌，以"活动"促"行动"，以"品牌"带"宣传"，以"服务"提"认识"，促进河北省专利转化运用水平有效提升。

在湖南，截至4月25日，湖南省全面完成103所高校和科研机构存量专利盘点工作，共盘点2023年底前授权的存量专利4.1585万件，盘点率达到100%，成为全国首个完成存量专利盘点的省份。

通过盘点，湖南省3.3234万件专利进入转化资源库，入库率超过75%。从高校和科研机构转化意愿来看，拟通过许可方式转化的专利有1.2030万件，拟通过转让方式转化的专利有1.5447万件，拟自行应用或产业化的专利有2470件。湖南按照"全面盘点、筛选入库、市场评价、分层推广"的原则，坚持"边盘点、边推广、边转化"的工作思路，推动高校和科研机构专利技术产业化。

下一步，依托国家专利导航综合服务平台的专利转化资源库，湖南省知识产权局将会同相关部门，与企业开展常态化对接推广，推动实现专利快速转化。

在广东，近日，国家知识产权局专利局广州代办处围绕"以优质高效窗口服务助力知识产权转化运用"主题举办了业务宣讲会。现场宣讲和线上直播同步进行，广东省内高校、科研机构、知识产权代理机构和知识产权交易服务平台等单位代表受邀参加现场活动，3200余人次收看线上直播。

宣讲会上，广州代办处"青年讲师团"成员介绍了建设便民利民知识产权服务窗口的重点举措及工作成效，尤其侧重服务知识产权转化运用的具体措施及突出亮点，同时对创新主体和社会公众高度关注的知识产权质押融资登记、专利实施许可合同备案、专利开放许可、专利技术合同认定登记等业务进行了重点介绍。

一段时间以来，广州代办处聚焦广东省高校、科研机构知识产权转化运用需求，开展了一系列活动，如与广州市南沙区市场监督管理局举办代办处服务站工作人员业务培训班，持续提升服务站工作人员业务能力和服务水平，更好服务知识产权转化运用；组织业务骨干赴深圳高校解读专利开放许可制度，介绍专利开放许可业务办理流程，助力广东省高校专利成果转化运用。

在广西，近日，广西壮族自治区人民政府国有资产监督管理委员会、广西壮族自治区市场监督管理局（知识产权局）召开广西高校和科研机构专利盘活与国有企业需求对接推进会，盘活高校和科研机构存量专利，推动专利转化。

会上，广西壮族自治区市场监督管理局（知识产权局）围绕《广西高校和科研机构存量专利盘活工作实施方案》进行解读并介绍相关工作。广西华南技术交易所（广西知识产权交易中心）向与会代表介绍了交易平台"菜单式+定制化"的服务内容。17家企业提出了专利技术需求和产学研合作意愿。10余家高校和科研机构汇报了存量专利盘活工作开展情况，以及可供转化运用的专利技术。此次对接会为进一步建立常态化的企业与高校院所对接机制，提升专利对接和转化效率，推动高价值专利的落地转化奠定了良好的基础。

（李倩、王越、周广宇、邹乙睿，原载于2024年5月17日《中国知识产权报》第02版）

056

多个省市完成高校院所存量专利盘点工作——

盘"存量"优"增量" 做好"盘活"大文章

自《专利转化运用专项行动方案（2023—2025年）》和《高校和科研机构存量专利盘活工作方案》（下称《工作方案》）相继印发，各地从盘活存量和做优增量两方面发力，提出详细的落实举措。其中，《工作方案》提出，力争2024年底前，实现全国高校和科研机构未转化有效专利盘点全覆盖。连日来，吉林、湖北、甘肃、新疆等地按照"边盘点、边推广、边转化"的工作思路，已经陆续完成高校和科研机构的存量专利盘点工作，推动高校和科研机构专利向现实生产力转化。

在吉林，省内51家高校院所（含1家医院）全部完成存量专利盘点工作。吉林盘点存量专利2.4579万件，进入专利转化资源库专利1.6574万件，其中，单件专利为1.4775万件，组合专利1799件。

按照"边盘点、边推广、边转化"的工作思路，吉林省知识产权局会同吉林大学、吉林农业大学等高校举办医疗器械、食药用菌产业专利成果专场项目路演活动，重点推介15项科研成果，线上线下共有近千人观看。按照《2024年度吉林省高价值专利培育中心建设项目申报指南》工作部署，吉林省支持高校院所开展专利申请前评估、高价值专利培育、专利技术转化对接工作。

下一步，吉林省知识产权局将组织中小企业对入库专利进行评价反馈，遴选专利产业化引领项目，持续开展路演推介、交易撮合等活动，促进高校院所创新成果向现实生产力转化。

在湖北，6万余件高校院所存量专利盘点工作已全部完成。

湖北省知识产权局高度重视《工作方案》的贯彻落实，将专利转化运用工作纳入今年工作重要议事日程，推进各项任务落实见效。湖北省知识产权局加强与省教育厅、省科技厅、省经信厅、省财政厅、省卫健委、省政府国资委、中国科学院武汉分院等部门之间工作协调，围绕提升专利转化运用成效召开座谈会，先后到高校院所、高新技术企业调研，联合印发了《湖北省高校和科研院所存量专利盘活工作实施方案》。建立专利转化运用专项行动工作协调机制，研究解决实施中的问题，督导工作推进。各市州知识产权管理部门会同相关部门采取清单式推进的办法，确保当地高校院所按照时间节点完成相应的目标任务。湖北强化盘点工作的政策引导。将各市州、各高校院所相关工作举措和实施成效作为专利转化运用专项行动绩效考核的重要内容，强化高校院所作为存量专利盘活工作第一责任人，加强对盘点工作实施的业务指导和绩效管理，坚持结果导向、效益导向，强化跟踪问效。同时，湖北广泛组织动员高校、科研机构、企业积极参与方案实施，两次联合省教育厅、省经信厅举办湖北省高校院所存量专利盘活工作推进活动。此外，湖北充分发挥试点示范作用。及时总结华中科技大学、武汉理工大学、三峡大学3所存量专利盘活试点高校经验做法，采取结对帮带形式引导全省各高校院所开展盘点工作。依托国家知识产权运营（武汉）高校服务平台，向全省高校院所派业务熟练专业人员，分片区采取"一帮一""一对多"等形式上门开展盘点实操培训，为200余人次提供咨询服务，确保盘点工作高效顺利完成。

下一步，湖北省知识产权局将继续加强与省教育厅、省科技厅、省经信厅等相关部门的统筹协调，发挥省知识产权战略实施工作联席会议制度和专利转化运用专项行动推进机制的作用，坚持以"用"为导向，按照"边盘点、边推广、边转化"的工作思路，分产业领域、分区域开展多场次专利技术供需对接活动，持续深入推进专利转化运用，实现一批高价值专利产业化，切实将更多专利资源转化为新质生产力。

在甘肃，全省14个市、州（含兰州新区）全面完成52所高校院所（含医疗机构）1.4183万件存量专利的盘点工作，累计盘点建档专利1.3005万件，登记入库专利1.1513万件；截至2023年底，1.2772万件存量专利已完成全部盘点工作。

今年以来，为做好甘肃省高校院所存量专利盘活工作，甘肃省市场监督管理局（知识产权局）会同省教育厅、省科技厅等八部门于3月初印发《甘肃省高校和科研机构存量专利盘活工作实施方案》，确定做好存量专利盘点入库、提升专利申请质量、促进专利价值实现等重点任务，并明确了工作内容、时间进度和责任分工。

据了解，甘肃省市场监管（知识产权）部门高度重视存量专利盘点工作，省市联动，按照《甘肃省高校和科研机构存量专利盘活工作实施方案》要求，在动员引导高校院所切实履行盘点工作主体责任的同时，充分发挥服务机构的积极性和能动性。通过政策解读、宣传培训、定期通报等，强化各单位的目标导向和责任意识，督促相关单位加快工作进度，提高工作质效，确保专利转化运用工作有序推进。

在新疆，新疆维吾尔自治区市场监督管理局（知识产权局）组织全区21所高校盘点存量专利5067件，实现入库率100%。

在工作推进过程中，新疆结合自治区存量专利情况，第一时间组织召集全区高校和科研机构进行专题学习并部署相关工作，选定新疆大学和新疆医科大学作为高校专利盘活工作试点院校，两所高校已于3月底率先完成此项工作。同时，与新疆教育厅、新疆科技厅建立专利转化工作联席会议机制。采取集中培训、视频会议、现场调研等形式，每月组织全区高校知识产权工作负责人了解存量专利盘点工作中存在的难点问题。此外，新疆在2024年专利实施项目评审中，摸排企业、高校和科研机构的存量专利情况，筛选符合国家和自治区产业政策，科技含量高、创新性强、经济效益好、具有潜在市场价值的专利39件。在开展专利转化运用专项行动过程中，注重挖掘好的经验做法，共梳理新疆专利转化运用典型案例21个，在今年全国知识产权宣传周活动启动仪式上，"攻克风电机组大型化技术难题，以专利许可推动行业技术迭代升级"案例成功入选专利产业化十大典型案例。

（邱月、丁伟、马新华、聂强，原载于2024年7月10日《中国知识产权报》第02版）

057

多地举办专利转化供需对接活动——
加快推动创新成果向现实生产力转化

自专利转化运用专项行动开展以来，各地深入贯彻党中央、国务院决策部署，有序推进各项任务落地落实。连日来，为了着力解决专利转化供需不对称的问题，多地举办供需对接活动，为高校院所、企业、金融机构牵线搭桥，实现供需"双向奔赴"，加快推动创新成果向现实生产力转化。

在辽宁，为了加强校企深度合作，充分发挥知识产权制度供给和技术供给双重作用，不断健全有利于专利转化运用的激励政策，近日，第二届"校企协同科技创新伙伴行动"高校成果转化对接暨知识产权转化专场活动（渤海大学站）在辽宁省锦州市举办。

此次活动由辽宁省教育厅、省知识产权局等8部门联合主办，以"食品、化学、材料相关领域产业发展分析、成果展示与转化"为主题。活动中，渤海大学与锦州神工半导体股份有限公司、辽宁华电环境检测有限公司等8家企业共同签署校企知识产权转化合作协议。在校企对接交流环节中，知识产权管理部门、金融机构围绕知识产权转化政策、知识产权类信贷产品等内容作主旨报告，辽宁省内相关高校和企业发布科技成果411项、企业技术需求134条。

据介绍，锦州市市场监督管理局（知识产权局）多举措推进专利转化工作，鼓励高校院所通过转让、开放许可和作价入股等方式转化专利技术，提升对接效率；帮助高校探索实施以更合理的知识产权收益分配制度来调动发明创造和转化运用的积极性；邀请专家更好地助力高校筛选培育高价值专利。该局将认真落实《高校和科研机构存量专利盘活工作方案》，以更高站位重视存量专利盘活工作，切实将更多专利资源转化为新质生产力。

在山东，作为山东省2024年"知识产权服务万里行"的重要内容之一，东营市专利技术成果对接活动近日在中国石油大学国家大学科技园生态谷举办。

活动中，东营市知识产权保护中心、东营经济技术开发区管委会、东营市国有资产投资集团有限公司就建设山东石油开采加工产业知识产权运营中心现场签订三方合作协议；东营市火炬生产力促进中心有限公司与横琴国际知识产权交易中心有限公司现场签订战略合作协议；山东交通学院与山东东珩国纤新材料有限公司、山东石油化工学院与东营市神州非织造材料有限公司分别签订专利转让协议。

活动期间，齐鲁工业大学教授班青发表主旨演讲，山东交通学院碳纤维复合材料团队、山东石油化工学院多个专家团队分别进行专利技术路演及项目推介，校企代表进行专利及投资对接洽谈。

据东营市市场监督管理局（知识产权局）相关负责人介绍，此次活动充分发挥了知识产权运营效能，深化了专利转化运用对接和知识产权供需对接，进一步促进创新成果向现实生产力转化，为加快发展新质生产力、推动东营高质量发展提供了强劲动力。

在湖北，由湖北省知识产权局、十堰市人民政府联合主办的"知慧通"2024湖北省专利转化供需对接活动（襄十随神片区专场）中，十堰市知识产权局与工商银行、农业银行、中国银行等7家银行签署了深化知识产权金融服务战略合作协议；湖北汽车工业学院等15家高校、企业达成专利转化合作，其中8家企业现场签订专利转让许可合同金额约530万元；交通银行、工商银行、中国银行、兴业银行等12家金融分支机构与12家企业签订专利质押融资协议，现场专利质押授信签约3.7亿元，商标质押授信签约1.8亿元。

活动还开展了专利密集型产品备案认定、专利开放许可制度解读及业务办理、知识产权质押业务的政策解读和培训。湖北汽车工业学院、湖北医药学院等单位发布推介了最新研究技术。

据湖北省知识产权局有关负责人介绍，举办专利转化供需对接系列活动，是推动科技创新与产业创新融合发展的重要举措，旨在搭建起产学研用紧密结合的桥梁，按照"边盘点、边推广、边转化"的工作思路，让盘点筛选出来的可转化专利运用起来、"活"起来，进一步畅通湖北省专利技术供需对接渠道，加快创新成果向现实生产力的转化，更好服务全省经济社会发展。

在福建，福建省高校院所存量专利转化对接活动（装备制造泉州专场）暨产业（区域）知识产权运营中心揭牌仪式近日在福建省泉州市晋江市举办。

活动中，晋江经济开发区区域知识产权运营中心、高端装备产业知识产权运营中心、伞业产业知识产权运营中心正式揭牌，多项知识产权项目合作与专利转化项目签约：晋江市市场监督管理局、晋江经济开发区管委会与六棱镜（杭州）科技有限公司共同签订晋江经济开发区知识产权战略合作协议；泉州职业技术大学与福建力霸机械科技股份有限公司签订施工升降机智能化研究合作协议；海峡（晋江）科技创新中心有限公司与梅花（晋江）伞业有限公司，福州大学先进制造学院与福建优安纳伞业科技有限公司，厦门理工学院与福建烟草机械有限公司，泉州华中科技大学智能制造研究院与福建先达机械有限公司分别签订专利技术转化合作协议。

此外，活动还举行了科教融合发展案例分享、知识产权金融服务产品介绍、专利项目推介、专利盘活行动系统操作实务培训等，为晋江市创新主体与科研院所、金融机构、服务机构搭建良好的沟通平台，就当前热点知识产权工作经验和专利技术进行深入交流，取得了良好成效。

（李倩、孙渊、李伟、王茜、程飞，原载于2024年11月22日《中国知识产权报》第02版）

专利转化运用在行动·企业行

058

安徽合肥着力推进创新主体专利转化运用——
专利开启低空经济"新赛道"

伴随螺旋桨的快速旋转，一架无人机在试飞场上腾空而起，在蔚蓝的天空中平稳飞行……近年来，零重力飞机工业（合肥）有限公司（下称零重力公司）在低空经济领域申请的数百件专利成功走出实验室，落地应用。

今年以来，位于安徽合肥的多家低空经济领域企业正在不断加大技术研发和专利转化运用的力度。"合肥这个正在迅速崛起的低空经济领域企业聚集地，已经吸引了近百家企业在此落地。"业内人士表示，目前，合肥与深圳、苏州等地形成了我国低空经济的"组合"，共同推动我国低空经济的快速发展。

从实验室到生产线

2023年初，安徽合肥高新区的一间厂房内，零重力公司的创新者们正在全力以赴地调试电动垂直起降（eVTOL）飞行器。他们对一项项技术反复进行验证，并将实验室中形成的专利技术逐一运用到生产线中。

经过2年多的奋斗，该公司在新能源航空器技术领域取得了多项重要的突破，并提交了相关专利申请。然而，要想让专利技术所涉及的产品获得市场青睐，还有很长的一段路要走，倾转旋翼技术便是很好的一个例子。

"记得有一段时间天气很冷，恰好厂房正在装修，为了不影响研发进度，我们经历了一段记忆深刻的'露天办公'时光。"零重力公司联合创始人兼首席运营官石红对《中国知识产权报》记者表示，回想当时，大家为了赶研发进度，从未有过抱怨，全力投入ZG-ONE及多个eVTOL产品研发，把一项项专利技术转化为产品。最终，公司在落地合肥不到一年的时间内，实现了第一代载人eVTOL产品一号机总装下线并成功试飞。

现今，该公司成功研制出多旋翼、复合翼和倾转旋翼机型。其中，多旋翼ZG-ONE整机采用六旋翼动力布局，载荷两人，标配三余度飞控和整机弹射伞等，以保障安全和舒适的乘坐体验。该款机型除了服务于低空旅游外，还可改装应用在物流运输、应急救援、地质勘测等多种场景。

在专利的加持下，公司加速迈入产品迭代阶段，许多投资人和期待合作企业纷沓而至。这让创新者们看到了低空经济发展的潜力和前景。

截至目前，零重力公司累计提交专利申请数百件。"没有核心专利，就没有现今的成果，更没有未来的发展。"石红表示，团队从"十一五"时期已开始进行倾转旋翼技术研制及攻克，2016年完成多旋翼载人eVTOL飞行器研制。目前，公司依然处于不断突破、不断创新的过程中，用每年100余件专利申请的增量构筑技术护城河。

从自研技术到专利许可

"高校创新成果转化，企业是核心载体。"业内人士表示。

寒冬时节，在合肥高新技术产业开发区管委会的一个报告厅内，零重力公司与中国民航大学就"空中交通相依网络脆弱性识别与控制方法及系统"和"一种空中交通系统自组织临界特性的辨识方法"2件专利签署了专利开放许可协议。

作为合肥市专利转化运用高新区专场供需对接会暨首批专利开放许可集中签约仪式的重头戏之一，此次签约仪式标志着两家单位在专利技术转化和应用方面迈出了重要一步。

众所周知，专利一头连着创新，一头连着市场，是科技研发和现实生产力之间的重要桥梁及纽带。此次签约的企业在硬件方面做了诸多研发，但在飞行安全方面却存在一些不足，而中国民航大学教授王兴隆致力于飞行安全领域研究，拥有多件相关专利。

"高校的专利，大型企业可能看不上，中小企业可能用不上。"王兴隆表示，高校所形成的专利往往被大型企业所忽视，原因在于大型企业更倾向于自行研发；而中小企业则由于担心许可费用较高而无法使用这些专利。

今年以来，在安徽省市场监督管理局（知识产权局）指导支持下，依托合肥市知识产权运用促进中心，合肥高新区市场监督管理局（知识产权局）组建合肥高新区人工智能产业知识产权运营中心，设立专项工作组（下称专项工作组），通过公开征集、重点园区与孵化器走访、重点企业跟踪对接等形式，收集、汇总企业专利转化需求。

"我们在走访过程中，了解到上述公司正多方面探索与各高校和科研院所开展合作。"专项工作组成员、合肥知光技术转移有限公司副总经理张俊俊表示。

随后，专项工作组通过专利检索与分析，了解到中国民航大学有一批相关专利正在开展开放许可。经多轮对接洽谈，双方就2件专利达成开放许可合作。

"今年以来，我们走访了100余家企业，建立企业走访台账。"合肥高新区市场监督管理局（知识产权局）负责人表示，一趟趟走下来，专项工作组发现企业面临的问题各异，但总体来说，企业对专利转化有强烈的需求。

今年10月，国务院办公厅印发《专利转化运用专项行动方案（2023—2025年）》，对我国大力推动专利产业化、加快创新成果向现实生产力转化作出专项部署。全国许多地方知识产权部门加快促进政策落地。

从产品到产业

11月5日，电动垂直起降航空器预批产机型ZG-ONE总装下线暨签约合作仪式的举办意味着首款"合肥智造"无人驾驶载人eVTOL航空器创新启航。

"eVTOL行业需要有更多优秀企业注入新鲜的活力，市场也需要通过使用大量不同型号的产品，优化这类产品。"石红表示。

目前，合肥已集聚了一大批空天信息企业。以合肥高新区为例，聚集了零重力公司、北斗伏羲、德智航创、羲禾航空等低空经济行业企业20余家。今年1月至10月，合肥高新区低空经济产业累计营业收入已达20亿元。

眼下，合肥正抢抓低空经济产业密集创新和高速增长的战略机遇，引领低空经济发展进入"新赛道"。

近3年来，合肥发挥政策引领、靶向培训、上门辅导"三驾马车"合力，为低空经济产业提供精准的知识产权服务。以合肥高新区为例，该地帮助产业内3家企业通过知识产权质押融资5950万元用于自身发展，其中佳讯皖之翼通过已转化投产专利质押融资1700万元，融资金额继续用于专利转化，促进企业专利产业化率达70%；科力信息5项低空相关专利成功转化为警用多旋翼无人机驾驶航空器系统、"空天地"一体化协同高速公路警用无人机集成应用系统等产品，近5年累计销售额约1.2亿元。当下，低空经济已辐射到更多地方。

未来，期待看到更多的企业在专利转化运用方面取得更大的成就，为我国的低空经济领域乃至整个经济社会的发展作出更大的贡献。

（陈景秋，原载于2023年12月20日《中国知识产权报》第05版）

059

投影技术照亮创新舞台

"你看，我正在帮萤火虫消灭它们的害虫天敌。"在北京市王府井一家餐厅儿童区里，一台多媒体交互投影仪，把地面变成了放大版平板电脑，孩子们的脚变身"鼠标"，蹦蹦跳跳间便完成了许多经典的游戏。为孩子们带来奇妙游戏之旅的是北京市"专精特新"企业国术科技（北京）有限公司（下称国术科技），通过专利转化运用，已将这个神奇的"游戏机"投用在我国近2000家餐厅。

时至今日，我国交互投影领域企业不断打磨产品、推陈出新，让科普创新技术转化运用到更多多元化场景之中。

发掘创新"金点子"

把高端技术引进来，让中国制造走出去。"早年间，我做过许多互动投影的产品，但这类产品始终绕不开'工程复杂'的通病。"国术科技创始人袁国术介绍，互动投影产品除了订制开发游戏节目外还需要安装投影机、传感器、配置机房等装备，工艺流程复杂的难题如何破局？

在一次去往以色列游学的过程中，一款互动投影产品让袁国术眼前一亮："我第一次看到仅为书包大小的小盒子能将所有的零部件都整合在一起，这款产品不仅内置众多节目内容，游戏过程也十分流畅，毫不卡顿。"源于十多年研发同类产品的敏锐嗅觉和自信，袁国术暗下定决心——"我要研发我们自主知识产权的产品。"

凭借着从事科普展品研发和"智"造的经验与优势，国术科技提交了名为"一体化互动投影系统"的发明专利申请并获得授权，这一专利正是王府井这家餐厅里投影交互产品的"雏形"。

专利转化是企业生存和发展的根基所在。国术科技从事科普展品研发与生产多年，深知科普行业研发周期长、投入高，很难标准化和规模化的难题。为此，基于上述专利，国术科技先后研发推出"国术Eyeplay商用游戏机器人""赛未来商用教育游戏机器人"等系列产品，对传统互动投影类科普产品升级换代。

"设备小了、游戏多了、灵敏度更高了、互动感更强了，孩子们玩得更开心了。"袁国术介绍，国术科技将专利转化为产品，目前已在中国科技馆、北京科学中心、中国科学院高能物理研究所幼儿园、海淀区北下关街道康复中心等不同的行业和场景中应用，同时，其产品也已出口到欧洲、北美等市场。

促高价值专利转化

专利是科技型企业拥有并掌握关键核心技术的基础，也是提升企业产品竞争力的核心。智慧芽数据显示，围绕交互投影领域，我国创新主体进行了相关专利布局，专利申请量较多的主体为中国科学院深圳先进技术研究所、广景视睿科技（深圳）有限公司、山东光明园迪儿童家具科技有限公司、麦克赛尔数字映像（中国）有限公司、联想（北京）有限公司等。创新主体针对交互投影新的技术品类与产品升级方向不断进行着多元化的尝试。

"提高专利转化运用的效率，让产品加速'跑起来'，前提是确保质量优先。"袁国术介绍，高质量专利一方面可以转化为受市场欢迎的产品，另一方面，还能成为企业发展的重要资产。

自投入研发以来，国术科技坚持对研发成果进行专利挖掘与检索，选取技术含量高、创新性强的技术或方案提交相关申请，确保专利授权率和专利质量。2023年，国术科技的专利质量得到了金融机构的认可，获得了千万元的知识产权质押贷款。

市场导向、充分调研、坚持投入、申请专利环环相扣，缺一不可。科普展品研发企业大多对接科技馆等主体，往往忽视市场能力的建设，而市场化的一个重要起点便是从产品研发开始，就要想到产品的市场化应用场景与用户的体验，从源头提高专利转化率。

"国术科技在研发立项前，会做深入的市场调研，结合科技馆和孩子们的科普需求，包括分析同类产品的利弊，进行可行性研究，确保研发投入能带来更好的市场效果。"袁国术介绍。例如，在研发"国术Eyeplay商用游戏机器人"等交互产品过程中，国术科技提交了近20件专利申请。伴随产品在市场上的销售，专利自然得到了转化。不仅如此，专利还是维护企业利益的重要利器。

伴随着系列产品的火热应用，国术科技的"一体化互动投影系统"专利吸引了一批"观众"，但其中也不乏一些抄袭者。"对于抄袭者，国术科技利用专利维权，目前，大部分案件已经胜诉，还有部分在取证和起诉的过程中。"袁国术表示。

做产业链中一枚"积木"

"积木式创新"是国术科技在专利转化运用方面的特色。袁国术介绍，国术科技从不追求"麻雀虽小、五脏俱全"，要做的只是把擅长的领域和技术打造成为一块标准化的"积木"，拼接到全球市场相应的产业链之中。

国术科技的"积木"背靠我国庞大的市场和先进制造优势，以及十多年来科普产品研发积淀，而以色列企业的"积木"则是全球领先的交互投影技术。现今，两块"积木"紧密拼接在一起，开发出的系列产品开拓了国内外市场，描绘出一幅中国"智"造与"一带一路"沿线国家科技合作的美好画卷。

通过"积木式创新"，国术科技加速专利转化，实现了科普展品的产品化、标准化。基于交互投影游戏机器人研发和生产经验，国术科技牵头制定了《游戏用人工智能交互式投影设备》团体标准，2021年12月，这一标准被中关村标准化协会认定为"中关村标准"团体标准。2022年8月，"国术Eyeplay商用游戏机器人"获得中关村标准"I字标"产品认证。

"北京市的高校及科研院所众多，科技资源丰富。传统科普研发企业可以借助高校和科研院所的技术优势和资源，实现科普产品的技术突破和创新。"袁国术介绍，国术科技与北京市科学技术研究院合作建设了"智慧养老应用场景科普展厅"，提升智慧养老研究的科普生产与服务能力。目前，国术科技研发出100余种拥有自主知识产权的产品，并在连锁餐饮、智慧养老、儿童教育、特殊教育等不同行业场景中实现落地应用。

如今，我国光影科技领域公司正在通过深耕技术创新、专利转化运用，带动整个产业链的创新与提升。近期，国务院办公厅印发的《专利转化运用专项行动方案（2023—2025年）》把"以专利产业化促进中小企业成长"作为重点任务加以部署，将进一步推动中小企业健康发展。袁国术表示，未来，国术科技将持续开展自主研发创新，深化与科研院所的合作，拓展国际创新合作，与不同行业融合发展，促进专利的转化运用，为科普产业高质量发展贡献力量。

（叶云彤，原载于2024年1月3日《中国知识产权报》第05版）

060

专利"奔现" 广汽"加油"

近年来,随着我国"双碳"目标的提出,传统造车企业加速进入新能源汽车新赛道,加之造车新势力不断发力,国产新能源汽车市场渗透率不断提升。中国汽车工业协会数据显示,2023年我国新能源汽车产销分别完成958.7万辆和949.5万辆,同比分别增长35.8%和37.9%,市场占有率达到31.6%。业界认为,产业快速发展的背后,专利发挥了支撑作用。

专利助企创新发展

2024年伊始,新能源汽车领域展示新气象,吉利与百度合力推出极越汽车,小米发布汽车新品牌等。

无论是传统车企对新能源汽车的布局,抑或造车新势力,自主核心技术乃是车企的立身之本。一旦缺乏核心专利,没有了持续研发投入,就如无源之水、无本之木,在市场竞争与对外贸易中就会处处被动。

作为传统车企,广州汽车集团股份有限公司(下称广汽集团)2006年成立广汽研究院,加大对旗下新能源品牌的关键核心技术和产品研发,以实现全栈自研及产业化。"在坚持自主创新的同时,企业与高校、科研院所开展产学研合作的'开放式'创新同等重要。"广汽集团知识产权部门负责人王晓博在接受《中国知识产权报》记者采访时表示。

以动力电池为例,为提升汽车续航里程,新能源汽车的电池包逐渐增大、轴距加长、前悬缩短,这些因素压缩了有效的碰撞吸能空间,其安全风险不容忽视。为了解决这些痛点,广汽集团联合清华大学、广汽旗下新能源品牌有针对性地设计整车结构及动力电池,共同完成的"新能源汽车碰撞安全设计关键技术及应用"项目,实现了三元锂电池整包针刺不起火,从而确保新能源汽车的安全性能，该项目荣获中国汽车工程学会科技进步奖二等奖。

长安汽车与华为的双向奔赴，加速智能化技术大规模商业化落地；比亚迪通过垂直整合，先后成立弗迪电池、弗迪动力、比亚迪电子、比亚迪半导体等多个子公司，强化对产业链供应链核心技术和成本的掌控能力……

整个国产新能源汽车产业快速发展的背后，正是本土车企共同提升自主创新能力的结果。

海关总署数据显示：2023年，我国电动载人汽车、锂离子蓄电池和太阳能电池，"新三样"产品合计出口1.06万亿元，首次突破万亿元大关，增长了29.9%。

激发专利运用内生动力

过去几年，广汽集团每年新增专利申请约2500件，并总结出一套高价值专利培育机制，累计有效专利1.77万件，荣获中国专利金奖3次。庞大的专利持有量，为广汽集团持续高质量发展"蓄能充电"，形成优良的市场竞争优势。

专利，如何转变为生产力？"我们真正想实施转让的专利主要涉及两大类，一类是较早时间申请的专利；另一类是公司内部不使用的部分专利。"王晓博表示，为了避免国有资产的流失，这部分专利如果实施转让，必定要进行专利评估，除了要经过漫长的决策程序外，一般评估价高于卖方可接受的价格，估价高直接导致专利转化难。为此，"评估难、评估贵、评估慢"成为制约专利转化运用开展的难点、堵点所在。

这一难题，在车企领域是如何解决的？专利转化又是如何成为新能源汽车发展动力？国家知识产权局知识产权发展研究中心研究一处处长邓仪友表示："应加强市场竞争，鼓励更多的机构从各种角度，利用各类方法开展价值评估，在竞争中提高评估能力，降低评估费用。"

在探索中，广汽集团首先将专利转化应用到自主品牌车型上，提高产品品质和技术水平，转化率达60%至70%。

除了应用到自主品牌车型上进行转化外，近年来，广汽集团还探索出了另外3种行之有效的专利转化路径。例如，通过将自主研发技术反向许可给合资企业（广汽本田、广汽丰田等）的方式实施专利，收取技术许可费，如公司获得中国外观设计金奖的专利成功许可给合资企业广汽丰田和广汽本田，收取许可费近2亿元；通过专利作价入股方式，孵化一批高成长性的科技企业，形成产业融通、双向赋能，实现知识产权运用从单一效益向综合效益的转变；值得关注的是，通过向内部新能源品牌企业埃安转让几百件专利，直接创造收益超10亿元。

王晓博认为，在激烈的市场竞争中，只有加大知识产权保护力度，提高知识产权侵权法定赔偿上限，营造规范有序的市场环境，以及良好的创新环境，才能让更多创新者通过知识产权保护真正获益。

强链补链整体提升

当前，我国新能源汽车逐步从比拼三电技术的"第一阶段"向"智能化"的全新阶段转型。

中国汽车战略与政策研究中心产业运行研究总监杨祥璐对《中国知识产权报》记者表示，我国新能源汽车实现换道加速，已具备领先优势，不仅产业链布局相对完善且稳定，产品与供应链都有很强的国际竞争力。但在向智能化演进过程中，也暴露出在汽车芯片、传感器等核心基础零部件（元器件）、关键基础材料、先进基础工艺和产业技术基础的工业四基领域的瓶颈。

国家相关政策指出，要以科技创新引领现代化产业体系建设。打造具有全球竞争力的智能网联新能源汽车供应链体系，需要以科技创新推动产业创新，特别是以颠覆性技术和前沿技术催生新产业、新模式、新动能，加强应用基础研究和前沿研究，强化企业科技创新主体地位。

我国新能源汽车的"强链补链"突破，应坚定落实创新驱动发展战略，大力支持汽车及零部件自主创新。杨祥璐表示："新能源汽车产业应以重点企业、关键领域为核心，强化基础性技术攻关，通过产业政策引导国内各类零部件和基础材料企业高质量发展。同时，加快培育具备国际竞争力的汽车和零部件企业集团，支持重点企业加快提升国际市场竞争力，进入全球头部行列，带动汽车行业的整体提升。"

当前，广汽集团成立广汽埃安智能生态工厂，加快构建安全自主可控的产业链供应链体系。2023年，该工厂成为新能源汽车"灯塔工厂"。

市场分析机构Canalys预测，2024年全球新能源汽车市场将增长27%，达1750万辆，中国品牌将占据78%的市场份额。伴随着专利一步步转化为产业生产力，越来越多的国产新能源汽车正加速驶向全球市场。

（刘娜，原载于2024年1月17日《中国知识产权报》第03版）

061

升格"创新信号" 共筑万物互联

近日,春运的序幕缓缓拉开。在机场和火车站,旅客们纷纷连接上免费的无线网络,手中的手机成了他们情感的桥梁和消磨时间的工具。伴随着回家的喜悦心情,人们通过 Wi-Fi 网络查看新闻、刷社交媒体或是与远方的亲人视频聊天。

这一幅幅温馨的画面,正是 Wi-Fi 专利转化应用的直观体现。华为技术有限公司(下称华为)等科技企业的创新成果已悄然铺展到了人们生活中,让每个人感受到科技创新带来的便捷和温情。

核心专利增强话语权

IEEE802.11 是 Wi-Fi 技术的标准代号,而第 6 代 Wi-Fi 技术则被称为 IEEE802.11ax。2018 年,当 Wi-Fi 联盟发布这一技术时,其名称被命名为 Wi-Fi6。Wi-Fi6 的应用领域与 5G 相似,但其能更好地适用于对高速率、大容量和低时延有较高需求的应用场景。

随着 Wi-Fi6 技术步入高速发展期,进入 Wi-Fi6 赛道者越来越多。国信证券经济研究所相关报告显示,Wi-Fi6 细分领域涉及诸多相关公司,博通、高通、瑞昱等是全球 Wi-Fi 芯片龙头企业,乐鑫科技、博通集成、中颖电子等是 A 股 Wi-Fi 芯片厂商,中兴通讯、锐捷网络、紫光股份、华为等是网络设备厂商,小米、中兴通讯、华为等是手机设备商。

在 Wi-Fi6 之前的若干代 Wi-Fi 产品,所采用的空口技术为 OFDM(正交频分复用)技术,然而这一技术可能导致一台 Wi-Fi 设备难以支持超过二十余人同时使用,出现部分用户无法正常使用的情况。

"华为将 OFDMA(正交频分多址)技术引入 Wi-Fi6,将可连接到网络的终端设备从几十台增加到上百台。"一位业内人士表示，人们享受快捷的Wi-Fi，这背后正是相关专利运用带来的便利。

世界知识产权组织（WIPO）发布的数据显示，华为连续5年位居全球企业专利申请量榜首。截至目前，华为在全球累计申请专利超过20万件，其中授权专利超过12万件，与Wi-Fi相关专利超过数千件。

根据Wi-Fi联盟报告，2018年全球Wi-Fi贡献的经济价值为19.6万亿美元，到2023年，全球Wi-Fi的产业经济价值已达到34.7万亿美元。可见，Wi-Fi技术是一个非常有价值的技术。

"尊重和保护知识产权，促进技术的合理保护和分享，才能共同促进产业发展。"华为首席法务官宋柳平表示，华为将大量的创新成果通过专利的方式向业界公开，助力产业发展。华为坚信尊重和保护知识产权是创新的必由之路，作为创新者以及知识产权规则的遵循者、实践者和贡献者，华为注重自有知识产权的保护，也尊重他人知识产权，寻求平衡的知识产权策略。

开展专利许可和技术合作

Wi-Fi6于我国企业而言是该领域创新发展的转折点。在Wi-Fi6之前，Wi-Fi领域的大多数标准主要由美国、日本、韩国等国家的企业所主导。2014年5月，华为专家Osama博士当选IEEE802.11ax WLAN标准任务组主席，我国企业在Wi-Fi领域的话语权取得突破，这意味着我国企业进入了Wi-Fi的核心圈。除了华为外，我国还有西安电子科技大学、清华大学等参与其中。我国企业在Wi-Fi6领域的话语权与日俱增，这也为后续我国企业在该领域实施专利转化运用打下基础。

作为一家科技企业，华为是我国为数不多能够在全球范围内收取专利许可费的企业。继与一家日企达成Wi-Fi6标准必要专利（SEP）许可协议后，华为对消费者级Wi-Fi6产品收取0.5美元/台（单位）的专利许可费，这是华为就相关专利首次对外公开专利许可收费标准。随后，华为又以创始成员的身份加入Sisvel Wi-Fi6专利池。该专利池预计每年将为全球超过30亿台Wi-Fi设备提供一站式专利许可。

在采访中，华为知识产权部部长樊志勇为记者揭开了华为专利转化运用背后的神秘面纱——华为建立了完善的知识产权管理体系，包括专利申请、授权和维护等方面，这有助于提高专利质量和专利运用效果。华为积极投入研发，并将创新成果转化为专利，为其在市场竞争中提供了优势。以Wi-Fi为例，自2003年起，华为进入 Wi-Fi 领域研发，这是华为在相关领域的破冰之旅，这种创新研发的理念一直持续到现在。目前，华为仅在 Wi-Fi6 领域就拥有 6000 余件专利。此外，华为将专利技术深度融入产品研发中，提高了产品的竞争力，为消费者提供了极致体验的产品，让消费者享受到科技创新为生活带来的全新体验。

加入 Sisvel Wi-Fi6 专利池，是华为 Wi-Fi6 标准必要专利转化的又一重要举措。目前，华为已经有 1000 余件专利通过了第三方认证入池，这一数字还在持续增加中。

Sisvel 相关负责人表示，专利池一方面帮助创新者获得合理回报从而继续创新，另一方面帮助使用人一站式获得许可，有利于有价值的技术在产业的推广和普及，为消费者提供更好的产品和服务。

许可费反哺企业持续创新

相关数据显示，2022 年，华为专利许可费收入 5.6 亿美元，蜂窝通信专利、Wi-Fi6 专利、物联网专利成为华为专利许可费的重要支撑，这些许可收入被投入到 6G、Wi-Fi7 等下一代标准技术的研究中。目前，华为已经形成"投入—回报—再投入"的创新正循环。

"这也坚定了我国企业要不断加大研发投入和布局专利的信心，争取技术领先地位，为企业专利的转化运用提供源源不断的动力。"中国移动专利支撑中心主任贾晓辉对记者表示，华为在专利转化运用方面的成功经验在于其重视专利申请、建立知识产权管理体系、开展专利许可和技术合作、将专利与产品研发相结合，以及持续的创新和研发投入。

目前，华为的专利转化运用更多是服务于企业自身的产品战略，而不是单纯为了专利许可获益。"经过数年的艰苦努力，我们经受住了严峻的考验，公司经营基本回归常态。"华为轮值董事长胡厚崑如是说。

华为在专利转化运用方面的实践，成为我国企业在专利转化运用方面的典型。近年来，一批主攻硬科技、掌握好专利的企业成长壮大。这些企业充分认识到专利技术在市场竞争中的战略地位，积极投身于科技创新，通过自主研发、合作共赢等方式，将专利转化为实际生产力，推动产业升级，为国家经济发展作出了积极贡献。

樊志勇表示，持续创新与尊重知识产权是华为取得今日商业成就的源动力，也是未来华为致力构建万物互联的智能世界的基石。

（陈景秋，原载于 2024 年 1 月 31 日《中国知识产权报》第 06 版）

062

激活专利内生动能，加快培育新质生产力

——徐州海伦哲专用车辆股份有限公司发展掠影

"巴西高空作业车专利布局情况是怎么样的？"徐州海伦哲专用车辆股份有限公司（下称海伦哲）知识产权办公室主任王滕正在接受《中国知识产权报》记者采访，其手机弹出了同事发来的请求协助进行专利检索分析的消息。"公司在研判了当前国际形势后，决定进军巴西市场，按照惯例需要先进行专利情况摸底。"王滕告诉本报记者。

在对海伦哲采访的过程中，专利成为不断被提及的高频词。成立于2005年的海伦哲，专注于特种车辆、特种机器人和军品的研发生产，用6年时间成功上市，如今已成为引领行业发展的龙头企业，产品不断走向海外市场。"聚焦前沿领域，攻克关键技术，持续激活高价值专利的内生动能，发展新质生产力，海伦哲才能跨越一座座高山。"海伦哲董事长高鹏如是说。

挑战不可能

拥有420件专利，其中发明专利84件，通过《专利合作条约》（PCT）途径提交国际专利申请7件；获得国家科技进步奖2项，中国专利优秀奖1项，解放军科技进步奖1项，江苏省科学技术奖4项……走进海伦哲的展厅，一排排专利证书和一张张获奖证书，用无声的语言向参观者展示着海伦哲的技术实力。

"海伦哲自成立之初，就高度重视研发和自主创新，用长期稳定的知识产权战略支撑企业'技术领先型的差异化'发展战略。紧随用户需求，不断进行技术攻关，挑战不可能，是海伦哲一贯的追求。"高鹏介绍，仅2023年，海伦哲研发的新产品就超过30款。

在海伦哲厂区，记者看到，一辆辆黄灰色大高度、智能化、复杂臂架高空作业车并排而立，非常壮观。其最高可达45米，是业内作业高度最大、智能化程度最高的复杂混合臂高空作业车，打破了此类车型依赖进口的局面，目前海伦哲正在研制64米高空作业车。被誉为"中华第一车"的全国独一无二的天安门华灯检修车，采用绿色动力，可实现灯球自动清洗，具有车联网、智能监控、远程指挥、超大远景警示等八大功能，拥有17件专利，其中发明专利6件，实用新型专利10件，外观设计专利1件，是"天安门璀璨华灯的忠实守护者"。

国产绝缘臂是海伦哲的又一重大突破。据介绍，复合材料绝缘臂具有绝缘性能良好、强度高等特点，被广泛应用于绝缘型高空作业车上，可实现不停电高空作业以保障国家电网安全与持续运行，但国内绝缘型高空作业车市场长期被国外公司垄断。2018年，随着中美贸易摩擦加剧，海伦哲进口设备关税大幅提高，为降低对国外进口设备的依赖以及关键核心部件被"卡脖子"的风险，海伦哲决定自力更生，自主研发国产绝缘臂。

"高性能复合材料属于前沿尖端技术领域，很多研究都是'摸着石头过河'，对我们来说是极大的挑战。为此，我们和国内复合材料研发方面走在前列的多所高校、科研院所以及企业合作，历经1000多个日夜开发，进行了30批次机械强度试验、1000小时人工加速老化试验、5万次疲劳强度试验、80批次绝缘性能试验，最终成功研发出国产绝缘臂。海伦哲成为业内唯一实现绝缘臂国产化生产的企业，打破了行业关键部件长期依赖进口的局面，海伦哲绝缘车在国内市场的占有率也提升了2倍。"海伦哲分管研发和质量工作的副总经理邓浩杰告诉本报记者。

如今，海伦哲的产品已不断走向世界，在东南亚不少国家，都能看到其高空作业车的身影。市场未动，专利先行，目前海伦哲在巴西和俄罗斯的专利布局也正在进行中。

舟至中流催帆竞，击楫奋勇破浪行。只有挑战"不可能"，才有无限可能。

激活专利内生动能

走进海伦哲生产装配车间，进门就看到一块巨大的电子屏——异常会诊管理看板，上面详细列出了工作人员在工作中遇到的问题、解决部门、处理进度等。记者看到王滕时，他正在忙于跟踪问题的处理进度。

"知识产权是海伦哲发展的核心要素，公司的知识产权战略就是发展成为具有国际竞争力的知识产权示范企业。海伦哲的知识产权和研发、生产密切联系，融为一体，产品立项、方案设计、样机试制、产品销售等不同阶段，均会进行专利检索、分析和预警。知识产权工作人员必须经常深入车间，详细了解技术和生产情况，才能与公司发展同频共振。"王滕告诉记者。

目前，海伦哲设立了技术人员专利积分制度，研发的新技术进行专利申请、获得授权和运用后，技术人员在不同阶段会获得相应的专利积分。专利积分被列入技术人员年度绩效考核指标，是技术人员岗位晋升的重要依据。此外，海伦哲还制定了《知识产权奖励制度》，针对不同类型专利设立不同的奖励金额，进一步提高技术人员对于专利创造和保护的积极性，保障了知识产权高效产出。

"经过十几年的高速发展，我们已经拥有数百件专利，专利布局不断完善。近年来，我们不再追求专利数量，而是重视专利质量，通过孕育高价值专利，激活专利内生动能，推动海伦哲高速发展。2023年，我们提交了45件专利申请，大部分都是围绕海伦哲新技术领域的核心关键技术而提交的发明专利申请。"邓浩杰表示。

如何培育出高价值专利？海伦哲高度重视专利申请文件撰写。成果研发出来之后，技术人员会先检索数据库，撰写完成技术交底书。随后，由海伦哲专利工程师和专利代理机构"背靠背"分别进行专利检索，出具专利申请建议。确定申请专利后，专利工程师和代理机构再对技术交底书进行反复沟通修改、推敲打磨，以合理界定权利要求保护范围，提高权利稳定性，同时还会有针对性地开展专利撰写、审查意见答复等辅导和培训。"多措并举，确保了海伦哲专利的高质量与高价值。"王滕表示。

"磨刀不误砍柴工"，基于需求研发的高价值专利，促进了海伦哲专利技术的高转化、快转化。据介绍，海伦哲的专利转化率达到90%以上，最大限度地发挥了知识产权对公司发展的引领作用。此外，海伦哲还积极开展专利运营，通过专利质押融资贷款、专利技术转让或许可等方式，打造专利资产经济效益新的增长点。2020年，海伦哲用3件专利，获得了银行1500万元质押贷款。

与此同时，海伦哲还利用高价值专利技术积极参与国家标准、行业标准的制定，针对高空作业车、电源车、配电车、消防车等，主导和参与编制了多项国家和行业标准。

培育新质生产力

在海伦哲采访，记者总是能感受到一种向前向新的力量。

"今年全国两会上，习近平总书记在参加江苏代表团审议时强调，要因地制宜发展新质生产力。对海伦哲来说就是要利用各种创新，如技术创新、工艺创新等，不断提升经营效率，持续推出新产品，解决客户的需求痛点。"采访伊始，高鹏就提到了"新质生产力"这个热词。

在高鹏看来，新质生产力的核心是科技创新，并将技术成果转化为产品，服务社会。海伦哲脱胎于原江苏省机电研究所，具有技术创新的天然基因和历史传统，科技研发与自主创新是海伦哲的专长和立命之本。正是因此，对海伦哲来说，发展新质生产力是自然选择，也是必然选择。

敏锐捕捉行业前沿技术，紧跟国家及行业发展开展前沿核心技术攻关，是海伦哲一直坚持的方向。"通过在新材料、新能源、高端装备、智能制造、车联网、人工智能等领域前沿、核心技术及'卡脖子'技术开展联合攻关，海伦哲已形成一批市场迫切需要的先进、高端技术成果，积累了一大批专利技术。"邓浩杰告诉记者。

"50米，100米，150米……"看到海伦哲高空系留无人机灭火消防车在演示现场不断突破高度，喷射出白色的压缩空气泡沫，媒体采访团爆发出热烈的掌声。"该无人机最高可达150米，载液量达到8吨，技术达世界一流水平。由于装配了高集成、高智能的压缩空气泡沫系统，其灭火响应时间不超过5分钟，灭火速度提高了3倍至5倍，用水量可节省50%以上。"工作人员自豪地介绍。

应急排水机器人、自行式储能机器人、线杆综合作业机器人、应急无人机照明巡检车、防暴灭火机器人、自动驾驶消防车……海伦哲一项项高端智能装备不断走向市场。"当前智能制造正在引领制造业转型升级，海伦哲正在通过智能制造项目的实施，加快实现自动化产线和智能车间的建设。通过智改数转网联，引入物联网、大数据、制造运营管理系统等先进技术，全面提升工厂运营效率，有效缩短产品研制周期，提升产品质量，降低运营成本和资源能源消耗。"高鹏表示。

"推动中国制造向中国创造转变、中国速度向中国质量转变、中国产品向中国品牌转变，海伦哲会向着新质生产力的方向不断迈进。"高鹏信心满怀地说。

（吴艳，原载于2024年3月27日《中国知识产权报》第05版）

063

小米汽车上市，技术革新带动产品升级——

专利为"引擎" 驶向创新路

何时能出现小米汽车？这个问了多年的问题，现今渐渐有了明确的答案。2024年3月28日晚，应三年之约，小米汽车正式上市，小米公司创始人雷军压上所有荣誉最后一战的新能源汽车，随着他手中的遥控器轻轻一按，舞台上的灯光瞬间熄灭，只留下一个巨大的屏幕，上面显示着小米汽车的全貌。

相比造车的勇气，更为重要的是小米公司将其核心专利转化为生产力的能力，这才是其真正的核心竞争力。小米汽车为何能快速驶入大众视野？这些年，其积累了哪些核心专利，又如何转化为生产力？这些问题值得我们深入挖掘。

千万种配方中淘得"真金"

连日来，小米汽车位于北京亦庄的工厂已经成为一道亮丽的风景，参观学习的人络绎不绝。走进1号厂房，映入眼帘的是一块块铝锭经过730℃高温熔化后被送入压铸岛——很难想象，传统汽车制造所需的72个零部件，经过压铸后竟形成了1个零部件（后地板零件）。

"这可不是一般的铝锭，它有一个响亮的名字叫'泰坦合金'，合金配方也是我们的核心专利技术。"小米汽车工程师、AI实验室机器视觉项目负责人孟二利指着工厂里辗转腾挪的大压铸对中国知识产权报记者说，压铸一个核心零部件需要6块10公斤重的"泰坦合金"。

汽车"智造"奥秘何在？其流程之精妙，须细究始得。然而，对于长期从事软件开发的孟二利而言，可谓是万事开头难。

"合金原料是大压铸成功的关键保障，当时供应商的配方都无法满足我们的要求，我们只能选择自研。"孟二利说，小米材料团队与国家级材料重点实验室合作，同时通过自研的多元材料 AI 仿真系统，从 1016 万种候选配方中筛选出两种配方材料，再使用这两种材料进行了 1550 次实验样件打样，最终筛选出了最优解——兼顾强度、韧性和稳定性的"泰坦合金"。

材料配方研究，常被业内开玩笑说是"炼丹"，这种说法虽不严谨，但也充分说明了这是一门硬功夫，更需要慢工出细活。1016 万种配方，如果仅凭借传统方式，一个个进行人工检验，即使是数百人的团队，穷其一生也可能做不完。

"但有了先进 AI 技术的加持，情况就完全不同了。"孟二利表示，得益于自研的材料性能预测模型，配合业内顶尖工程师的深厚积累，小米汽车的材料研发团队，能够以超越以往行业想象的效率，迅速完成了 1016 万种配方的筛选，才让不可能成为可能。

2 秒内检测令缺陷"显形"

小米汽车生产车间里，在多台机器人的配合下，造车所需的材料被缓缓送入一台 9100 吨的大压铸，经过加工成为一个合规的零部件。

"这是我们专利转化运用的其中一个场景。"小米汽车智能制造部部长曹迪勋一边指着一面醒目的"小米超级大压铸"简介墙，一边算起了专利账："仅一台压铸岛，我们就为公司节省了 1 亿元。年产 24 万台汽车，至少需要 3 套一体成型压铸设备集群，但小米只装备了 2 套，这得益于一件件专利的转化运用，使得制造零件良品率上升，目前平均良品率达到 86% 以上。"

"您再看这几个'炉子'连在一起的整套设备，也是小米相关专利技术，这项专利解决了从铝锭熔化到保温净化，从补汤到定量的整个过程，铝水被密封保护并自动传输，温度偏差始终保持在设定温度的正负 5℃ 以内。"曹迪勋表示。

小米汽车公开数据显示，工厂满产后，平均每 76 秒就会有一台崭新的小米汽车下线。然而，在这背后，汽车制造所面临的种种挑战和困难却鲜为人知。

对零部件的应检尽检，成为小米汽车制造过程中的难题。毕竟，在如此快速的生产节奏下，任何一点小小的故障或延迟，都可能导致整条生产线停滞并带来巨大损失。为此，小米汽车研发团队投入了大量的心血和智慧，自研了一套高效而精准的自动检测系统——机器视觉。

这套自动检测系统堪称"火眼金睛"，其采用了先进的人工智能技术和大数据分析，能够实时监测生产线上每一台汽车的各项性能指标，一旦发现异常情况，系统会立即发出警报，并自动定位故障的具体位置和原因。同时，系统还会根据历史数据和经验，给出相应的解决方案和建议，帮助工程师迅速排除故障，恢复生产线的正常运转。

孟二利指着 X-ray 智能检测系统对记者表示，研制之初，压铸件缺陷检测面临着样本少、目标小、对比度低等挑战，研发团队采用视觉大模型技术，开发了 X-ray 智能检测系统，2 秒内全面识别缺陷，快速判定零件质量。不合格的产品将被输送至另一端，经设备搅碎后重新加工为合格零部件，整个流程高效环保。

上千件专利助"智造"加速

当前，新一轮科技革命和产业变革持续深入，制造业和数字技术的融合正催生"智造"新生态。知识产权在推动制造业高质量发展方面发挥着重要作用。特别是在汽车制造领域，专利一直是一个核心议题。

作为一家通信科技企业，小米在汽车制造相关领域的专利情况如何？智慧芽为本报记者提供的数据显示，截至 4 月 1 日，小米汽车在全球范围内已经提交了 1260 件专利申请。其中，发明专利申请数量超过 880 件，且有 390 件发明专利申请已经获得了授权。值得注意的是，小米汽车工厂 1 号车间在建造过程中，成功提交了 29 件涉及人工智能和智能制造方面的专利申请。这些数据充分展示了小米在科技创新方面的实力和成果。

造车界一直流传着这样一句话：想，全是问题；干，才有答案！这句话恰如其分地描绘了汽车行业，尤其是新能源汽车领域的现状与挑战。近年来，我国在全球新能源汽车市场中的地位日益凸显，众多企业投身其中，小米就是其中的典型代表。作为一家在科技领域颇具影响力的企业，小米造车项目的启动，无疑为新能源汽车市场注入了新的活力。

"小米凭借其强大的技术研发能力和品牌影响力，有望在新能源汽车市场中占据一席之地，为绿色、智能、可持续交通体系的构建提供有力支持。"中国汽车技术研究中心首席专家王军雷对记者表示。

（陈景秋，原载于 2024 年 4 月 3 日《中国知识产权报》第 05 版）

064

搭建转化桥梁　畅通创新之路

核工业是高科技战略产业，是国家安全的重要基石。当前我国经济进入高质量发展阶段，加快推动以创新为核心要素的新质生产力的发展，是实现核工业高质量发展的必由之路，对全面建设社会主义现代化国家、全面推进中华民族伟大复兴意义重大。

知识产权自主可控和成果转化强链增效是核工业高质量发展的重要标志。中核战略规划研究总院有限公司（下称战规总院）作为中国核工业集团有限公司（下称中核集团）知识产权办公室、成果管理办公室和科技成果转化中心的依托单位，充分发挥"中核智库"关键作用，支撑中核集团在科技创新活动中开展全过程知识产权管理和研产融协同成果转化工作，坚持"软成果创造硬价值、软科学支撑硬发展"的发展理念，致力于为核工业科技创新发展贡献知识产权和成果转化智慧力量。

战略创新，领航科技纵深发展

战规总院持续发挥高质量知识产权在核科技创新体系能力建设中的重要作用，加强核工业战略性、基础性、前沿性、颠覆性技术自主知识产权创造储备，强化知识产权顶层谋划。战规总院支撑中核集团出台《中核集团知识产权高质量发展三年行动方案》，为知识产权高质量发展新格局绘制"路线图"；支撑中核集团加强关键领域自主知识产权创造和储备，截至2023年底，专利申请总量超5万件；支撑中核集团积极开展高价值专利布局，2021年以来，共获得中国专利金奖2项、银奖5项、优秀奖14项。着眼于核工业全产业链发展，战规总院在核能及核动力、核燃料循环、核技术应用等领域全面布局知识产权，开创核工业科技创新高质量发展新格局。

战规总院充分发挥知识产权科技护航关键作用，聚焦知识产权完善中核集团"一体两翼"协同创新体系搭建。"国内翼"方面，坚持以企业为主体，以市场为导向，以知识产权促进研产融三方深度融合。对"热堆—快堆—聚变堆"核能"三步走"战略中的压水堆、高温气冷堆、快堆、聚变堆等大国重器开展知识产权研究，充分链接高校院所的研发资源、企业的产业化资源和金融机构的金融资源，优化组合，开放合作，构建集聚核领域各类创新资源的科技协同创新体系。"国际翼"方面，不断加强与国际原子能机构、世界知识产权组织等国际组织和世界一流科研院所的交流合作，构建具有国际视野的知识产权工作体系，提升核工业品牌传播力、影响力，打造创新发展新增长极，开创科技创新新格局。

战规总院深入实施知识产权发展战略，推动中核集团在2023年6月印发《中核集团知识产权管理办法》《中核集团专利管理细则》，进一步强调知识产权战略性统筹、重大科研项目高质量知识产权培育，优化中核集团知识产权管理制度体系；研究制定3大维度、12项指标体系的《中核集团专利分级分类管理指导手册》，挖掘识别高价值专利，为后续专利转化运用奠定基础；建设核工业领域首家国家级知识产权运营中心——核能产业知识产权运营中心，充分展现核能产业科技实力和知识产权运作能力，推动核工业创新扬帆远航。

强链增效，健全专利转化生态

战规总院以体系化战略思维布局科技成果转化工作，从顶层设计方案，支撑中核集团打造集政策体系、科技成果、孵化平台、金融资本"四位一体"内驱型转化生态；完善成果转化政策体系，发布科技成果转化政策"三部曲"，自上而下搭建"集团总部—二级板块—三级单位"三层科技成果转化制度体系；建立市场导向的优质项目筛选机制，举办科技创新大赛，发布中核集团科技成果库并实现数千项成果入库；建立"一中心三基地"科技成果转化平台，成立科技成果转化中心和京津冀、长三角、粤港澳三地的"核创空间"孵化基地；引入市场化机制，与中国技术交易所签订合作协议，推动中核集团科技成果集中进场；策划并推动科创投资联合体建设，加速实现科技创新与市场回报的良性循环。

战规总院支撑中核集团设立重大科技成果奖等奖项，建立以科研人员持股为代表的中长期激励机制，实现企业与人才利益共享、风险共担，强化了矩阵式科技创新激励奖励机制，将知识和技术作为生产力要素参与分配，建立相应的机制，保障科技成果完成人获得与之贡献相当的收益，兑现科研人员成果转化工资总额之外的现金奖励及股权奖励，为稳定和吸引高水平的人才队伍、完善先进核科技创新体系作出贡献。2023年，面向国民经济主战场，中核集团完成转化项目277项，转化合同收入14.4亿元，较2022年分别增长17%和57%，兑现奖励激励5113万元，成果转化"质""量"齐升。低温供热堆、高温气冷堆、热敏灸等多领域科技成果以作价入股方式实现转化，已形成"灯塔效应"，极大调动了科研人员的积极性，显著激发了创新活力。

产研协同，实现经济利益共享

战规总院支撑中核集团发挥完整核产业链优势，加强产研协同，利用成果转化的方式实现集团内部科技成果的有偿使用，构建科技创新与市场回报之间的良性循环，促进技术供需双方、科技成果供需双方的对接和转化，引导科研院所发挥其作为集团研发中心的作用，引导科创基金、产业基金服务科技创新成果转化，快速为中核集团发展补充新产品、新产业、新经济增长点和增长极。推动中核集团科研院所内部转化现金激励和股权奖励兑现，打造中核集团科研院所与专业化公司合作示范样板，以科技创新促进核工业全产业链结构优化调整，转型升级效果显著。

作为科技创新国家队，中核集团肩负着国防建设和国民经济发展的双重历史使命。未来，战规总院将继续支撑中核集团充分发挥核领域原创技术"策源地"的核科技工业主体作用，坚定不移走自主创新道路，坚持核科技创新高质量产出和知识产权高价值创造，推动核科技成果高效率转化，实现核科技高水平自立自强，为建设世界核科技强国贡献"中核智库"智慧力量。

（张春东，原载于2024年5月1日《中国知识产权报》第07版）

065

小小微生物 增油大作为

"汪首席,告诉您一个好消息,咱们的生物酶专利已在1004油井成功运用,投产后日产油接近10吨,是地质配产的1.5倍。"近日,中国石油化工股份有限公司胜利油田分公司石油工程技术研究院(下称胜利工程院)微生物所首席科学家汪卫东接到采油厂相关负责人的电话,电话那头透着掩饰不住的兴奋,"我们想进一步推广这项好技术。"

连日来,胜利工程院捷报频传,继前不久河口采油厂实施生物酶相关专利取得效果后,这次孤东采油厂运用相关专利也传来喜讯,日产油大幅度提升。"运用生物酶专利到一线采油,曾是遥不可及的'奇想',如今通过石油科技工作者们的智慧变成了现实。"汪卫东在感叹之余算了一笔账,相关专利在胜利油田所有油井实施转化后,将累计增油50余万吨,创利税10亿元以上。

微生物采油"破壳而出"

生物酶作为一类由微生物代谢产生的具有催化功能的有机物质,主要组成部分为蛋白质,少数成分为核糖核酸,在自然界和人类社会中扮演着重要角色。在纺织、食品加工以及环境污染治理等多个领域,生物酶技术的应用已经取得了显著成效,成为推动这些行业发展的重要力量。

在石油开采领域,生物酶技术的应用日益受到关注。国外在这一领域的研究和应用起步较早,相关技术较为成熟。相比之下,我国早期在采油用生物酶产品的开发上,以仿制为主,产品质量参差不齐,性能稳定性和效率方面有待提升,迫切需要通过自主创新实现技术突破。

事实上,胜利油田在很早以前就已经关注到微生物采油,曾在20世纪90年代初进行微生物采油情报调研,但由于没有相关人才,课题组一直没组建起来。胜利油田也曾想过引进技术，邀请国外公司开展技术合作，但除了价格高昂外，国外公司还严禁油田技术人员接触菌种，试验过程处处保密，合作结束后什么也没留下。

关键核心技术要不来、买不来、讨不来，必须自己搞。"微生物采油技术外国人能搞，我们也一定能干成、干好。"汪卫东回忆说，在没有微生物实验室、无菌操作间和高倍显微镜的情况下，新组建的团队一切从零起步。听说成都有一所厌氧开放实验室，团队成员带上油田采取的油样、水样，经过4个月的艰苦实验，终于成功获得了第一批微生物采油的菌种。这些菌种被誉为胜利油田微生物采油的创新"种子"，标志着我国在微生物采油技术领域迈出了坚实的一步。

如今，经过无数次的实验和改进，胜利油田微生物采油菌种库内已有500多株不同功能的菌种，能适应不同油藏环境。这些菌种是我国微生物采油技术的核心，也是我国石油开采行业的重要财富。为此，胜利油田还建成了中石化唯一一家微生物采油重点实验室和菌液生产车间，为微生物采油技术的研发和应用提供了有力保障。

专利带动产量提升

"创新作为推动发展的核心驱动力，在石化行业中的重要性尤为突出。"胜利工程院相关负责人表示，作为中国石化乃至国内微生物技术研发的重镇，胜利工程院深刻理解知识产权保护的必要性，始终致力于从战略高度对微生物技术的知识产权进行系统规划和布局。

微生物采油是一种能提高石油采收率的技术，它包括微生物在油层中的生长、繁殖和代谢等生物化学过程。微生物采油是继传统的热驱、化学驱、气驱之后的第四种提高采收率的方法。

为了加速专利技术的转化与应用，胜利工程院构建了一套科学的管理机制和激励政策体系，制定了《知识产权保护管理规定》。针对关键领域，院内设立了战略性研究项目，专注于挖掘和培育核心专利技术，并建立了多项奖励制度，有效激发了科研人员在技术创新、知识产权创造及保护方面的积极性。

至今，胜利工程院在微生物采油领域取得了显著成绩，提交相关专利申请240余件，覆盖了微生物采油方法、调控技术、评价技术等多个方面，并且大多数专利申请已获得授权。这些专利的实施有效提升了油田的开采效率，同时也为企业带来了显著的经济收益。

数据显示，相关专利技术已在胜利油田 15 个区块得到应用，每年可增加石油产量超过 15 万吨，预计到"十四五"末，年增油量将达到 30 万吨。"将知识产权产业化是实现知识向生产力转化的关键步骤。"胜利工程院相关负责人表示，胜利工程院致力于将微生物技术打造为油田开发的核心关键技术，为油田的高效开发提供坚实的技术支持。

随着技术进步和团队扩张，胜利油田微生物采油技术团队已由最初的 3 人壮大至 38 人。不仅如此，胜利工程院的石油微生物实验室也发展成为国内首家集科研、生产及技术服务于一体的石油微生物研发中心，这些成就不仅展现了我国石油开采行业的创新能力和技术水平，也为我国石油工业的可持续发展提供了坚实保障。

创新脚步永不停歇

胜利工程院的科研人员于 2021 年底取得了一项开创性的成果——发现了一种能够在油藏深处繁衍的新型产甲烷古菌。这种古菌拥有独特的能力，它能在没有氧气的环境中，直接将原油中的长链烷基烃转化为甲烷气体。这一发现不仅打开了认识古菌代谢机制的新窗口，也为老油田的"再生"提供了可能，仿佛给枯竭的油田注入了一剂"新生液"。

"这就像是在油田生命的末期，当传统的技术手段已经力不从心时，微生物采油技术还能将沉睡的石油资源唤醒，转化为清洁的天然气，让油田焕发第二春。"汪卫东这样形象地比喻。他们认识到，这一技术潜力巨大，不仅是理论研究的新领域，更是工业化应用的新方向，引起了整个石油行业的广泛关注。

近年来，微生物采油技术的热潮正在席卷整个行业。中国石油天然气股份有限公司、上海中油企业集团有限公司、北京润世能源技术有限公司等企业，以及南开大学、长江大学、中国石油大学（北京）等高校，都在积极布局微生物采油领域相关专利，共同打造一个充满活力的产学研用协同创新生态。

合作也是一出"好戏"。在推动绿色能源技术发展的道路上，中国工程院院士李阳与德国工程院院士侯正猛共同携手，推动胜利油田微生物采油技术团队与北京理工大学团队、中石化石油勘探开发研究团队等合作，共谋"关于油藏环境中二氧化碳生物转化技术"的未来发展之路。

业内人士表示，微生物采油技术的发展势头正猛，它不仅促进了创新成果的转化和产业的升级，更为我国石油工业的长远发展注入了源源不断的新活力。

随着企业、高校和研究机构的深入合作,我国的微生物采油技术在全球范围内已走在前列,为全球能源领域带来了一场革命性的变革。

(陈景秋、任厚毅、冯云,原载于2024年5月8日《中国知识产权报》第05版)

066

我国厨电企业加大专利转化力度，积极发展新质生产力——

智慧厨电开启美好生活

百亿市场，你是厨电国潮品牌的忠实拥趸吗？

"洗碗机市场，头部企业既有方太、美的等国潮品牌，也有西门子等国外品牌，每家都有各自的核心技术。"近日，在北京一家电器专卖店里，销售人员对《中国知识产权报》记者表示。

随着我国经济的发展，厨房电器市场也呈现出蓬勃生机。据艾瑞咨询发布的《2023年中国洗碗机市场洞察报告》显示，在品质需求驱动下，2023年中国洗碗机市场规模达到120亿元。同时，凭借对中式厨房痛点的精准把控，国产品牌在洗碗机赛道展现出反超国际品牌的趋势。

"科技创新是推动新质生产力形成的关键。以国产品牌方太为例，凭借水槽洗碗机、高能气泡洗等全球首创技术，解决了厨房清洁难题，引领洗碗机进入国产反超时代，助力中国制造升级。"国研新经济研究院创始院长朱克力表示。

核心技术的自主创新

洗碗机作为现代家庭厨房中不可或缺的电器之一，其核心功能是自动完成餐具的清洗工作。通过内置的喷淋臂高压喷射水流，并配合专用洗涤剂，洗碗机能够有效地去除餐具上的油污和残留物。

"中式餐饮常用煎、炒、炸等烹饪方式，餐具油污残留较多，而起源于欧美的洗碗机，在设计之初便只针对轻油污的清洗，难以有效应对中式重油污。"业内人士表示，自诞生以来，洗碗机经历170多年升级迭代，但其核心清洁技术始终停留于"纯水洗"。

近年来，我国相关企业挑起自主创新的重任，积极打造厨电领域"争气机"。2016年，宁波方太厨具有限公司（下称方太）科研人员就着手高能气泡洗的研发工作。历时4年，经过无数尝试，这项由中国人独立研发的高能气泡洗技术终于问世。

"我们深入探访中国前沿科技领域，从潜艇清洗中得到启发——被用于清洗舰艇底部外壳的空化射流技术，能够高效清洗所附着的海洋生物，既不伤船体，也拥有强劲清洗力。"方太洗碗机产品线总经理徐慧表示。

"我国企业先后自主研发了全球首款水槽洗碗机和行业首个技术品牌——高能气泡洗，推动了中国厨电科技高质量发展。"工业和信息化部高级工程师王喜文表示，可以说在某种程度上，这些拥有自主知识产权的洗碗机就是中国厨电科技领域的"争气机"。

国家工业信息安全发展研究中心、工信部电子知识产权中心发布的《中国洗碗机专利创新研究报告（2024）》显示，截至2024年2月底，我国洗碗机领域累计专利授权量已达1.2364万件，近五成专利集中在国产主流洗碗机品牌厂商。其中，方太拥有洗碗机专利1338件，清洗相关授权专利790件，节能环保相关专利99件，均位居行业第一。此外，在高价值专利方面，"水槽式清洗机"专利被国内洗碗机行业引用最多。

科技成果的有效转化

拥有专利技术只是第一步，如何将这些技术成果转化为实际生产力，是检验一个企业创新能力的重要标准。以方太为例，方太通过建立完善的技术研发体系和市场反馈机制，确保了专利技术能够快速有效地转化为产品。这种转化不仅体现在产品的更新迭代上，更体现在对消费者需求的洞察和满足上。

2015年，由方太自主研发的全球首台水槽洗碗机正式问世，方太通过硬科技创新+产品形态的重构，开创性地将水槽、洗碗机、果蔬净化机融为一体，打破西方洗碗机的技术思路，颠覆传统洗碗机品类印象，创造全球洗碗机领域新物种。

水槽洗碗机的出现，一举打破行业品类固态，拉动国内洗碗机在短短5年内实现近10倍增长，以一己之力拉开了我国洗碗机市场增长的帷幕，引领厨电科技化浪潮，推动洗碗机普及，带动我国洗碗机市场实现逆转。"国产洗碗机品牌的崛起，源于创新、产品、品牌和渠道多方位的破局，其中，专利转化运用起着尤其重要的推动作用。"徐慧表示。

"我们坚持每年将不少于销售收入的5%投入研发，对重大项目研发投入不设上限，高于厨电行业平均 2% 至 3% 的研发投入水平。"徐慧表示。截至 2023 年底，方太的洗碗机已累计走入 200 万户家庭，按照每天用洗碗机洗一次碗计算，每年可节水 1854 万立方米，能满足上海市居民一年的饮水量。

在厨电领域，尤其是涉及洗碗机等创新产品的专利技术转化与运用，已经显著推动了产业经济增长。以 2023 年为例，方太通过有效实施其专利技术，实现了高达 176.29 亿元的销售收入，这一成绩相比前一年增长了 8.53%，彰显了技术创新在促进企业成长和市场拓展中的核心作用。这不仅反映了消费者对方太品牌及其高质量、高科技厨电产品的认可，也体现了知识产权转化为实际经济效益的巨大潜力。

目前，我国家用洗碗机市场呈现出多元化竞争的格局。除了方太之外，美的也丰富了家用洗碗机产品线，涵盖了多个型号和配置；海尔推出的家用洗碗机产品具有智能化、人性化等特点，深受消费者喜爱。

专利战略的深度布局

在广东佛山一洗碗机工厂内，依靠智能生产，约 20 秒就能下线一台洗碗机。近年来，我国洗碗机企业加快智能化、数字化、绿色化转型升级。核心技术转变为新质生产力，洗碗机工厂完成从传统工厂到智能低碳工厂转型，就是其中的一个缩影。

新质生产力是创新起主导作用，摆脱传统经济增长方式、生产力发展路径，具有高科技、高效能、高质量特征，符合新发展理念的先进生产力质态。可以通过校企联合攻关，因地制宜发展新质生产力，以科技创新催生新产业、新模式、新动能，促进产业与科技互促双强。

目前，以方太为代表的企业加强了与国内高校、研究机构的合作，通过产学研结合的方式，加速新技术的研发和应用。2022 年，方太与中国科学院力学研究所发布航天同源科技——全新一代洗碗技术高能气泡洗，暨《气液混合非定常流管道多参数优化设计与模拟》课题成果，首次将航天工程思想与数字孪生技术，应用于方太洗碗机喷淋结构及水流系统中。

在方太、美的、海尔等国产厨电品牌的带动下，国潮品牌正逐步崛起。这些品牌凭借强大的技术创新能力、专利转化能力以及对中国消费者需求的深刻理解，逐渐赢得了消费者的信任和认可。

"国产洗碗机虽起步晚，但凭借对本土需求的深入洞察，正逐步超越国外品牌。"中国科学院战略问题咨询研究中心副主任周城雄表示。未来，国产厨电品牌要想在竞争中立于不败之地，必须坚持核心技术的自主创新，加快专利成果的有效转化，并深度布局专利战略。只有这样，才能借助专利转化的东风，乘势而上，实现品牌的飞跃和发展。

（陈景秋，原载于 2024 年 5 月 29 日《中国知识产权报》第 05 版）

067

空中成像技术得到广泛应用,加快形成新质生产力——

空中成像点亮创新之光

科幻电影中经常有这样的镜头,人在千里之外,通过空中成像技术却能如真人般站在大家面前,栩栩如生地进行交流互动;科技人员通过凌空点触即可以控制飞船、空间站改变航向……如今,科幻电影中的场景被安徽省东超科技有限公司(下称东超科技)变为了现实,搭载"悬浮精灵"的新能源汽车智慧座舱、避免接触造成细菌传播的数字化手术室、互动性十足的展品展示屏等,在新质生产力的引领下,科幻图景真正地投射入人们日常生活之中。

创新理想照进现实

"影像"成了东超科技创始人、董事长兼总经理韩东成创业之路上的关键词。"公司的启动资金是我在中国科学院安徽光学精密机械研究所读研时期,通过一台无人机和一台二手相机给学校毕业生拍照慢慢积攒下来的。"韩东成介绍。

2016年,韩东成和同学成立了东超科技,他还组建起了一支10人的研发团队。这支由在校学生组建的研发团队不乏创新的好点子,所有人几乎每天都"泡"在实验室里,开展着高强度的研发工作。最终在2017年底,研发团队成功研制出核心产品——负折射平板透镜,这种平板透镜的微型阵列结构可以周期性地改变光路,产生负折射,不需借助曲面就可以实现光的聚焦,并且光线在经过平板透镜后,会相应收敛到光源以平板切面为轴的对称位置,从而得到1∶1大小的实像,实现空中成像。从平面摄影到空中成像,韩东成的梦想也逐渐变得"立体"起来。

"我们在刚刚研发出空中成像技术的时候,没有人相信这是由大学生创业团队研发出来的。"韩东成表示。然而就在研发成果想要进一步落地投产时，一家国外企业就东超科技前期的专利申请向国家知识产权局提起了专利权无效宣告请求。"此时，我们真正认识到了知识产权的重要性，随即组建了自己的知识产权团队，加大知识产权投入力度，进一步完善了创新成果的专利布局。"韩东成介绍。

"近年来，东超科技持续从源头强化知识产权保护，保障知识产权战略目标规划和实施，现已形成包括底层材料、交互技术、工艺及应用场景的立体式专利保护，打造了专利、商标、著作权和商业秘密等多位一体的知识产权管理体系，并获评国家知识产权优势企业。"东超科技知识产权总监计军介绍，截至2024年5月底，东超科技累计提交国内外专利申请450余项，核心技术已经在美国、日本、韩国、新加坡、印度等国家及欧盟获得了专利授权。东超科技相关创新成果获得了第49届日内瓦国际发明展银奖、第二十四届中国外观设计优秀奖，以及第九届和第十届安徽省专利金奖等荣誉。

市场应用场景广阔

"运用东超科技研发的'无介质空中悬浮成像'技术相关专利的各类非接触式产品，具有防止细菌传播、预防触电感电、防止信息泄露等功能，尤其是在集成了交互技术之后，可以实现空中精准复杂交互，具有十分广阔的应用场景。"东超科技品牌总监许干江介绍，目前公司已经转化运用成功的项目涵盖了智能座舱、医疗卫生、民生工程、智慧家居、展览展示等领域，这将为传统产业的屏显转型升级提供更为真实、立体的替代选项。

空中成像技术的应用，摆脱了传统展览方式对物理空间的依赖，这一点在艺术展览、历史陈列和科技展示中表现得尤为突出。借助空中成像技术，艺术作品和历史文物可以在空中完美呈现，同时，科技产品的复杂结构和运作原理也可以通过空中成像生动地展示出来。

在山东博物馆和河北博物馆，搭载东超科技可交互空中成像技术的文物展示台让古老文物"活"了起来。游客通过点击空中画面，既可了解馆内重点展品介绍、信息查询，还可实现立体文物模型全方位观看，历史厚重感得到现代科技感的加持，令每一位游客咂舌惊叹。

在安徽省科技馆新馆，东超科技多款空中成像集成产品同样在展厅落地。"健康之本"展厅之中陈列的空中成像互动展示屏凭借其充满科幻感的成像效果以及颠覆传统的交互方式，吸引了众多参观者的目光，用户凌空点触即可与屏幕进行交互，寓教于乐，让游客在体验科技的过程中普及健康知识。在"量子探微"展厅，空中成像带领着游客探索微观世界，了解量子纠缠的奥秘。

在医疗卫生领域，东超科技推出了涵盖非接触式智慧门诊系统、数字化手术室、公共服务系统、医废处理等全流程技术应用。不仅患者可以点触投影即完成预约、挂号、缴费多功能服务，而且医生在手术过程中也可进行操作，有效避免了触摸按键导致交叉感染的情况，医疗废物同样能够选择分类处理，断绝了细菌的传播渠道。目前，东超科技多款产品已在北京阜外医院、复旦大学附属中山医院、安徽省立医院、合肥市妇幼保健院等全国数百家医院投入使用。

"此外，东超科技推出的产品已经在智能座舱、民生工程等领域广泛应用。"许干江介绍，地铁自助售票机、电梯控制按键、智慧垃圾房、智能洗漱台等，这些频繁接触致使细菌易滋生之处在东超科技无介质空中悬浮成像技术的加持下，已经变得愈发洁净。多品类产品应用的落地为东超科技带来了迅猛的发展势头，2023年，"无介质空中悬浮成像"技术各类应用产品合同签订额已经突破了1.5亿元，预计今年将突破4亿元，在短短8年的时间内，东超科技已经从一家初创公司发展成为估值接近30亿元的创新型企业。

技术革新赋能发展

"当前，东超科技正在聚焦于下一代空中成像技术的研发，作为安徽省科技厅定向委托的重大科技专项，该项目的实施将助力实现我国空中成像技术'从0到1'至'从1到100'的技术飞跃。经过研发团队夜以继日的攻坚克难，目前，新一代技术的初始模型已经落地，也将随后推向市场。"东超科技联合创始人、常务副总裁张亮亮介绍，新一代空中成像技术摆脱原始技术对底部光源的依赖，基于空气电离原理，利用强激光诱导空气分子电离形成等离子发光亮点，再由计算机控制三维扫描系统，控制电离亮点的分布和强度，最终在空中形成可交互的、360度全视角、裸眼观看的三维立体图像，新技术的发展也将为新产品拓展出更多的应用场景。

韩东成表示，在探索科技创新"无人区"的征途中，东超科技持续聚焦颠覆性技术的研发突破，夯实发展根基，加快形成更多更强的新质生产力，助力我国在高质量发展的赛道上跑出更好成绩。

"无介质空中悬浮成像"技术适应场景广泛，已经成为显示行业未来发展的主要趋势之一。面对如此广阔的市场前景，我国先后涌现出了东超科技、衍视科技、凯盛科技等一批创新主体，在这些创新主体积极研发攻关以及完善专利布局的情况下，空中成像技术应用正在加速落地。

（赵振廷，原载于 2024 年 6 月 5 日《中国知识产权报》第 05 版）

068

中国移动加强通信产业技术革新，发展新质生产力——

创新蓄能加速　5G"移"路前行

5G时代，我们迎来了全新的生产和生活方式。在高速公路上，5G网络使得智能网联汽车能够更加安全地抵达目的地；在日常生活中，5G网络使得玩家可以沉浸式体验游戏的动作和事件；在医院诊疗时，5G网络能够帮助医生使用AR技术来辅助诊断，患者也可以使用VR技术来减轻疼痛和焦虑。这些令人惊叹的5G应用背后，正是创新驱动新质生产力的加快形成，是中国5G技术的快速落地以及5G标准话语权的逐代上升。

在中国移动通信集团有限公司（下称中国移动）和产业链伙伴的共同努力下，我国在移动通信产业实现了从"4G并跑"到"5G引领"的跨越。这一进步，不仅让5G走入千家万户，便利了人们的生活，更将5G的力量带给了千行百业，为生产提质增效，推动各行各业实现更高质量的发展。

聚焦标准化建设

在移动通信领域，标准化既是产业发展的基石，也是全球市场竞争的焦点。从1G空白、2G跟随、3G突破到4G同步，随着5G标准制定工作的持续推进，我国企业从积累学习到贡献智慧，逐步从标准制定过程中的"边缘人"成为5G通信标准制定的"引领者"之一。

在移动通信国际标准制定过程中，担任标准组织领导职务是对标准化工作的重要贡献。中国运营商和制造商的标准专家在3GPP（第三代合作伙伴计划）多个工作组中担任了重要职务，是推进全球通信标准发展的重要力量，为我国引领全球5G发展作出了卓越贡献。

标准必要专利作为实施一项技术标准无法绕过、必须用到的基础性专利，具有重要的技术价值和市场价值。"在3G时代,中国移动已经认识到标准必要专利是构建产业生态的关键要素,并逐步探索出了一条'技术专利化—专利标准化—标准产业化—产业国际化'的道路。"中国移动相关负责人表示,如今,中国移动积极制定5G技术研发策略,与产业合作伙伴共同加强对关键技术的研发和专利布局,将更多"中国智慧"融入全球5G标准。

在标准主导、专利密集的5G产业化进程中,标准必要专利作为制定产业规则的基础之一,深刻影响着产业链的价值分配。我国企业在5G国际标准化中有着巨大的贡献,在全球5G产业规则形成时期,专利转化运用的一个重要方面就是把专利作为核心资产和关键竞争工具,全方位提升运用能力,形成公平合理的知识产权治理规则,去实现创新价值和赢得发展优势。2023年10月,国务院新闻办举行的新闻发布会公布,截至2023年9月底,我国5G标准必要专利声明量全球占比达42%,为推动全球5G发展提供了中国方案。

重视国际化运营

2012年以来,中国移动先后加入Via、Avanci、AVS、Sisvel等多个专利池,参与筹建部分国际专利池,实现向百余家海外企业实施专利许可。4G时代,以实现中国TD-LTE全球化为目标,中国移动推动TD-LTE与当时主流的LTE FDD实现规则融合和价值交换,有效化解了TD-LTE在全球产业化中的发展风险。近期,中国移动加入多个物联网专利池,探索实现专利权利人和实施人利益平衡的解决方案。

"我们非常重视专利国际化运营,目前已加入了多个国际专利池。"中国移动相关负责人介绍。专利池是在全球进行专利运营的重要平台,实行一站式打包许可,采用统一的标准的许可协议和收费标准,使得许可厂商不必单独与专利池各成员分别进行冗长复杂的专利谈判,大幅降低企业在全球范围内的许可交易成本和诉讼风险,有助于发展繁荣可持续的产业生态。

随着5G商用规模化,不同产业数智化转型升级正加速进行,需要建立合理的知识产权规则以适应不同的产业生态。在国家知识产权局指导下,中国移动于2021年获批建设5G产业知识产权运营中心,牵头成立了信息通信产业知识产权联盟。截至目前,联盟成员已超20家。2022年底,中国移动携手中国信息通信研究院、中国联通、华为、中兴通讯、小米等共同发布了《5G产业知识产权和创新发展倡议书》,提倡尊重创新,尊重知识产权,鼓励积极对话和合作,共同提高标准必要专利许可的透明度、可预测性和合理性。2023年8月,上述知识产权联盟发布《信息通信产业创新与知识产权保护蓝皮书（2023）》，从信息通信产业创新和知识产权整体态势，知识产权创造、保护和运用情况等几个方面进行剖析，并对信息通信产业知识产权生态建设提出展望。

推动产业化发展

除了打造标准必要专利和专利运营外，中国移动还拓展了专利导航、专利密集型产品培育等多个专利运用场景，为科技成果的转化提供专利支撑。

为助力实现"双碳"目标，中国移动通信集团设计院有限公司（下称中国移动设计院）自2018年起就针对降低能耗、减少通信网络基础设施碳排放开展持续的技术研究及产品开发工作，研发出了基站一体化能源柜系列产品。然而，在创新成果转化过程中，面临着知识产权、关键部件等多处"卡脖子"问题，阻碍了创新成果的转化应用。针对这一情况，中国移动设计院通过开展专利导航，组织调查专利技术起源，排查专利侵权风险，加强专利布局，为基站一体化能源柜系列产品大规模推广应用提供了助力。目前，中国移动信息能源产品年收入复合增长率高达71%，累计收入达23.8亿元，成为高质量发展的标志性成果。同时，相关产品共节约耗电约1.4亿千瓦时，减少碳排放超过16万吨，具有显著的社会效益。

"我们积极响应国家对于培育推广专利密集型产品的要求，组织多款产品参与备案及认定。"中国移动相关负责人表示，在第二届全球数字贸易博览会期间，中国移动受邀参展首届专利密集型产品展览，双层双联微模方、"和光"接入设备、基站一体化能源柜等三款专利密集型产品同时亮相，并在全国专利密集型产品实务公示会上进行宣讲，推动专利在产品端和产业端转化见实效。

面向未来，中国移动要以知识产权为纽带，与产业链协同高质量发展。在5.5G方面，中国移动3月28日全球首发5G-A商用网络部署，并计划年内推动产业链推出超20款5G-A终端，发展用户超2000万。在6G方面，中国移动全球首颗6G架构验证卫星成功发射入轨；联合美、英、韩三国主要运营商发布《6G立场声明》，倡导全球合作。新时代下，为实现通信产业的高质量发展，中国移动将依托5G产业知识产权运营中心和信息通信产业知识产权联盟，与产业链伙伴共树尊重知识产权的理念，共筑合作共赢的产业生态，加快打造新质生产力，为经济高质量发展贡献力量。

（陈景秋、贾晓辉、王佳境，原载于2024年6月12日《中国知识产权报》第05版）

069

区块链创新应用场景，加快形成新质生产力——

发掘"账本"里的专利"宝藏"

在一个没有第三方机构或中心化平台的世界，交易可以瞬间完成，数据可以公开透明地共享，每一次变动都被永久记录，无法篡改。这样的场景，正是区块链技术为我们描绘的未来蓝图。区块链被比作一种"账本"，从金融交易到供应链管理，从版权保护到智能合约，其正在逐步渗透到我们生活的方方面面，展现出其无尽的潜力和价值。

近年来，我国区块链市场快速发展，全国各地支持政策频出。日前，世界知识产权组织（WIPO）公布了2024年WIPO全球奖25强，凭借在知识产权领域的卓越表现，瞄准区块链行业赛道的杭州趣链科技有限公司（下称趣链科技）作为我国入选的4家企业之一，入围该榜单。从区块链领域独角兽企业到国家级"专精特新""小巨人"，趣链科技专注于自主创新，研制全球首个区块链3.0全栈全生态能力体系，相关产品在政务、金融、能源等多个领域落地，支撑业务规模达数万亿元，培育创新基底，驱动新质生产力发展。

健全知识产权体系

"专利是一家科技企业科创水平的重要标志，是培育新质生产力的基底，对于企业来说是十分重要的。"趣链科技相关负责人表示，完善知识产权相关制度，积极鼓励企业研发生产，对于推动新质生产力发展有促进作用。当前，区块链技术快速发展，应用场景不断扩展，各国投资在区块链技术的资金不断增加，各企业并驱争先，而专利作为技术发展应用的重要指标，反映了各创新主体的创新实力。

"趣链科技高度重视企业核心竞争力的打造，成立了专门的知识产权管理部门，建立并落实知识产权管理制度，推动公司知识产权管理规范化、程序化，加强知识产权保护力度，加快专利转化力度，构建与知识经济发展相适应的企业知识产权管理体系。"趣链科技相关负责人介绍，截至目前，趣链科技已累计提交国内外专利申请900余项，其中，中国发明专利授权240余件，通过《专利合作条约》（PCT）途径提交国际专利申请70余件。

为筑牢知识产权"护城河"，趣链科技自主研发了飞洛印数据价值保护平台（飞洛印）。相关负责人介绍，该平台通过建立司法联盟链，整合公证处、法院、知识产权机构、律师事务所等机构及其能力，为原创者提供版权存证确权、侵权线索监测、侵权取证公证等服务。目前，平台已服务3500余位原创方，为瑞幸咖啡、公牛、比亚迪等多家集团企业提供知识产权服务与支持。增数量、提质量，促进知识产权创造量质齐飞。

为了让更多创新成果走向市场，趣链科技加强产学研合作，促进专利转化运用，推动技术创新与产业升级。

搭建校企合作桥梁

高考过后，"选专业"这一话题迅速上了热搜。随着区块链技术在政务、金融、能源、司法等多个领域不断落地应用，"区块链工程"也成为近年来的热门专业。"区块链专业怎么样？""哪些大学开设了区块链专业？""如何让区块链教学更加贴近行业前沿？"面对各种声音，趣链科技自主研发的教育实训生态系统，为高校提供了一个多元化的"好搭子"。

"我钻研区块链技术多年，但在传统教学模式下，课程资源有限、教学烦琐、学生参与度不高等问题造成了一定的教学负担。"一位老师表示。随着相关政策的推进与区块链产业的火热，趣链科技与一所大学达成合作，联合打造了区域先进示范性区块链实验室，该大学引入趣链科技自主研发的教育产品及解决方案——区块链教育实训平台，集理论课程、实战案例、合约开发工具等于一体的教学资源库，丰富了教学内容，让课程变得更为生动有趣，同时更贴近了行业的实际发展情况，而智能化的教学管理功能，则可帮助轻松管理课程、安排考试、追踪学生学习进度。"现今，课程变得生动了，学生积极性高了，我的教学热情也越来越饱满了。"该老师表示。

另一所高校的大三学生小杨同学在使用相关教育产品后表示，现今，在实训平台上系统地学习理论知识，且在高性能的实践环境中进行实操演练，学生的学习效率直线上升。"近年来，趣链科技高度关注区块链行业产教融合发展，与多所高校共建产业创新基地、孵化国家科研课题，打造'区块链+'特色专业，推进区块链产业良性发展。"趣链科技相关负责人表示，公司致力于搭建校企合作的桥梁，这种模式能够整合各方资源，加速技术创新步伐，推动专利落地。截至目前，趣链科技已与清华大学、浙江大学、东华大学、北京航空航天大学等60余所高校建立合作，共同研发、培养人才，助力推动成果转化。

瞄准热点持续发力

随着数字化时代的到来，数据作为一种新的生产要素，已成为经济社会发展的基础资源和创新引擎。数据要素的高效流通将如何利好现代社会发展？趣链科技在智慧城市、数字金融、数字法治、数字能源、数字"双碳"及智能制造等领域革故鼎新，打造200余项典型成果。

智慧城市方面，趣链科技在我国西南地区，建立重庆市级区块链基础设施体系"山城链"，提供安全可信的数据服务、智能可视的监管服务、丰富易用的共性服务、便捷高效的开发服务。2021年底，"山城链"入选国家区块链创新应用试点。

除了人们的衣食住行，趣链科技也格外关注绿色发展。为了践行绿色发展理念，加速"双碳"进程，近年来，浙江安吉出租车运营行业迎来了绿色升级。在这里，新能源出租车无需等待漫长的充电时间，而是通过更换电池来延长营运时间。"我们将整个换电站的运营'搬'到了区块链上。"趣链科技相关负责人介绍，趣链科技在电池中引入区块链的采集设备，溯源电池的使用数据，有效规范换电业务、效益评估、核算碳排放量。截至目前，区块链新能源汽车领域累计建成多座大型综合换电站，充电桩近千个，综合供能站光伏发电项目成功并网，年发电量预计可达数十万千瓦时。

今年5月，工业和信息化部等三部门印发的《制造业企业供应链管理水平提升指南（试行）》提出，供应链数字化即依托物联网、5G、区块链、大数据、工业互联网、人工智能等新一代信息技术，集成供应链各环节量化作业数据，实现供应链运行数据化、模型化、可视化，提高分析预测、决策支撑、风险管控能力，降低企业运营成本，提高生产效率。趣链科技相关负责人表示，相关技术在工业领域落地是公司的下一个重点布局和投入研发的方向。智能制造是工业现代化的关键驱动力，加速智能制造发展，能够提高生产效率、降低生产成本，增强企业竞争力。围绕工业品质管理系统及物联网终端可信系统，趣链科技目前已提交了多件专利申请。

"瞄准热点领域,区块链行业与数据要素、人工智能等融合发展,应用场景将越来越多。"趣链科技相关负责人表示。从金融、供应链管理到公共服务,区块链产业将持续繁荣,以其不可篡改、去中心化的特性,引领着数字经济的新浪潮。在技术的驱动下,区块链将不断拓展其应用场景,开启一个更加智能、高效的新时代。

(叶云彤,原载于 2024 年 6 月 26 日《中国知识产权报》第 06 版)

070

哈电电机集聚力量进行专利转化，加快培育发展新质生产力——

创新点亮万家灯火

直径 7.95 米世界最大的银江水电站贯流式机组转轮通过验收，新一代 100 万千瓦汽轮发电机收获多个订单，国内首台 1000 兆帕级高强钢引水钢岔管研制成功……近年来，哈电集团哈尔滨电机厂有限责任公司（下称哈电电机）集聚研发力量进行原创性、引领性科技攻关，推动 728 项专利转化运用，不断催生新产业、新模式、新动能，加快培育发展新质生产力，以高水平科技自立自强支撑引领高质量发展。

白鹤滩水电站一台机组每转一圈，就能发出 150 度的电能，相当于一个普通家庭 1 个月的用电量；智慧的哈电人创新研发，将转轮最优效率提升至 96.7%，让流进机组的水更"听话"，让机组更稳定、更高效。这一切的背后，是专利技术转化运用的生动体现。近年来，哈电电机注重专利转化运用，呈现以下特点：创新成果主要服务国家重大工程和战略需要；专利产出往往是从应用需求开始，专利产出即运用；专利产出往往是多家企业联合攻关的结果。

深潜水电创新"蓝海"

4 月 28 日，哈电电机自主研制的亚洲最大单机容量 6.5 万千瓦、世界最大转轮直径 7.95 米的金沙江银江水电站贯流式机组转轮，顺利通过验收。早前，哈电电机自主研制的世界单机容量最大的白鹤滩 100 万千瓦机组长短叶片转轮，首次实现了"零配重"。目前，哈电电机研制的白鹤滩水电站右岸 8 台机组已经安全、稳定、高效地守护了金沙江 1000 多个日夜，源源不断地将绿色电能输送到千家万户。

作为一名专利发明人，哈电电机智能制造工艺部智能制造技术室主任贾瑞燕参与了白鹤滩水电站机组研发工作，她和研发团队多年的攻坚克难让我国在相关技术领域实现了突破。工作十多年来，她参与了诸多重大科研项目，形成了一系列专利，其中授权发明专利4件、实用新型专利3件。贾瑞燕说："把参与白鹤滩水电站机组研发工作形成的专利转化为现实生产力，是我十多年工作经历中最浓墨重彩的一笔。"

迄今为止，哈电电机相关专利落地应用在45座电站、169台抽蓄机组，总容量达5017万千瓦，市场占有率稳居国内首位。哈电电机的专利技术仍在不断加快落地应用，转化为现实生产力：单机容量42.5万千瓦国内最大、电站额定水头724米的世界最高天台抽蓄机组，正在哈电电机加紧生产。

"我们的创新成果并非仅局限于实验室内的理论探索，而是紧密围绕着国家重大工程项目需求展开。"哈电电机党委书记、董事长王贵介绍，从三峡水电站到白鹤滩水电站，哈电电机的专利技术始终在国家能源建设的最前线发挥作用。这些专利转化的实际应用，不仅推动了我国能源产业的升级换代，更有力支撑了国家能源安全和可持续发展战略。

火力发电扬"煤"吐"汽"

2022年12月，内蒙古上海庙3号100万千瓦级汽轮发电机正式投运，整体性能达到国内领先水平，哈电电机自主研制的100万千瓦级汽轮发电机的技术先进性、质量可靠性得到充分验证。2023年，哈电电机签订国能清远二期、国能神华九江二期、新疆华电哈密等8个项目共计18台100万千瓦级汽轮发电机订单。今年又陆续收获大唐潮州电厂三期、吕四港电厂二期总计4台100万千瓦级汽轮发电机订单，哈电电机的市场认可度可见一斑。

"与通信技术的快速普及和广泛应用不同，哈电电机的专利更多呈现出内部转化的特点。"哈电电机科技创新部党支部书记、经理范寿孝表示，企业内部的研发团队与生产线紧密结合，专利技术往往在研发阶段就考虑到了实际应用的可行性，专利产出即意味着技术成熟和开始应用，这种内部转化模式保证了技术创新的高效性和针对性。

同时，面对复杂的技术难题，哈电电机还积极探索与其他企业的合作机制，通过联合攻关的方式，共同解决行业内的共性问题。这种协同创新的模式，不仅加速了关键技术的突破，也促进了产业链上下游的协同发展。

近年来，哈电电机积极贯彻落实国家"加快现役煤电机组节能升级和灵活性改造，构建以新能源为主体的新型电力系统"要求，设计建造了清洁高效、灵活性运行能力强、可靠性高、适应性广的自主化100万千瓦级汽轮发电机。研发过程中，研发团队进行了大量方案比对，从多个角度来验证设计的合理性并保证产品的可靠性，掌握了系统仿真分析技术、通风冷却分析及试验技术、绝缘分析及试验技术等10项大型发电机领域的关键核心技术。

"创新始终是我们公司最为鲜明的特色。"王贵表示，哈电电机每年在科技创新和技术研发上持续投入大量资源，同时积极与高校、科研机构合作，畅通科技成果的研发和转化渠道，确保研发技术能够迅速转化为产品，推动产业创新发展。

智能制造加"数"前行

哈电电机加快打造全局数字化环境，以"数据驱动"为引擎，联动各个业务领域。"定子冲片是发电机的关键部件，从自动供片到自动去除毛刺、自动清理、自动涂漆烘干，再到自动摆放，哈电电机定子冲片智能化生产线一气呵成，彻底告别了人抬手搬的时代，使中小型冲片生产效率提高了100%，产品质量依旧稳如磐石。"哈电电机冲剪分厂副厂长迟文举介绍。

在专利技术的加持下，双机器人工作站全自动化焊接技术落地应用，让焊接"一触即发"。"我们相关专利采用窄间隙横焊这一尖端技术，大幅减少了焊接量，降低了生产成本，降低了操作者的工作强度。"哈电电机智能制造工艺部副经理魏方锴表示，同时，激光视觉跟踪技术的运用，让焊接路径实时可控。如今，该工作站已成功实现抽水蓄能机组球阀阀体的全自动化焊接，并且能保证全过程"零返修"。这一专利运用场景获得了2022年度国家智能制造优秀场景称号。

"哈电电机的专利产出，往往始于对市场和应用需求的深刻理解。"范寿孝表示，企业与高校、研究机构建立紧密的合作关系，形成了产学研用深度融合的创新生态。这一模式下，专利的产生不再是孤立的科研活动，而是整个产业链条上的一环，直接服务于产品研发和市场开拓。

哈电电机与高校共同研发的工业数字孪生管理系统，攻克了数字孪生智能运维的核心技术，开发了21项多物理场仿真模型，让智能运维系统跃升至4.0版本，成功通过了工业和信息化部数字孪生专项验收，应用于三峡、南水北调泵站等项目。

在新一轮科技革命和产业变革的浪潮中，哈电电机依托原创技术策源地、全国重点实验室等国家级创新平台，加速引领性原创性技术的研发，打造创新要素聚集地，形成了"水、火、核、气、风"协同发展的产业格局。

"站在新的历史起点上，哈电电机正以更加开放的姿态，拥抱创新，深化专利转化运用，致力于将更多的科研成果转化为国家经济社会发展的强大动力。"王贵表示，未来，哈电电机将继续在国家重大工程中扮演重要角色，为我国能源事业的发展贡献力量。

（陈景秋、富宏杰、张弘，原载于2024年7月3日《中国知识产权报》第05版）

071

中交天和积极转化专利，以新质生产力强劲打通交通大动脉——

畅通专利路，天堑变通途

手指甲大小的岩石需承受218公斤重量，极易引发岩爆现象，其震动烈度堪比四级地震。面对如此苛刻的条件，我国企业自主研制了系列大型盾构机，上演"巨人绣花"，改变了依赖国外进口设备曾经受制于人的局面。

"盾构机作为打通隧道的重要装备，是典型的专利密集型产品，集成了机械工程、电子控制、材料科学等多个领域的先进技术和创新成果。"中交天和机械设备制造有限公司（下称中交天和）副经理杨辉在接受《中国知识产权报》记者采访时表示。经过十余年的深入研发和技术积累，中交天和的数百件专利已实现了盾构机的产业化生产：年均研制产出超160台、带动国内300余家下游企业、创造产值超10亿元，成为展现我国装备制造业自主创新能力的闪亮名片。

攀高度，天堑变通途

连日来，新疆乌尉高速公路的关键工程——天山胜利隧道内，一派热火朝天的建设景象。中交天和天山项目部经理康健向记者介绍道："这里正矗立着我们自主研发的TBM（硬岩竖向掘进机），这台国之重器已默默耕耘三年有余，成为隧道掘进不可或缺的'钢铁先锋'。"

2021年，在新疆乌尉高速公路天山胜利隧道2号竖井工程施工现场，"首创号"硬岩竖向掘进机破土施工，开启了其征服高寒高海拔、探索大深度掘进的新征程。这台由中交天和自主研发的创新利器，以11.4米刀盘直径，傲然屹立于天山之上，其竖向掘进深度直抵800米之深山腹地。

攀高度，展壮志，自主TBM勇进天山腹地，以科技为翼，跨越自然的天堑，将不可能化为通途。事实上，"首创号"亦被称作"煤矿竖井钻机"。前不久，由中交天和自主研发的"煤矿竖井钻机"于国家专利密集型产品备案认定试点平台成功获批备案，该产品所运用的专利总计22件。

在距离隧道施工现场不远处的基地内，一面墙壁上挂着一幅精心设计的海报，上面罗列着企业的专利等成果，见证了技术创新的辉煌足迹。

"我们将专利的荣光定格于海报，携之同行至巍巍天山，共同见证这一历史性工程的开启。"康健介绍。随着一件件专利在乌尉高速公路项目中的成功应用，昔日难以逾越的天堑被现代科技的力量转变为通途，新形态的生产力以强劲势头推动着国家重大基础设施建设的浪潮，为疏通国家交通大动脉注入了澎湃动力。

探深度，铸就"定海神针"

在中交天和的一间办公室内传来了一个喜讯。"有一个激动人心的消息要与你分享。"中交天和品牌文化部部长吴元平满面笑容地对同事说道，"我们自主研发的海上嵌岩钻机成功获得了'国家专利密集型产品备案认定试点平台'的认可，这是紧随'煤矿竖井钻机'之后，公司专利产品矩阵中升起的又一颗新星。"

海上嵌岩钻机是一种专为应对大直径桩基础嵌岩钻孔挑战而打造的大型施工利器。该设备通过高效能滚刀刀具的精密协同作业，实现了对坚硬岩石的精准破岩，同时采用先进的压气反循环泥浆排渣技术，确保施工过程的顺畅与高效。该设备在全球范围内仅有少数几个国家能够制造，中国便是其中一个。

4年前，在三川风电莆田平海湾海上风电场F区，中交天和与多家下游企业联合研制的新型海上风电嵌岩钻机完成了国内海上最大直径嵌岩单桩钻孔项目，填补了海上风电大直径单桩嵌岩装备的空白。

目前，此款引领行业的海上嵌岩钻机已列入国家专利密集型产品备案认定试点平台，其背后是17件核心专利的强力支撑，充分展现了中国创造的深厚底蕴。这些专利涵盖从"垂直盾构机用钻杆导向装置"确保精准钻探，到"嵌岩钻机驱动部"的高效能量转换，再到"一种工程嵌岩钻孔用刀具的加工方法"精工细作的每一个关键环节，每一项都是科研智慧与实践创新的结晶，共同构筑起中交天和在该领域技术领跑的坚实基座。

"在国产盾构机的征途中，工程师们常被比作'掘进时代的先锋'，而非简单的技术践行者。"中交天和相关负责人表示,每一台国产盾构机的诞生与突破,都远非轻描淡写的技术践行者所能涵盖,它们背后是无数次技术难关的艰难突围,是智慧与汗水交织的成果。

破长度,4800米不换刀片

每转动一圈,盾构机便可掘进约2米,其高效与稳定如同地下世界的掘进巨匠,不断向前,为城市的拓展与建设铺设坚实的基石。这是北京东六环改造工程路线其中的一个场景。

北京东六环改造工程,这条绵延约16公里的交通动脉,自京哈高速立交起始,至潞苑北大街终止,融合了直接拓宽与地下改造的双重设计。其中,地下改造段以盾构隧道为核心,全长约7.4公里,双洞并行,深度诠释了现代工程技术的魅力。东线隧道的掘进重任,落到了我国自主研发的16米级超大直径盾构机"运河号"肩上。

在"运河号"的助力下,东线隧道的掘进工作呈现出一系列技术创新亮点。首先,盾构机配备了高精度的导向系统和先进的掘进控制软件,能够实现隧道的精准掘进,减少对周边环境的影响。其次,其刀盘设计采用了耐磨材料和优化的刀具布局,能够在硬岩地层中保持良好的掘进效率且可保持4800米不换刀片。最后,"运河号"还集成了高效的渣土处理系统和密封技术,确保了施工过程的连续性和安全性。

中交天和设计研发总院院长靳党鹏表示,秉承"利器方能成事"的古训,项目团队聚焦大直径盾构技术的攻坚克难,攻克了同步双液注浆技术难题,并自主研发出集"制浆—储浆—注浆"于一体的高效系统,精准调控浆液混合至凝胶状态仅需15秒,确保了即时强化隧道结构与稳定地层的效能,为隧道安全施工筑起了坚实的屏障。在此过程中,中交天和产学研紧密合作,联手中国科学院破解关键技术难题,同时助力洛阳轴承厂通过专利转化增强自主研发能力,实现从学术到市场的跨越。

如今,中交天和自主研发的多款超大直径盾构机,如"振兴号""运河号""兴业号"及被誉为"津门第一"的"京滨同心号"等,已应用于多个重大隧道工程,有力推动了国内制造业升级,展现了我国在盾构技术领域的自主创新能力。

"我们的盾构机由10万余个零部件组成,国产化率超过98%,带动国内300多家下游企业。"杨辉表示,大国重器的每一次进步,都是对"不可能"的勇敢挑战，是对"中国制造"向"中国创造"跨越的坚定实践。这些成就凝聚了无数科研人员的辛勤付出，是科技创新与工程实践的完美结合，它们是现实版的"艰难突围"。

（陈景秋、张凤华，原载于 2024 年 7 月 24 日《中国知识产权报》第 06 版）

072

与光科技推动专利密集型产品加快落地，形成新质生产力——

一束光照亮一片产业

在纪录片《我在故宫修文物》中，有这样的画面：科研人员手持高光谱设备，轻轻扫过一幅幅珍贵的古字画。随着设备的运行，一幅幅肉眼难以察觉的光谱图像逐渐显现。各类物质独特的光谱特征就如同人类的指纹，被用来精确地识别和分析不同物质的组成及性质。

近年来，计算光谱成像技术的兴起，吸引了诸多企业进入这个新"赛道"。源自清华大学创新成果转化的高科技企业，北京与光科技有限公司（下称与光科技）自成立以来便致力于将计算光谱成像技术实现产业化应用。这家由长江学者特聘教授领衔的企业，依托清华大学微纳光学研究积累，成功研发出拥有自主知识产权的快照式CMOS超光谱成像芯片，加快形成新质生产力，为智能手机、医疗器械、机器视觉、增强现实、智慧城市等多个领域提供技术支持，同时也为公司带来数千万元的年产值。

从"象牙塔"走向生产线

2020年9月，一则重磅消息通过清华大学相关网站，传遍整个校园——清华大学微纳光电子学实验室创新成果转化企业与光科技在北京海淀揭牌成立，来自清华大学的涉及光谱成像芯片相关技术的2件专利通过技术出资形式转入这家企业，成为公司发展的核心技术。值得一提的是，当时，全球范围内仅有这家公司能够把计算光谱成像技术集成在指甲盖大小的芯片里。

"20年的科研积累，我们实验室的核心光谱成像芯片，终于实现了产业落地。"清华大学学术委员会副主任、与光科技创始人黄翊东教授表示，与光科技是清华大学电子工程系探索光电子芯片成果孵化模式的成功案例。"近年来，清华大学电子工程系的科研成果转化成绩显著。"清华大学电子工程系主任汪玉教授介绍,清华大学电子工程系的科研目标,要么是能做出写进教科书的东西,要么是能做出有使用价值的东西。

2004年,秉承解决"卡脖子"技术难题的初心,黄翊东领衔成立清华大学微纳光电子学实验室,聚集自主光谱技术的产业化研究。经过多年的攻坚克难,2018年实验室团队研发出世界上首个快照式CMOS超光谱成像芯片,并成功实现转化。目前,清华大学已通过该实验室创建了创新成果产业化企业——与光科技、华慧芯科技、光函数科技,三家企业总估值逾20亿元。

成为专利密集型产品

近日,北京五道口一座大厦里,与光科技合伙人洪晓畅向记者展示了公司的最新成果——一片12英寸的晶圆,其面积足以切割出5800片高性能的计算光谱成像芯片。这一技术突破不仅彰显了与光科技在微型光芯片领域的实力,也体现了我国在半导体精密制造技术上取得的重要进展。

"这枚指甲盖大小的芯片内大有乾坤,集成了数百万个微型光谱传感器。全球能够把计算光谱成像技术集成在指甲盖大小的芯片里的,目前仅有我们团队。"洪晓畅表示,前不久,凭借16项核心专利,与光科技的"光谱传感模组"已成功在国家专利密集型产品备案认定试点平台完成备案。这不仅证明了我国在精密光谱传感领域的自主研发能力,也为后续产业化应用奠定了坚实基础。

近年来,与光科技的专利乘着资本的东风,加速转化落地。2020年11月,公司成立不到两个月,就获得了数千万元的天使轮投资。2021年6月,再次获得数千万元投资;2021年底,清华大学微纳光电子学实验室发布公告,实验室成果转化企业与光科技完成数亿元Pre-A轮融资。

"我们的专利密集型产品的应用前景十分广阔,可识别皮肤特征光谱,对人脸、指纹、掌静脉等生物特征实现防伪识别,可提升安防维度。"与光科技首席执行官王宇表示,在成立短短4年间,公司在2件核心专利的基础上进一步提交专利申请200余件,其中发明专利申请131件,涉及结构、工艺等方面技术,众多已授权专利为公司相关产品备案成为专利密集型产品奠定坚实的基础,同时也加速了产品的落地。

2023年,国务院办公厅印发的《专利转化运用专项行动方案(2023—2025年)》提出,加快完善国家专利密集型产品备案认定平台,以高新技术企业、"专精特新"企业、科技型企业等为重点,全面开展专利产品备案,2025年底前实现全覆盖，作为衡量专利转化实施情况的基础依据。

"公司相关产品获得专利密集型产品备案，我觉得这是国家对创新技术和产品的认可和保护。备案之后，不仅能增强企业的核心竞争力，还能为企业带来更多的商业机会和合作可能。同时，也会鼓励企业持续创新、加大研发投入。"洪晓畅介绍，目前，公司正着力于将另一款产品打造为专利密集型产品。

加速产业落地应用

2023年，国家航天局发布高光谱综合观测卫星首批影像成果。首批影像成果包括全球臭氧柱浓度监测图、全球二氧化氮柱浓度监测图、亮温监测图等高光谱数据图像，展现了高光谱综合观测卫星在温室气体探测等方面的重要应用成果。

在生活中，光谱技术又是如何大显身手的呢？随着与光科技的专利加速在智慧照明、遥感测绘、消费电子等领域转化落地运用，一批高科技产品开始走进千家万户。例如，与光科技与国内一家科技品牌共同推出的一款家用护眼灯产品。这款护眼灯融合了与光科技的专利密集型产品在光谱传感与计算光谱成像技术方面的优势，能够模拟自然光线在不同时间段的变化，有效缓解长时间用眼带来的疲劳感。

智慧农业上新，田间"把脉"垄上。近年来，与光科技与国内知名厂商合作，在智慧农业领域再获新进展，共同推出了一款新型的光谱农业遥感产品。该产品利用先进的光谱分析技术，能够为农户提供快速、精准的农作物分类识别、养分诊断、长势监测、产量预测以及虫害监测等服务。通过搭载在无人机或地面平台上的传感器，实现对农田的高效扫描和数据收集，让农业生产更加科学化、数据化。

前不久，与光科技与手机厂商合作，致力于将前沿的计算光谱成像芯片巧妙地融入智能手机的摄像头之中，成功地为这些设备赋予了前所未有的光谱成像能力。这一创新举措不仅极大地丰富了用户的视觉体验，还使得智能手机在AI图像识别、色彩还原、环境监测等多个领域展现出更为广阔的应用前景。

"随着相关产品不断迈向产业化，预计今年公司将会新增加数千万元的产值。"洪晓畅表示。目前，与光科技携手芯片制造企业，共同提升产业链中游企业的技术创新能力，激发了整个行业的活力与潜力。同时，该公司积极与终端企业展开深度合作，共同研发智慧照明等前沿产品，有效促进了下游企业的协同发展，形成了上下游联动、共同繁荣的良好产业生态。

市场分析人士指出，随着物联网、大数据、人工智能等技术的飞速发展，计算光谱成像技术将在未来的信息技术领域中扮演越来越重要的角色。与光科技的这一技术突破，将极大促进我国在全球光电传感领域的竞争力，推动相关应用市场的快速扩张。

（陈景秋，原载于 2024 年 8 月 7 日《中国知识产权报》第 06 版）

073

光峰科技专注技术创新,加快发展新质生产力——

追寻创新之"光" 永攀科技高"峰"

从白炽灯的温暖黄光,到发光二极管的鲜亮色彩,再到激光的精准光束,各种光源技术如同魔术般,为投影系统注入了别样魅力。光源技术的每一次进步,都直接决定了投影画面质量的提升。

近年来,人们对投影画质追求浪潮的兴起,吸引了包括深圳光峰科技股份有限公司(下称光峰科技)在内的企业纷纷加入新型投影技术研发和专利布局当中。从专利支撑企业起家,光峰科技是如何依靠专利发展新质生产力的?

技术突破,奠定坚实基础

半导体激光显示技术(ALPD)是利用蓝激光与稀土荧光的结合,创造出的一种前所未有的半导体激光光源。理论上,激光技术结合稀土材料在高亮度投影光源上具有可行性,但直到2007年,这项技术始终未能实现产业化应用。以光峰科技创始人、董事长李屹博士为核心的研发团队在2007年发明了ALPD,为激光显示技术的产业化应用播下了一颗希望的"种子"。

"2007年,我们就围绕ALPD提交了原创基础专利申请。"光峰科技知识产权与标准中心副总经理高丽晶对中国知识产权报记者表示,据《产业专利分析报告(第32册)——新型显示》一书披露,在"激光激发荧光技术全球主要申请人历年专利申请"中,光峰科技在2007年提出激光激发稀土荧光材料技术路线并提交了专利申请,随后日本、德国等国外知名企业才开始跟随申请。

"知识产权是企业创新力、核心竞争力的体现。"高丽晶坦言,公司十分重视知识产权工作,不仅建立了完善的知识产权管理体系,还设立了知识产权与标准中心,以保护公司的研发成果、知识产权不受侵犯。截至2023年底,光峰科技在全球范围内拥有专利超过2000项。

手握专利，心中不慌。光峰科技在发展过程中曾遇到过专利纠纷，在其与一家同行企业产生专利纠纷时，光峰科技凭借较强的专利布局能力和高质量专利，有惊无险地应对。与此同时，光峰科技持有的部分核心专利也曾经历过数轮的专利无效宣告请求挑战，最后都能经受住专利无效考验，维持专利权有效。

凭借着在激光显示领域的创新能力，光峰科技已被认定为国家高新技术企业、国家知识产权示范企业，并且获得了包括中国专利优秀奖在内的多项荣誉。

转化运用，激发市场活力

2023年，国内首个大型间冷塔项目《蒙泰间冷塔光影秀》采用T系列3DLP高亮投影，在2.1万平米巨型间冷塔塔身上映，多元主题画面融合了人文与实用，成为当地城市新地标与夜游亮点。这正是光峰科技产品落地运用的最好例证。

在激光显示技术领域，像光峰科技这样的企业凭借专利转化运用的巧妙策略，成功推出了多款备受瞩目的激光显示产品，如激光投影仪和激光电视等。光峰科技在这一过程中，既注重专利的精心布局，又依靠专利的力量推动企业创新发展。通过专利授权和专利许可的方式获得资金支持，再将这些资金投入技术研发和产品落地中，逐步培育自己的品牌。在这个过程中，专利成为推动光峰科技循环发展的关键一环，为其持续创新和不断成长提供了坚实的支撑。

2019年，光峰科技乘着资本的东风，插上专利的"翅膀"，成为首批科创板上市公司。在资本市场的推动下，光峰科技的产业化步伐加速迈进，影院激光光源放映解决方案、工程投影、激光电视等逐一实现。"专利转化运用是技术创新的最终目的。"光峰科技相关研发负责人表示。

对技术和专利产业化的理解决定了一家企业的高度。近年来，光峰科技凭借着在激光显示技术领域的核心专利，致力于构建健康的专利生态。2020年，光峰科技与极米科技股份有限公司签订了为期5年的专利许可协议，由光峰科技为其提供投影的核心零部件，其中涵盖了多件专利的使用权。

截至目前，光峰科技与多家相关企业签订了专利许可协议，在专利运营方面成效明显。"光峰科技以自主研发的ALPD底层技术架构专利为中心，构筑了全面稳固、相互联系的专利组合，同行企业难以模仿或绕过光峰科技关于激光荧光技术路线底层的专利布局。"高丽晶表示。

产业链协同，促进共同发展

2024年1月，2023年度专利密集型产品认定结果公示，光峰科技名为"激光电视"的产品被认定为专利密集型产品，涉及2件重要专利。

"成功备案专利密集型产品表明了，光峰科技的产品具有较高的专利含量，产品的技术水平和市场竞争力获得了认可。"高丽晶介绍，目前，光峰科技共有8个产品在国家专利密集型产品备案认定试点平台备案，涉及激光投影、激光电视等。

"激光显示技术的发展离不开产业链的协同合作。"光峰科技相关研发负责人介绍，以光峰科技为例，目前已牵头承担国家重点研发计划项目，联合中国科学院、北京理工大学、中山大学、浙江大学等12家单位推动国家激光显示技术的发展。此外，光峰科技还积极与比亚迪、赛力斯、宝马等知名企业展开合作，共同推动激光产业发展，打造一个强大的激光产业生态圈。

"专利不只是一纸证书，也是看得见的生产力。"高丽晶表示，光峰科技积极响应落实国家相关政策，从创造、运用、保护和管理等方面努力提升自身的知识产权综合能力，为知识产权强国建设贡献力量。

随着激光显示技术的不断革新和产品的广泛应用，我国激光显示产业发展迅猛，形成了推动经济社会发展的新质生产力。相信在不远的将来，激光显示技术将会在更多领域展现出其独特的魅力。

（陈景秋，原载于2024年8月14日《中国知识产权报》第06版）

074

海尔集团积极推动专利转化运用，助力培育新质生产力——

"智造"带来美好生活

坚持自主创新，布局智慧住居和产业互联网两大主赛道；在全球累计提交专利申请10.7万余项；在全球设立了10大研发中心、71个研究院、35个工业园、143个制造中心……近日，记者跟随"强链惠企·质享山东"媒体行采访团来到位于青岛的海尔集团公司（下称海尔集团），一探其背后的专利转化故事。秉承"人单合一"的管理模式，海尔集团是如何推进全面质量管理，创新服务体验，深植科技创新为企业发展核心动力的理念？作为全球知名的家电巨头，海尔集团如何凭借其卓越的专利转化能力，实现自身的持续创新与发展？

培育高价值专利

质量，作为海尔集团发展中的永恒主题，始终伴随着企业前行的每一步。它不仅仅是生产线上的一项任务，更深深植根于企业血脉之中，贯穿于各个环节。从产品设计到生产制造，从市场推广到售后服务，每一个环节都严格把控质量，确保每一件产品都能达到最高的标准。这种对质量的极致追求，不仅赢得了消费者的信任和认可，也为企业的发展奠定了坚实的基础。

"质量管理、技术创新、标准制定与知识产权保护，如同一辆车的四个轮子，紧密协同，一体化推进，相互支撑，共同驱动着海尔集团前行。"海尔集团相关负责人介绍，公司采用独树一帜的"一步到位、一次做对"流程再造方法，强调在流程中直接满足市场和用户的需求。

这种方式对知识产权管理有很好的促进作用。知识产权的布局，被视为海尔集团创新之舟的坚固甲板，是企业在波涛汹涌的商海中稳健前行的保障。截至2023年底，海尔集团在全球累计提交专利申请10.7万余项，其中发明专利申请6.8万项；累计提交国外发明专利申请1.7万余项，覆盖32个国家和地区，是在海外布局专利最多的中国家电企业之一。

截至目前，海尔集团累计获得中国专利金奖12项。这是公司高价值专利转化运用最好的例证。"通过加速知识产权的布局，海尔集团不仅推动了高价值专利的培育和运用，还促进了知识产权的转化和利益激励。"海尔集团相关负责人介绍，这种策略不仅保护了海尔集团自身的创新成果，也为整个行业的创新生态提供了有力支持，在我国出海企业中形成了领先的优势。

打造创新生态圈

海尔集团的专利转化不仅体现在产品和技术层面，更体现在其构建的开放产业创新生态圈中。海尔集团通过"技术、专利、标准"联动的模式，以用户为中心，以技术创新为驱动，以专利为机制，以标准为基础和纽带，致力于打造开放的产业创新生态圈。在这个生态圈中，海尔集团与众多合作伙伴共同进行技术研发和创新，推动专利的转化和应用，实现了技术引领和产业升级。

海尔集团自主创新研制出我国首台航天冰箱，它的制冷效率较民用产品提高了25%，功耗却较设计限值降低了25%，在飞船上升及返回阶段的样本保存中，实现了20小时的恒温保持；自主研发的太阳能疫苗冰箱不用蓄电池、不用接电网，完全靠太阳能驱动，即便在43℃的高温环境下断电，仍能将箱内温度保持在8℃以下长达120小时。

在高端医疗设备领域，海尔集团的盈康生命玛西普伽玛刀代表了当今神经外科领域的前沿水平，这一产品先后进驻美国新奥尔良Touro医院和孟菲斯卫理公会大学医院，被认为是我国医疗设备打破西方垄断的标志性事件……在这场创新的盛宴中，一项项专利落地转化运用，让海尔集团在高端医疗设备领域大放异彩。

不仅如此，海尔集团还突破了低温冰箱模块化复叠制冷系统、混合高效制冷工质配比与充注技术、箱体低温绝热技术和安全控制技术等四大关键技术，打破了国外关键技术的垄断。公司自主研发的低温冷链产品及方案大幅度拉低了超低温冰箱的市场价格，让我国的采购成本降低了30%以上，为国家的科技进步和民生福祉作出贡献。

"公司精心构建一套完善的专利转化运用体系，巧妙地将科研成果的璀璨星光，迅速凝聚成现实生产力的熊熊火焰。"海尔集团相关负责人介绍。海尔集团研发创新主要包含市场研究、企划阶段、研发阶段、测试与改进、质量验收等关键环节。在企划与研发环节中，质量是核心。开发阶段，研发人员严格遵循质量控制流程，确保产品的稳定性和可靠性，如同匠人打造艺术品一般，不容瑕疵。而测试与验收则是验证产品性能和质量的试金石，海尔人用智慧和汗水，铸就了一批又一批质量过硬的高端产品。

畅通产业上下游

海尔集团深知，专利的价值不仅在于数量的积累和质量的提升，更在于其能否被有效转化，真正服务于社会、造福于用户。因此，海尔在专利布局上始终秉持着"以用户为中心，以技术创新为驱动"的理念，致力于将前沿科技转化为用户触手可及的产品和服务。

针对产业链供应链存在的一些关键质量问题，海尔集团研判分析，提出对策——加强国产核心器件在智能家电领域应用质量标准研究，进一步提升国产核心器件的质量水平；搭建家电家居一体化检测认证体系，助力智慧家庭行业高质量发展；通过供应商质量工程师（SQE）专业化运营，建立各类部件工艺技术标准，开展供应商专线认证，提高供应商之间的质量和成本的良性竞争，推动供应链管理的创新和发展。

多措并举，多点发力，使得海尔集团的产业链供应链整体质量水平得到显著提升，综合竞争力也日益增强。2023年，海尔集团的"卡萨帝冰箱、洗衣机"凭借卓越的品质和创新的设计入选首批"青岛优品"品牌。

"'青岛优品'品牌工程创建一年以来，建立了品牌管理、形象标识、企业声明3项制度，打造品牌、标准、评价、推广和保护5个体系，产生首批92家企业100个'青岛优品'，推动品牌建设由'树标杆'向'建梯队'延伸。2024年8月，青岛打造了'青岛优品'奥帆中心主题馆，推动品牌消费升级。"青岛市市场监督管理局质量发展处副处长段亚扬对中国知识产权报记者表示。

如今，借助入选首批"青岛优品"品牌，海尔集团增强专利资产的变现能力，最大程度上满足了产业效应和用户需求。"公司已在全球范围内建立了广泛的创新网络。未来，公司将与众多科研机构、高校及企业紧密合作，共同探索科技创新的新路径，携手开创更加美好的未来。"海尔集团相关负责人表示。

（叶云彤，原载于2024年10月9日《中国知识产权报》第05版）

075

东方锅炉专注研发清洁高效热电设备，助力发展新质生产力——

专利添"火" 转化提速

每年提交专利申请超百件；厚积薄发，创新三烟道设计，大大提升了燃煤发电二次再热锅炉经济性；另辟蹊径，改善水冷壁结构，显著提高了超临界循环流化床锅炉低负荷条件下的运行稳定性……创立于1966年的东方电气集团东方锅炉股份有限公司（下称东方锅炉）自诞生之初就将创新的"基因"融入企业发展的血脉之中，研制出了一台又一台我国乃至世界范围内能源领域重大技术装备，打造了广受认可的"东锅"品牌。现如今，"东锅"名片已经遍布全国29个省市区，并出口至"一带一路"沿线34个国家和地区。

"东方锅炉专注于技术创新的同时，十分重视知识产权保护布局。目前，东方锅炉拥有有效专利数量超1100件，其中发明专利360余件。我们坚信，技术创新是新质生产力形成的关键途径。"东方锅炉知识产权办公室周龙龙对中国知识产权报记者介绍。

创新助力节能减排

增加二次再热是燃煤发电机组提高效率、降低煤耗的有效途径。再热是怎样实现的？煤炭等燃料送进锅炉燃烧产生热量，加热水从最初形态不断"升级"为过热蒸汽。过热蒸汽具有强大能量，不断穿过高压缸、中压缸、低压缸，推动汽轮机高速旋转，带动发电机产生电能输送给千家万户。为了提高过热蒸汽的效能，设计安排再热机组，使过热蒸汽在汽轮机高压缸做功后返回锅炉，通过锅炉中的再热器再次加热，这个过程就是再热。

什么是二次再热？与普通再热机组相比，二次再热机组在设备上进行了一系列改进，不仅在高压缸前增加了超高压缸，还在锅炉中增加了两级再热器，过热蒸汽从超高压缸中出来时，会第一次返回锅炉，通过再热器补充能量，进入高压缸挥洒能量。过热蒸汽从高压缸出来后，会第二次返回锅炉补充能量。两次的能量补充，使蒸汽推动汽轮机时拥有更强的力量，提高了发电效率，而这一次、二次再热的充能过程就是二次再热。

工作原理说起来似乎很简单，但是要想真正实现落地应用还有数不清的关卡要过。东方锅炉技术创新中心热动研发部副部长刘宇钢介绍，双烟道二次再热机组由于受热面布置空间有限，第二次再热管排布困难，就必须要采取相应的措施进行调温，采用喷水减温的方式经济性差，而采用烟气再循环方式不仅会使风机磨损严重，也会出现烟温偏差大、壁温超温、达汽温能力差等问题。

"再热汽调温问题是二次再热锅炉的关键技术，我们在做了大量前期调研、计算、试验研究等工作后，最终确定了采用三烟道挡板调温作为二次再热机组再热系统调温方式的想法。"刘宇钢表示，但是这个想法在提出之初就遭到了业界不少专家的质疑与反对。

"质疑的声音没有吓倒我们，反而激发了我们的斗志，要以创新的设计和优越的性能来获得市场的认可。"刘宇钢介绍，东方锅炉设计的三烟道结构一方面适配了一次再热器、二次再热器、低温过热器等低温级受热面布置的需求，另一方面便于布置烟气调节挡板，实现了一次再热与二次再热均可采用挡板调温，再热系统零喷水，提高了机组经济性。

沿着这条创新的路径持续探索，东方锅炉成功研制出了660兆瓦三烟道布置型式的二次再热锅炉，并形成了一整套专有技术体系，拥有授权专利31件。如今，34台尾部三烟道布置的二次再热锅炉机组已经在安徽蚌埠、山东郓城、江西新余等地的项目中推广应用。

技术突破打开市场

在全球气候变化问题和绿色环保议题重要性持续提升的情况下，绿色低碳转型已经成为未来能源行业发展的主要方向。超临界循环流化床锅炉因其高效的燃烧性能和良好的环保特性，成为火电行业转型升级的关键技术方向。

循环流化床锅炉具有煤种适应性广、燃烧效率高、负荷调节范围大等技术优势，而且在运行过程中易于脱硫、脱硝，具有良好的环保性能，还能实现灰、渣的综合利用。"超临界循环流化床锅炉在低负荷运行时的水冷壁流动稳定性问题一直是困扰着业界的技术难题，在低质量流速条件下，水冷壁管子内工质（水或者水蒸汽）流动的不稳定，在受到扰动时，容易导致管壁温度异常升高，甚至可能会引发设备故障。"东方锅炉技术创新中心热动研发部循环流化床技术研发室主任邓启刚介绍。

有人提出疑问，既然低负荷的低质量流速有安全隐患，为什么不缩小炉膛尺寸，参考超临界煤粉炉采用更高的质量流速设计。"循环流化床锅炉不同于煤粉炉，循环流化床锅炉内有大量循环灰冲刷，为减轻炉膛磨损，炉膛截面尺寸要比煤粉炉更大，同等级循环流化床锅炉的水冷壁质量流速要小于煤粉炉，从原理上没法避免低质量流速的问题。"邓启刚解释道。

既要保证安全性，又要提高经济性，面对这一挑战，研发团队开始了夜以继日的研究和一次又一次的试验。"功夫不负有心人，最终还是让我们找到了'答案'。"邓启刚介绍，研发团队在循环流化床锅炉内加设水冷中隔墙，工质在炉膛四周水冷壁和水冷中隔墙并联流动，并且巧妙利用炉膛四周水冷壁和水冷中隔墙"上大下小"的特殊管子结构，显著提升了循环流化床锅炉在低负荷条件下的运行稳定性。此外，相较于水冷壁和中隔墙串联结构，采用并联结构使水侧阻力降低，提高了电厂的经济性。

基于这项创新技术，东方锅炉布局了相关专利，并不断创新优化，已形成超30项相关专利技术，构建起以专利为基础的保护网。目前，采用该专利技术的四川白马600兆瓦、山西平朔660兆瓦、山西国金350兆瓦等47台超临界循环流化床锅炉已成功投运，其中，四川白马600兆瓦超临界循环流化床锅炉技术研发、研制和工程示范获2017年度国家科学技术进步一等奖。

"东方锅炉在技术创新与专利转化过程中，不仅展现出自身在清洁能源领域的技术创新能力，也凸显了在知识产权保护与科技成果产业化方面的成功经验。通过持续的技术研发和市场开拓，东方锅炉正稳步迈向成为全球领先的清洁能源解决方案提供商的目标，为构建清洁、低碳、高效的能源体系贡献力量。"周龙龙表示。

（赵振廷，原载于2024年10月16日《中国知识产权报》第06版）

076

清华设计院积极推动专利转化运用实践——

专利筑基　设计添彩

国家跳台滑雪中心巍然矗立、中国南极中山站傲视冰雪、北京周口店遗址猿人洞完好保护……这些知名建筑不仅见证了专利与建筑行业的深度融合，更展示了科技创新在建筑领域的卓越成就。在创新驱动发展的战略背景下，专利作为科技创新的重要成果，正逐渐成为推动产业升级和经济发展的关键力量。在建筑领域，专利的转化运用不仅提升了建筑设计的创新水平，还为建筑产业的高质量发展注入了新动力。

近日，记者走进我国知名的建筑设计机构——清华大学建筑设计研究院有限公司（下称清华设计院），深入了解其在专利转化运用方面的探索与实践。

产学研用齐发展

"从知识产权的角度看，建筑设计是科技创新方面非常有特点的一个类型。"清华设计院院长、总建筑师任飞在接受中国知识产权报记者采访时表示。

清华设计院与清华大学成立了"建筑协同创智联合研究中心"，积极与高校、科研机构以及业内同行开展合作，通过联合研发、技术交流和成果共享的方式，推动专利技术的多元化应用，不仅提高了技术研发的效率，也确保了专利始终处于行业前沿，并能够及时响应市场和行业的变化需求。

在科技创新方面，清华设计院始终坚持"创新驱动发展"的理念，重视创新氛围的营造。通过定期举办内部技术研讨会、评审以及跨部门的技术交流，鼓励员工在设计实践中积极思考、总结经验、勇于创新。同时，清华设计院加入了首都知识产权服务业协会，参与知识产权管理交流，定期学习知识产权典型案例。通过邀请专家讲解专利保护的关键流程与技巧，以及专业的知识产权外协单位全程指导专利申请书的撰写与提交专利申请，清华设计院确保了专利的质量。

数据显示，截至目前，清华设计院已提交专利申请近 400 件，有效专利量达 253 件，涵盖了智能化建筑设计、装配式建筑设计、绿色低碳建筑技术、新型建筑材料、结构设计优化等多个前沿且实用的建筑相关领域。这一串串数字背后，是清华设计院在科技创新道路上的不懈追求和辛勤付出。

专利转化显成效

近年来，我国高度重视知识产权工作，尤其是专利的转化运用。国务院办公厅印发的《专利转化运用专项行动方案（2023—2025 年）》，对大力推动专利产业化、加快创新成果向现实生产力转化作出了专项部署。建筑机构作为科技创新的重要力量，在这一专项行动中将发挥不可替代的作用。

"清华设计院积极响应国家号召，深入实施创新驱动发展战略，将专利的转化运用作为提升企业核心竞争力的重要抓手。"任飞表示，通过不断完善知识产权管理体系，加强专利的研发与保护，清华设计院在专利转化运用方面取得了显著成效，为建筑产业的转型升级提供了有力支撑。

以国家跳台滑雪中心为例，作为北京 2022 年冬奥会场馆之一，该建筑在满足建筑功能和赛事要求的前提下，还巧妙地融入了中国文化元素。这一建筑中形成的两件发明专利解决了建筑构造中的难题。此外，研发团队围绕该建筑在冬奥会后的可持续利用，进行了一系列创新并提交了相关专利申请。

同样令人瞩目的还有中国南极中山站的建设项目。作为极地建筑的代表性案例之一，中山站在设计和建设中需要应对严寒暴雪等极端环境带来的挑战。在站区提升建设项目中，清华设计院探索出了一系列涉及建筑造型、墙体、楼梯等内容的关键性技术，并提交了多件专利申请。这些技术的成功应用不仅提高了中山站的抗风能力和使用安全性，还为其后续的更新与利用提供了有力保障。

在北京周口店遗址猿人洞保护建筑项目中，清华设计院也展现出了卓越的设计能力和创新能力。该项目在保护遗址的同时，还实现了在不隔绝自然环境的前提下减缓风、温度、湿度等环境要素的影响。通过采用场外预制场内拼接施工的方式，降低了对场地的干扰。这一设计理念和技术手段不仅体现了清华设计院对遗址的尊重和敬畏，也为其在复杂条件下的遗址保护建筑设计方面积累了宝贵经验。

"在确保核心技术掌控的前提下，我们通过技术许可、专利授权等方式，向其他相关企业输出专利。我们针对不同市场需求，采用灵活的授权方式，包括独占许可、非独占许可等形式，以提高专利的商业化应用效率。"任飞表示，同时，清华设计院通过与行业内外的技术合作和专利交叉许可，进一步扩大专利的应用范围，实现技术和市场的双赢。

创新机制添活力

"在专利转化运用的过程中，清华设计院形成了一套行之有效的策略和经验。"任飞表示。为了加强知识产权管理，清华设计院陆续出台了《知识产权管理办法》《专利管理办法》《软件著作权管理办法》《商标管理办法》等系列规定，并设置了知识产权管理专员，规范了知识产权相关的管理体系。

清华设计院非常重视发明专利的质量，尤其注重技术原创性、可操作性及与行业需求的结合。其专利涉及多个前沿且实用的建筑相关领域，如智能化建筑设计、装配式建筑设计、绿色低碳建筑技术、新型建筑材料、结构设计优化等。这些领域不仅顺应了国家高质量发展的需求，也符合建筑行业的未来发展方向。

在专利创造过程中，清华设计院加强培养员工的知识产权意识，积极邀请专家讲解专利保护的关键流程与技巧。"我院的大部分创新成果源自重大工程实践，员工解决重大工程难点问题的过程，本身就是一个不断创新和实施的过程。因此，清华设计院负责科技成果管理的部门，细化创新性成果的管理流程，理顺发明团队实现自主知识产权的关键环节。"清华设计院科技发展部主任苗志坚对记者表示。清华设计院还非常重视专利的战略布局和规划，不仅关注核心技术领域的专利保护，还着眼于可能影响市场竞争格局的周边专利，通过调研分析，制定专利申请的优先级和覆盖范围，确保在关键技术领域拥有足够的专利保护层。

"我院始终倡导'创新驱动发展'的理念，重视创新氛围的营造。"任飞表示，"通过定期举办内部技术研讨会、评审以及跨部门的技术交流，我们鼓励员工在设计实践中积极思考、善于总结经验、勇于尝试创新。同时，我们还建立了专利奖励机制，对成功申请和授权的专利给予奖励，确保员工在技术创新过程中能分享公司的发展成果。"

展望未来，清华设计院将继续坚持创新驱动发展战略，加强科技创新和知识产权保护工作。同时，清华设计院还将积极探索专利转化运用的新模式和新路径，推动更多高质量专利转化为现实生产力。相信在不久的将来，清华设计院将以其卓越的科技创新能力和专利转化运用能力为建筑产业注入更多活力。

（陈景秋，原载于 2024 年 10 月 23 日《中国知识产权报》第 06 版）

077

京东方促进专利转化，交出亮眼"成绩单"——

智慧屏出彩又出色

连续八年跻身全球PCT国际专利申请排行榜前十名；累计专利申请数量已逾九万件；在年度新增专利申请中，发明专利申请所占比例超过九成……一张张亮眼的"成绩单"背后，是京东方科技集团股份有限公司（下称京东方）完善的专利管理体系和强大的技术创新体系。

"创立30年来，京东方一直致力于自主创新，建立了完善的知识产权管理体系，以科技创新驱动企业自身高质量发展。"京东方知识产权管理部门相关负责人在接受中国知识产权报记者采访时介绍，公司在研发投入上持续加大，连续三年投资超过百亿元。2023年，公司的研发投入达到125.63亿元，占营业收入的7.2%。

走上自主创新道路

相信不少人还记得多年前的那一幕，一整条胡同、一整个村子的人挤在一台黑白电视机前，见证了中国女排第一次夺冠的历史瞬间。在上世纪末本世纪初，日、韩企业占据了显示行业的大部分市场，我国电视机几乎完全依赖进口，从显像管技术时代的索尼，到液晶显示屏（LCD）时代初期的夏普、三星和LG，很难看到我国企业的身影。

如今，这一局面已经发生了彻底的改变。据国际研究机构Omdia数据显示，2024年上半年京东方在液晶显示屏领域整体及五大细分应用领域出货量持续稳居全球第一，在电视显示屏领域已连续6年出货量位居全球第一，始终保持着液晶显示屏市场龙头地位。

尽管市场数据有目共睹，但是京东方在液晶显示屏道路上一路走来也是几经波折终见彩虹。"创立于1993年4月，前身为北京电子管厂的京东方在发展初期采取'用市场换技术'的合资战略。事实证明，合资战略虽然具有一定的可行性，但要想成为产业的引领者，必须自己拥有关键核心技术，正因如此，京东方毅然决然地走上了自主创新的道路。"京东方知识产权管理部门相关负责人介绍。

2003年，京东方通过收购韩国现代显示技术株式会社薄膜晶体管液晶显示器件（TFT-LCD）业务板块，正式进入液晶显示领域。紧接着，京东方便开始不断开发拥有自主知识产权的技术和产品。凭借自身的技术创新和专利布局，京东方解决了底层技术的使用问题，又通过持续迭代升级、不断精进，最终形成了京东方特有的高级超维场转换技术（下称ADS）专利体系。

经过多年的技术深耕，京东方于2021年正式对外发布了代表行业领先的高端液晶显示技术品牌ADS Pro。"目前，大多数显示设备用暗室对比度进行测试，这类数据来源于实验室全暗场环境下测得的极限值，与消费者真实使用的场景存在偏差。"京东方相关技术研发团队负责人介绍，在真实应用场景中，室内常规照明情况下的环境光对比度对用户更有意义，也是决定用户真实体验的关键指标，京东方创新升级环境光对比度（ACR）这一更加适配当前屏幕使用场景的测试指标，更准确地表征人眼真实感知的对比度，致力于将液晶显示的画质表现和技术性能推向全新高度。基于该技术开发的产品不仅具备全视角、无色偏、超高刷新率的优势，还在分辨率、节能、屏幕轻薄等方面的特质显著，能够广泛应用于手机、计算机、电视等电子设备。

凭借着优异的性能，ADS Pro技术在短短几年内广泛应用于全球主流终端品牌的高端产品线，在全球显示产品出货占比中持续领先。创新的脚步永远不会停歇，京东方基于ADS Pro技术优势进一步推出了具有代表性的高端UB Cell技术，突破性地让液晶显示实现了可媲美OLED（有机发光二极管）的完美画质，未来也将逐步成为大屏显示的主流。

加速产业化落地

今年5月，在国际信息显示学会（SID）主办的2024美国国际显示周上，京东方的展台前人头攒动，全球首发的电动柔性车载驾舱吸引了众多观众驻足参观。该智能驾舱包括主驾驶侧的17英寸曲率渐变中控屏和副驾驶侧的首款15.05英寸电动折叠屏，曲率半径低至400毫米，可根据不同使用场景进行自动形态变换。凭借着在展会上发布前沿技术和最新产品，京东方成为此次展会获得奖项最多的企业之一，在世界科技舞台上充分彰显了京东方的前瞻性和技术实力。

众所周知，柔性OLED显示最具代表性的应用之一便是柔性折叠屏。柔性折叠屏可以为消费者带来前所未有的使用体验，不仅可以满足消费者对于屏幕更大、显示内容更多的需求，同时也可以提供更加便携、更加个性化的设计。但柔性折叠屏从实验室到生产线，需要攻克许许多多的技术难关，其中之一就是折叠屏手机每天要承受几百次的掰弯和展开，屏幕能不能抗得住。

从技术层面看，应用于智能手机的柔性折叠显示模组器件，除了具备显示功能之外，还集成了触控、增亮、防护等功能层，主要由盖板、偏光片、触控、显示、背膜等多个膜层组成。京东方相关技术研发团队负责人介绍，由于柔性显示模组的这种多层结构，给柔性折叠功能的实现造成了很大的障碍。当对显示模组进行折叠时，屏幕要承受复杂的应力，这些应力都可能会使显示模组的每一个膜层发生位移，就如同一本杂志被折叠，在外力的挤压下，杂志的每一页纸都会位移，一旦发生位移，就会出现显示屏褶皱、平整度降低、翘曲等问题，进而导致无法正常显示。

为了解决上述问题，京东方柔性折叠显示研发团队迎难而上，基于大量模拟与实验，成功设计了柔性折叠屏幕的多中性层膜层堆叠结构，该设计使得屏幕在折叠过程中产生的应力可以得到很好的释放，柔性折叠屏不易发生形变、翘曲，同时确保了折叠后恢复的平整度。目前，京东方赋能客户的内屏折叠能力已实现近100万次折叠，展开后屏幕仍然平整如初。

此外，京东方还通过低温多晶硅（LTPS）背板技术、柔性薄膜封装等多种工艺实现了高分辨率、高可靠性显示，解决了柔性屏幕折叠的诸多技术难题。目前，京东方已推出外折、内折、360°双向折叠、滑卷、卷轴等多种折叠形态显示屏，释放出柔性显示的巨大想象力和无限拓展空间，让用户能够畅享折叠自由。

2021年，京东方正式对外发布了在高端柔性显示领域的技术品牌"f-OLED"，其中字母"f"不仅代表了"flexible"，寓意着柔性OLED的自由形态特点，更是象征着"future"，预示着屏显技术未来的无限可能。

通过在柔性显示领域的不断深耕积累，京东方的技术成果深受市场认可。Omdia数据显示，截至2023年，京东方折叠产品累计突破千万片，柔性OLED出货量已连续多年稳居国内第一、全球第二，柔性OLED相关专利申请已超3万件。京东方知识产权管理部门相关负责人表示，相信未来在技术创新和知识产权的双重加持下，京东方的显示技术将会为更多的智慧终端注入新的活力，为更多的应用场景打开想象的空间。

（赵振廷，原载于2024年11月13日《中国知识产权报》第05版）

078

中创新航促进新能源领域专利转化，加快形成新质生产力——

专利助企跑出创新"加速度"

行业首发5V尖晶石化学体系，实现零下20度续航零衰减；行业首款5C超充增程电池，满电续航可达500公里；行业首次达到量产产品循环寿命1.5万次，并在最初的1000次循环中实现零衰减……这些创新技术的不断突破，正在述说中创新航科技集团股份有限公司（下称中创新航）的知识产权故事。

作为一家致力于新能源领域开拓创新与技术引领的企业，中创新航如何培育新质生产力，并将专利转化为实际价值？中创新航董事长刘静瑜在接受中国知识产权报记者采访时表示："我们通过与多个行业合作伙伴建立战略联盟，共同推进新能源技术的商业化进程，加速专利转化运用。"这些举措不仅增强了企业的核心竞争力，也为新能源领域的发展注入了新的活力。

构建全面保护网络

手握数千件专利，中创新航如何实现其动力电池装机量稳居我国前三名，以及年营业收入超百亿元？

走进中创新航的研发中心，记者被这里浓厚的创新氛围深深吸引。研发人员们正忙碌地穿梭于实验室或会议室，他们的每一次讨论、每一次实验，都可能孕育出下一个改变行业格局的技术突破。

"专利是对创新成果的保护，其价值应体现于产业运用，而非诉讼。"作为中创新航的掌舵人，刘静瑜对专利格外重视，"我们不会去包装专利，也不会追求数量，更不会将专利诉讼作为遏制竞争对手发展的工具。我们的目标是要用顶尖的技术，开发出与市场需求相匹配的产品，让更多的新能源车装上可靠的电池，让更多的用户用上安心的产品。"

正是基于这样的判断和思考，中创新航始终坚持以创新为引领，不断加大研发投入，针对核心技术实施高质量专利布局策略。近年来，中创新航研发投入逐年攀升，为了满足海外市场的发展需求，中创新航更是加大了在美国、欧洲等国家和地区的专利布局力度。

目前，中创新航的专利布局已覆盖了电池材料、电池结构、系统集成、电气电路、电池管理系统、制造工艺设备和电池回收再生等全产业链。这些专利不仅为中创新航的技术创新提供了坚实的保护，更为公司在全球市场的竞争中赢得了主动权。

在专利保护方面，中创新航建立了高质量专利申请全链条闭环管理体系，从专利申请精准策划，到加强专利撰写质量把控，再到专利转化运用分级分类管理，每一个环节都力求精益求精。不仅如此，"中创新航发起并联合锂电池产业的优秀代表，共同成立中国专利保护协会锂电池专业委员会。"刘静瑜补充道，这是全国唯一的锂电池行业知识产权领域专业委员会，为锂电池产业技术创新与知识产权保护交流合作搭建了平台。

专利转化惠及行业

在今年8月举办的2024中创新航全球生态大会上，目睹众多新能源汽车搭载了中创新航研发的锂电池技术，中创新航的员工蒋文莉激动地表示："能够看到中创新航的技术护航新能源汽车产业行稳致远，心中感到十分自豪。"

如今，从国际知名汽车制造商如丰田、大众、奥迪，到国内新兴的汽车品牌蔚来、小鹏、理想、小米汽车，都对中创新航的电池产品需求旺盛。这其中，中创新航如何促进专利技术的产业化进程，并实现技术创新与产业发展的正向互动？对此，中创新航高级副总裁、首席技术官潘芳芳对记者表示，中创新航一方面通过技术授权，向合作伙伴开放专利技术，推动产业技术进步和共赢；另一方面通过自主研发和产学研合作，将专利技术转化为实际产品，提升公司的市场竞争力。此外，中创新航积极参与行业标准和规范的制定，将创新技术融入行业标准，进而推动整个行业健康发展。

以中创新航近期授权的电池包箱体及电池包专利为例，该专利通过创新设计，不仅增加了空气流通，提高了散热效率，还通过特定的设计增强了连接精度，确保了电池包在工作过程中的稳定性和安全性。

"我们申请的每一件专利，都是基于真实的技术创新活动，都是为了解决实际问题。"潘芳芳补充道，"我们的专利转化工作，就是要将这些创新成果转化为实际生产力，推动产业的发展和进步。"

专利转化运用是专利价值的重要体现。近日，在第十五届中国国际航空航天博览会上，小鹏汇天分体式飞行汽车"陆地航母"搭载中创新航超级飞行电池完成了全球首次公开飞行。该电池是专为低空出行设计的9系高镍/硅体系电池，具有高能量密度和高安全性，电芯能量密度达300Wh/kg，支持6C快充。此前，该电池包在无保护状态下从15.2米高处坠落，24小时内未出现安全问题。

这一创新成果不仅展示了中创新航在电池技术领域的深厚积累，也体现了其专利技术的实际应用能力。通过这样的公开演示，中创新航不仅向业界证明了其产品的可靠性，也为专利技术的转化运用提供了经验。

除了上述方式外，中创新航还积极探索专利技术的跨界应用。例如，将电池管理技术应用于储能领域，能够为电网储能提供高效、可靠的解决方案。这种跨界应用不仅拓展了中创新航的业务领域，也提升了品牌影响力。"我们坚信，中创新航通过持续的创新和有效的专利运用，能够为社会带来更多的清洁能源解决方案，为可持续发展贡献力量。"潘芳芳表示。

技术引领产业发展

新能源汽车销量逐年上升，储能市场潜在需求得以释放，使得电池这一关键产品的需求量持续稳定增长。中创新航通过不断的技术突破和产品创新，成功地将专利技术转化为市场竞争力，为其长远发展奠定了坚实的基础。同时，这些技术的商业化应用也推动了整个新能源汽车行业的技术进步和产业升级。

专利技术的转化应用，使得中创新航的产品性能得到了显著提升。无论是能量密度、循环寿命或安全性等，中创新航的产品都达到了行业领先水平。这些优秀的产品为中创新航赢得了良好的口碑。

随着产品竞争力的提升，中创新航的市场份额也在不断扩大。在国内市场，中创新航已经成为动力电池行业的领军企业之一。在国际市场，中创新航的产品远销海外多个国家和地区，赢得了国际客户的信赖和好评。

专利转化工作的成功开展，为中创新航的创新发展提供了有力支撑。通过不断的技术创新和专利布局，中创新航已经形成了较为完善的创新体系和创新机制。这些创新成果不仅为中创新航的发展奠定了坚实的基础，更为整个新能源产业的长远发展提供了源源不断的动能。

（陈景秋，原载于2024年11月20日《中国知识产权报》第05版）

专利转化运用在行动·高校行

079

校企"牵手联姻" 专利"落地生金"

政府搭台，校企牵手，签约专利转化项目74.9万元。近日，在湖北省专利技术转化对接系列活动中，华中科技大学等高校进行了专利技术路演，并与企业签订专利转化合作协议。

高校专利转移转化一直备受瞩目，如何将高校专利从"实验室"加速推向"生产线"？当前，各地采取差异化举措，搭建校企供需桥梁，畅通技术要素流转渠道，在盘活高校存量专利的同时，引导科研活动以市场为导向，培育更多紧跟产业发展的高价值专利。

盘活高价值专利资源

"这件专利是我们实验室科研项目积累的创新成果之一，2021年被一家公司看中，前前后后谈了很久，借此平台终于转化成功了。"此次专利对接活动中，华中科技大学教授黄剑与深圳市丞辉威世智能科技有限公司达成合作意向，最终签约金额18.3万元。团队技术得到了市场认可，科研积极性也受到了极大鼓舞。

多年来，华中科技大学发挥学科优势，在机械、电气、光电、材料和通信等热门领域的专利申请量一直保持高位。截至今年10月底，该校累计提交专利申请达3.08万件，目前有效专利为1.42万件。该校在战略性新兴产业技术方面表现尤为突出，近年来相关专利申请量为2.62万件，占比85.1%。

一边是高校亟待盘活的大量专利，另一边是企业急需破解技术难题提升竞争力，双方因缺乏有效的沟通机制，影响了成果转化的效率。为打破高校与企业之间的信息壁垒，华中科技大学国家技术转移机构深入梳理提炼技术成果，以解决行业内一些具体的技术问题为出发点，形成整套应用方案成果库。

同时，针对全校科技奖励项目和重点研发计划项目进行成果采集工作，该校构建了重大科研项目的成果库，并通过技术交易会、项目路演、技术沙龙等线上线下多渠道推介。"华中大技术转移"微信公众号目前已完成各领域150余次成果推介，成果浏览量超10万人次，引来企业咨询交流超百余次。

针对企业的需求，学校针对智能制造、光电信息、能源环保、新材料等领域，精心构建了学校科研团队与企业需求之间的对应关系，旨在全面满足"龙头企业对接计划"的需求。目前，该校已经与京东方科技、中电海康、陕煤集团等龙头企业开展供需对接。调研企业科研实力，采集企业技术需求，匹配校内技术团队、研究方向、科技成果，该校2023年全年为120家骨干科技型企业匹配技术需求对接480余次。

促进创新成果转化

过去，我国新型显示产业的产值规模与显示面板出货面积均为全球第一，然而，核心制造装备国产化率却很低，90%以上面向国外企业采购。受专利壁垒、关键技术缺乏和综合成本高等多种因素影响，我国新型显示行业对显示制造装备及材料的国产化积极性偏低，普遍依赖进口，产业链安全严重受制于人。

近年来，随着新型显示OLED技术的飞速发展，小尺寸显示面板的应用也愈发广泛。对于我国企业而言，如何在这样的背景下实现突围，是一个值得深思的问题。拥有"中国·光谷"之称的武汉对OLED液晶显示面板生产装备的国产化研发刻不容缓。华中科技大学聚焦产业发展需求，与当地企业联合寻找新兴显示技术国产化和产业发展的突围之路。

OLED生产线主要包括TFT（前段）、EL（中段）及模组（后段）三个工艺段，前、中两段工艺包含众多复杂技术，其中的关键装备基本由国外企业所垄断。而电子喷墨印刷技术具有低成本、柔性化、可大面积生产等显著特点，是解决新型显示高成本问题和实现超大面积量产的有效途径。

华中科技大学专利中心围绕新型显示技术产业链绘制发布知识产权创新图谱。图谱显示学校在新型显示技术领域，集结了8个学院、30多个科研团队，围绕材料、结构、制造工艺、检测技术四个方向、十二个技术分支协同创新，汇聚了十余个研发团队，拥有200余件专利。这其中就包含了电子喷墨印刷技术团队。

图谱一经发布，便吸引了国内龙头企业的目光。如坐落于"中国·光谷"的武汉国创科光电装备有限公司（下称国创科）便是其中一家。2020年，国创科从华中科技大学转化了 30 件发明专利和 3 项软件著作权，转化金额达 2000 万元。在数十件发明专利、技术转化的基础上，国创科研制了拥有自主知识产权的新型显示 RGB/TFE 喷印制造装备。目前，相关喷印制造装备产品已在广东聚华、华星光电、闽都、国华光电等企业投入应用，帮助国创科获得 6000 万元的融资资金。

探索全链条运营机制

为推动高质量知识产权创造和高水平科技成果转化，近年来，华中科技大学应用技术研究院发挥学校专利中心的重要支撑作用，积极探索全链条运营思路，在知识产权创造、运用、保护各阶段，设定阶段性运营目标和任务，将高质量要求贯穿于运营的全过程，突出转化应用导向。

"我们通过高价值专利培育、主题成果梳理推介、发布知识产权创新图谱、可转化项目培育等一系列举措，推进知识产权运营和创新成果转化高质量发展。"华中科技大学党委常委、副校长高亮介绍，目前已经构建成果库、人才库、需求库、企业库，发布自动驾驶、新型显示、氢能、医疗康复机器人、智能传感器、区块链等 16 个技术领域的知识产权全景洞察图谱，并按产业细分领域匹配企业定向推送；培育数十项高价值专利项目；开展供需精准对接活动，促成技术转移和成果转化项目百余项。2022 年签约科技成果转移转化项目 4398 项，合同总金额 18.98 亿元。

"近期，国务院办公厅印发的《专利转化运用专项行动方案（2023—2025 年）》为全国高校的知识产权工作提供了明确的指引和有力的政策保障。我们应充分发挥知识产权制度供给和技术供给的双重作用，有效利用专利的权益纽带和信息链接功能，促进技术、资本、人才等资源要素高效配置和有机聚合，建立市场导向的存量专利筛选评价、供需对接、推广应用、跟踪反馈机制，共同开启高校专利高质量转化新篇章。"高亮表示。

（刘娜，原载于 2023 年 12 月 27 日《中国知识产权报》第 05 版）

080

中国农业大学两件专利转化上千万元——

专利"金钥匙"开启丰收路

走进中国农业大学国家玉米改良中心实验室,一排排整齐又生机勃勃的玉米种芽破土而出;走廊里,挂满的专利证书甚为亮眼。"这些专利是中国农业大学师生们几年甚至几十年的心血。"国家玉米改良中心主任赖锦盛介绍,这些专利为我国自主育种提供了强有力的技术支撑,其中有2件专利转让金额达到上千万元,为我国种业振兴增添了新的动力。

解锁种子"密码"

在实验大棚里,记者看到,青翠欲滴的玉米苗破土而出,茁壮成长。这里的每一颗玉米苗,都是科学家们辛勤培育和改良的成果。

"在这里,每一株玉米苗都经过了精心的培育,受到了悉心照料。"中国农业大学国家玉米改良中心副教授陈建对记者表示,它们在适宜的温度、湿度和光照条件下茁壮成长,充分展现了科学技术的力量。正是技术的不断进步和应用,才使得我国的玉米种业在全球范围内保持领先地位。

在粮食生产的链条上,种子是至关重要的环节。正如人们常说,"小种子夯实粮食'大根基'",这句话形象地表达出了种子在粮食生产中的基础地位。优良的种子是农业生产的重要基础,它们承载着农民对丰收的期盼,只有通过不断改良和优化种子的品质,才能够提高粮食产量和质量,满足人们日益增长的需求。

中国现代化离不开农业农村现代化,农业农村现代化关键在科技、在人才。中国农业大学作为我国农业高等学府的引领者,以强农兴农为己任,研发出一大批优秀的科研成果。其中,赖锦盛教授团队的科研成果便是其中之一。

如何实现"种业科技自立自强、种源自主可控"的目标？这是赖锦盛在海外求学之初就萌生的想法。1996年，赖锦盛赴美国新泽西州立大学从事博士后工作。在导师的启发下，赖锦盛回国后在中国农业大学继续开展生物育种研究。

经过无数次从生物信息预测到实验室验证的往返探索，他带领的团队最终攻克了"卡脖子"难题，并在相关领域取得了多个"从零到一"的突破。多年来，他带领团队在玉米育种领域取得了多项突破性成果，为保障我国粮食安全作出了贡献。数据显示，2017年以来，赖锦盛团队在生物育种领域发掘了一系列核酸酶，提交发明专利申请14件。

在潜心科研的同时，赖锦盛教授还十分注重人才培养。他认为，农业人才是实现农业农村现代化的关键因素。因此，他致力于培养知农爱农新型人才，鼓励学生们深入农村、了解农业、服务农民。在他的指导下，一批批优秀学子走上了农业科技研究与应用的道路，成为推动农业发展的重要力量。

破解转化难题

"农作物育种技术的市场前景巨大，国际角逐激烈。"中国农业大学国家玉米改良中心教授、团队成员赵海楠表示，目前，国外相关机构和企业都非常重视育种技术的专利申请和保护，将其视为重要的竞争力。

从实验室走向农田，中国农业大学玉米科研团队深知专利转化的重要性。幸运的是，得知赖锦盛团队的研发成果后，许多企业纷至沓来寻求合作。然而，如何评估这些专利的价值，成为赖锦盛和他的团队面临的一大挑战。

"准确评估一项科技成果的价值，不仅关系到科技成果的转化，也关系到科研团队的切身利益。"中国农业大学技术转移中心相关负责人表示，目前，国内外的科技成果估值方法尚未形成统一的标准，大多采取前期付款和后期提成相结合的方式。这种方式虽然在一定程度上保障了科研团队的权益，但也存在一定的不确定性。

"专利许可费，要多了，企业没有动力；要少了，没法体现专利和技术的创新价值。"为了更好地推动专利转化，赖锦盛团队在科技成果估值方面做了很多尝试。他们与行业专家、企业人员进行深入交流，了解市场需求，以更好地评估科技成果的价值。同时，他们还积极寻求政策支持，通过国家和地方政府的扶持政策，为科技成果转化提供有力保障。

在经过一系列的努力和洽谈后，赖锦盛团队成功地将他们的专利以排他许可的方式转化给了山东舜丰生物科技有限公司和一家美国农业领域头部企业，并允许山东舜丰生物科技有限公司再许可给其它企业。

"此次转化涉及Cas12i和Cas12j两件专利，山东舜丰生物科技有限公司支付的专利许可费金额超过上千万元，还加后续产品提成。学校目前的政策是科技成果转化的收益70%归科研团队，30%归学校（包括所在学院）。"中国农业大学技术转移中心相关负责人介绍。

加快推广应用

赖锦盛介绍，基于专利技术培育的新品种在多地示范种植后，呈现出很好的改良效果，希望能为农民带来实实在在的经济效益，同时也为国家粮食安全和乡村振兴助力。

通过创新技术的应用，赖锦盛团队打破了传统育种的时间和效率瓶颈，极大地加快了玉米新品种选育进程，推动种业精准、高效地育种。目前，经过专利转化，拥有核心技术的山东舜丰生物科技有限公司的市场竞争力和影响力得到持续提升，第三轮融资后的估值为20亿元。

不仅赖锦盛团队，中国农业大学李保国团队的"黑土地保护利用'梨树模式'推广与应用"、李伟团队的"果蔬采摘机器人"、田见晖团队的"母猪定时输精批次生产技术"以及"玉米抗病分子育种""野外自热食品品质提升与制造关键技术研究"等成果均有很大的市场应用价值，获得业界高度认可。

数据显示，"十四五"以来，中国农业大学累计荣获省部级及以上科技奖励57项，牵头国家重点研发项目31项，位列全国高校第12位；横向科研合同经费近26亿元；获得省部级奖励342项，其中牵头149项；获得专利6093件，其中国外专利60件。

（陈景秋，原载于2024年1月10日《中国知识产权报》第06版）

081

让创新成果从实验室走向生产线

高校是基础研究主力军和重大科技突破策源地，也是科技成果的重要供给侧。截至 2023 年 9 月，我国国内高校有效发明专利拥有量达到 76.7 万件，有广阔的转化空间。2023 年 10 月 17 日，国务院办公厅印发《专利转化运用专项行动方案（2023—2025 年）》，要求到 2025 年高校和科研机构专利产业化率明显提高。这再一次让社会关注到高校专利转化问题。为此，《中国知识产权报》（下称本报）特走进曾获得过中国专利金奖并有较强的专利转化能力的 4 所高校开展调研，从提升专利质量和转化效率等维度，探寻高校专利走出"象牙塔"的"金钥匙"。

大连理工大学：构建成果转化全链条体系

大连理工大学是辽宁省首批高价值专利培育中心，截至目前，获得中国专利奖 19 项，其中金奖 2 项、银奖 3 项；省市专利奖 26 项，获奖专利累计为社会带来上百亿元经济效益。

"我们构建起贯穿知识产权全流程的制度体系、评价体系、培育体系、运营体系和风险防控体系，促进专利的转化运用。"大连理工大学科学技术研究院产学研与成果转化办公室主任姜沃函告诉本报记者，学校成立了知识产权管理委员会，由校长担任委员会主任，形成了集知识产权管理、国有资产管理、科技成果转移转化于一体的管理模式。

大连理工大学设立科技成果转化类高级专业技术岗位，将中国专利奖等纳入职务评聘指标体系和绩效核算指标体系。对于转系列竞聘该类型岗位的人员，要求有一定的科技成果转化工作经历，包括但不限于在各级各类工程（技术）研究中心（工程实验室）、校企校地研究院等平台承担项目，以签订的科技成果转化合同（技术许可、转让和作价投资）作为评价标准。

在专利转化运用实施层面，该校成立科技合作与成果转化中心，搭建科技成果转化及知识产权运营公共服务平台，开展"互联网+知识产权"专业化运营；组建技术经理人队伍，深入团队和企业挖掘技术供需；依托校地（企）研究院，加强与地方政府和企业的联络。

同时，大连理工大学完善防控体系，开展科技成果有效性、受让方合规性、转化实施可行性"三性"审查；实施科技成果转化信息披露制度、交易挂牌定价制度、决策回避制度，规范职务科技成果作为国有无形资产的使用和处置；建立国有资产账务处理、款项催收和纠纷处理流程，强化科研人员从事科技成果转化的风险意识。

当前，大连理工大学面向东北全面振兴，推动一大批优质科技成果落地转化，在辽宁省成果转化率超过60%，为东北振兴发展提供源头动力和坚强支撑。

北京化工大学：解决来自企业一线的问题

高纯化学品是芯片、高端化工产品等的基础原材料。高效散装填料是高纯化学品分离提纯的核心技术装备，但现有散装填料压降大、通量小、传质效率低，生产芯片采用的电子化学品、石化化工产品等存在纯度低及杂质含量高的问题。

"我们从流体力学的数学模型开始研究，一步步完成新型结构的设计，形成了这件发明专利。"北京化工大学化学工程学院教授李群生在接受本报记者采访时介绍，这件专利获得了第二十四届中国专利金奖，其首创了一种高效传质分离散装填料结构，包括多层结构紧密贴合的散装填料本体。散装填料本体的环壁面具有波纹角组，其下部为喇叭口状，在其内部形成截面面积相同的3个通道，有效增加了填料的结构稳定性和传质面积；提高了气液两相的流速，降低传质阻力，提高了总传质系数、分离效率和生产能力，降低了能耗并减少化工排放；缓解了其他散装填料难以解决的壁流和沟流问题，增加了液膜传质面积，提高了传质效率。

该专利因产品较全球同类产品纯度高、质量好，生产能耗和成本较低而获得市场肯定。自应用以来，其专利产品已成功应用于超过29家单位，取得了良好的经济、社会和环境效益。

在李群生看来，解决来自企业生产一线的问题是专利能够顺利转化运用的关键。"我们学校研究的技术本身就和企业结合比较密切，我本人大概每年有4

个月到 5 个月的时间是在企业的车间里度过的。这样有助于我们更加了解企业的技术需求，再将在企业遇到的难题带回学校，通过我们的技术研究解决。"李群生表示，其团队内部有很多拥有工程实践经验和相关设计经验的老师，搭建起从实验室到实际生产的桥梁。正是由于前期与企业建立的紧密联系，团队形成的创新成果更有针对性，研发完成后，很多创新成果都获得了直接应用。

中国石油大学（北京）：为专利转化强化平台支撑

随着我国油气勘探开发逐步向非常规与复杂油气迈进，解决钻井作业中出现的生产层损害、井壁失稳、井漏等问题，是提高油气生产率的重要课题。钻完井液是钻井作业中不可或缺的工程流体，其性能直接影响着油气井的稳定性和生产层的安全性等。

面向钻完井液新材料研发这一关键技术领域，中国石油大学（北京）蒋官澄教授团队开创性地引入仿生学，用以改善钻完井液材料性能，进一步研发出高效能水基钻完井液、可降解无固相聚膜环保钻完井液等新产品，以及超分子新型仿生堵漏等新技术。研发形成的核心专利"一种仿生钻井液及其制备方法"获得第二十二届中国专利金奖。"团队研发的系列钻完井液新产品新技术已运用于长宁—威远国家级页岩气产业示范区、吉木萨尔国家级陆相页岩油示范区、沁水煤层气田、玛湖油田等的建设中，使钻井作业复杂率降低 81.9%、钻完井液成本降低 22.9%、油气产量提高 1.6 倍以上。"蒋官澄向本报记者介绍。

一直以来，中国石油大学（北京）既突出石油石化传统优势领域，又聚焦非常规油气、水合物等清洁低碳能源与新兴交叉领域，解决了一批"卡脖子"难题。与此同时，学校积极采取措施促进科技成果转化，成立技术转移中心，为成果转化强化平台支撑；以增加知识价值为导向，改革完善成果转化收益分配制度；将技术开发、技术服务等纳入成果转化管理范畴，拓展成果转化方式；面向社会打造开放的科技服务平台，与地方政府和企业共建转化平台，不断健全服务支撑体系。截至目前，该校基于已有专利或专有技术签订科技成果转化项目几十项，合同额超 5000 万元。科技创新和成果转化"双轮驱动"，成果突出，彰显了中国石油大学（北京）主动服务国家战略需求、引领行业技术变革的担当与作为。

江苏大学：以市场化运营助推专利转化

航发涡轮叶片表面强化是提高航空发动机制造和飞行安全的重要手段。江苏大学的发明专利"一种用于多种叶片激光冲击的变形抑制夹具"获第二十四届中国专利金奖。"该专利创新设计了叶根定位模块、叶身夹紧模块和变形抑制模块，提供冲击区域随动多点自适应柔性支撑，攻克了航空发动机涡轮叶片等关键构件激光冲击强化与保形控制难题，抑制弹性变形震颤，降低冲击波散失，实现了多类型多规格薄壁叶片高效精准装夹、高性能表面强化。"江苏大学机械工程学院教授鲁金忠介绍。

当前，该专利在航天设备制造、航空发动机、汽轮动力等领域广泛实施，在中国航发沈阳黎明航空发动机（集团）有限责任公司等6家企业应用，新增销售额6.2582亿元。

高价值专利培育和市场化运营促成了江苏大学创新成果的高效运用。"江苏大学在全国高校率先开展专利分级管理、专利申请前评估工作，自2017年起，对具有产业前瞻性技术研发和'卡脖子'关键技术进行高价值专利培育。"江苏大学知识产权学院副院长、产学研合作处副处长韩奎国介绍，该校有计划地推进重大科技项目的知识产权全过程管理，设立重点团队知识产权专员，推动学校从专利申请向高价值专利布局的转变。

"我们强化产创融合发展，以市场化运营模式助推专利技术在地方产业应用。"韩奎国告诉记者，江苏大学健全市场化的知识产权运营团队和服务机制；与南京江北新区、昆山经开区、江阴高新区等区域进行深度产业专利运营合作，促成产业园区与优势学科结对融合发展，共同推进服务产业发展的专利协同发展模式；加强与江苏省技术交易市场等外部资源的合作，开展专利开放许可工作，专利转化成交效益不断提高，近5年签署专利转化合同上亿元。

（吴珂、李杨芳，原载于2024年1月17日《中国知识产权报》第02版）

082

陕西科技大学打造专利转化生态链，服务产业发展——

专利从"书架"走向"货架"

高校是我国科技创新基础研究的生力军、重大技术突破的策源地，而创新成果转化则是将新技术转化为现实生产力的关键环节，同时，创新成果转化能力也是衡量一所高校科研产出与社会贡献的关键因素。

探索高校创新成果转化的"最优解"，陕西科技大学着力打造一条包含知识产权创造、科研攻关、成果转化的完整生态链条，近5年来，完成专利转化650件，转化金额提升了440%，让创新成果从"书架"走上了"货架"。

制度引领，激发动能

创新成果转化是一个环环相扣的过程。"针对各地市产业发展的不同特点，结合学校学科优势，高校服务地方经济的覆盖面仍然有待提高。"陕西科技大学前沿科学与技术转移研究院负责人强涛涛介绍，2022年3月底，《陕西省深化全面创新改革试验 推广科技成果转化"三项改革"试点经验实施方案》（下称《三项改革》）发布，旨在畅通高校科技成果转化之路。

为了更好服务陕西地方经济发展，落实《三项改革》政策，让相关科研人员安心地扑到一线的研究上，陕西科技大学先后制定出台《陕西科技大学落实陕西省"三项改革"实施细则》《"双一流"建设科技成果与社会服务贡献激励办法（试行）》等。

"相关方案的出台可以让我们摆脱束缚、轻装上阵、安心研发，现如今，我们团队的腐植酸苹果免套袋膜专利已经转化应用在全国13个省（区、市）的3000余亩果园中进行试验，效果远超预期。"陕西科技大学教授牛育华介绍，学校科研人员纷纷受到鼓舞，有了研发、转化的源动力。牛育华团队用了4年时间，研制出具备抗菌、保水、防护、营养等功能的腐植酸水果"面膜"，形成了腐植酸苹果免套袋膜技术核心专利池、腐植酸土壤调理技术专利池等组成的五大专利集群。

与传统套袋技术相比，苹果"面膜"可节约成本30%到40%，使苹果亩产量提高20%到30%、营养价值提高近20%。

鉴于实际生产对科研成果的迫切需求，陕西科技大学制定出台《陕西科技大学"陕西省重点产业链成果转化创新团队"组建实施方案》，结合陕西省23条重点产业链，组建9大团队，开展针对性的科研成果转化。此外，陕西科技大学坚持"一院一市"战略，让每个二级学院至少服务一个地市发展，对接一个地方产业，将创新成果真正落地到车间厂房、田间地头。

截至目前，陕西科技大学有效专利拥有量4659件，其中发明专利3320件，海外专利22件。

校企联手，畅通渠道

畅通高校成果转化渠道，架起校企之间的有效沟通桥梁，推动高校与行业企业间的信息共享、互联互通，从"握手"到"联单"，打通科技成果转化关键一步，让专利真正实现"落地生金"。

"陕西科技大学不断提升带动产业发展和解决企业'卡脖子'关键技术的能力。"强涛涛介绍，学校组建了以学科和科研优势为特色的成果转化创新团队和陕西省重点产业链成果转化创新团队，形成了"陕西省重点产业链创新团队+企业"的成果转化模式。

围绕陕西省重点产业链，陕西科技大学组建了新型显示、乳制品、航空、太阳能光伏、生物医药、输变电装备、钛及钛合金、光子、数控机床等11支成果转化创新团队，服务陕西省地方经济发展。其中，生物医药重点产业链成果转化创新团队与陕西盘龙药业集团股份有限公司共同建设秦药未来产业创新研究院，目前，签约研发项目合同达2000万元，通过《专利合作条约》（PCT）途径提交国际专利申请10余件。

"在不到一年时间里，我们团队的专利实现了公司化、产品化、商品化三级跳，截至目前，相关产品转化的合同金额总计超过2亿元。"陕西科技大学教授余愿介绍，团队致力于填补国内气体污染治理新材料领域空白，自主研发的金属氧化物纳米晶水溶胶可为建筑物穿上隐形"外衣"，催化氧化空气中的有害气体。2019年，陕西科技大学在临潼渭北双创科技园建成年产1000吨各类金属氧化物纳米晶水溶胶生产线，后续在陕西西安国际港务区和福建福州分别成立了北方和南方两个运营中心，开发出多款环境自净化金属氧化物纳米晶水溶胶产品，已在全国20多个地区推广应用，合同金额超过2亿元。

服务地方产业发展，陕西科技大学不断扩宽合作资源，与中国石油长庆油田公司、中陕核工业集团有限公司等行业龙头企业建立战略合作关系，围绕特色学科方面相关专利签订各类成果转移转化项目合同。

完善机制，助力转化

不断完善科技成果转化机制，畅通成果转化渠道，陕西科技大学让更多自主知识产权在国家和地方经济建设中发挥作用。

强涛涛介绍，目前，学校共有陕西省知识产权运营中心、陕西省专利导航基地、西安市高价值专利培育与运营示范中心等成果转化平台30个，服务知识产权相关工作。利用陕西高校新型智库"化工助剂及新材料发展研究中心"，设立知识产权开放基金项目；加强专利导航工作力度，完成催化材料与技术和可降解高分子材料与技术4个专利导航项目；贯彻落实"开放许可"制度，开放许可专利195件。

"近6年来，陕西科技大学专利转化到位经费稳步增长，提高了近10倍，此外，国外专利授权量也不断得到突破，先后获得美国、德国、日本、俄罗斯等多个国家的专利授权。"陕西科技大学相关负责人表示，人才是知识产权工作的主体。自2015年实施"人才强校"战略以来，陕西科技大学每年投入1亿元资金，引进各类高层次人才近500余人，其中科技成果转化人才73人。

相关负责人介绍，为认真贯彻落实国务院关于实施专利转化运用专项行动的重大决策部署，未来，陕西科技大学将继续强化知识产权创造、运用、保护、管理和服务能力，进一步提高专利转化应用率，形成创新成果从"有"到"优"、从"优"到"用"、从"用"到"用得好"的完整闭环，为产业振兴、科技自立自强、建设知识产权强国发挥带动作用，更好地为陕西省地方经济社会发展贡献力量。

（叶云彤，原载于2024年1月24日《中国知识产权报》第05版）

083

专利作价入股　高校创新"出圈"

在冰雪之城哈尔滨，高校作为创新策源地和科技成果转化的主要供给侧，如何用专利撬动产业提质升级？用30件船舶导航专利换来1500万元股权，用蜂窝芯材制造核心专利作价入股1800万元……发挥学校"三海一核"（船舶工业、海军装备、海洋开发、核能应用）特色学科优势，哈尔滨工程大学面向经济主战场、面向国家重大需求，通过专利"作价入股"方式，让创新成果走出实验室，加速落地转化，为高质量发展增添动能。

摸清家底，全流程管理

今年1月，国家知识产权局、教育部、科技部等部门联合印发《高校和科研机构存量专利盘活工作方案》提出，将"梳理盘活高校和科研机构存量专利"作为首要任务。为此，摸清家底，挖掘筛选出一批具有潜在市场价值的存量专利、盘活学校专利资产成为高校迫在眉睫的任务。截至2024年1月，哈尔滨工程大学累计提交专利申请1.7万件，有效专利6600余件。目前，学校已完成所有有效专利的分级分类评估，正在开展专利所属行业细分领域需求调研，近期将完成全部专利在国家综合服务平台登记备案工作。

如何让6600余件专利发挥更大价值？过去几年，高校在技术成果转移转化中，时常遇到技术与市场需求不匹配、学校与金融机构合作不够紧密、缺少转化专员等方面的挑战。结合存量专利，哈尔滨工程大学正在加快建立专利分级分类管理制度，提升专利存量的管理效能。

"首先对现有存量专利（已授权专利）进行分级分类评估、分级分类评分、专利市场估值，筛选高价值专利，出具分级分类评估报告。参照评估报告，制定符合学校学科特色、地理优势的分级分类标准及管理运营方案，进一步盘活学校专利资产，撬动创新杠杆。"哈尔滨工程大学相关负责人介绍，在此基础上，结合高价值专利培育转化行动，实施重大项目知识产权全过程管理。

2024年，该校材料科学与化学工程学院孙高辉团队依托高技术船舶——轻质聚酰亚胺隔热吸声泡沫等项目，攻关泡孔结构精准调控、泡沫与蜂窝复合等关键技术。

聚酰亚胺泡沫及多功能一体化复合材料相关技术的知识产权工作是从一个全流程化的管理开始，一步步渗透到项目的各个环节。得益于学校完善的流程体系和高质量创造理念，相关技术的专利申请由对应领域的代理人进行专利撰写，授权后由专人及时进行推广及宣传，并指导教师了解技术发展动态，定期关注技术领域的知识产权状况，监控侵权行为，从而保护知识产权、推广技术成果。

作价入股，盘活专利资产

如今，聚酰亚胺泡沫及多功能一体化复合材料相关创新成果通过专利转让与作价入股相结合的方式落地蜂窝芯材制造商——黑龙江众合鑫成新材料有限公司，作价入股金额预估1800万元左右。

"专利作价入股加快创新成果转化。一方面通过专利入股为企业输送核心技术，提升市场竞争力，另一方面，帮助科研人员实现创新成果转化，助力区域经济发展，反哺科研创新。"哈尔滨工程大学科技园发展有限公司总经理王发银表示，学校围绕创新成果进行专利作价入股，"十三五"以来，累计将130余项科技成果评估作价2亿元，组建了25家"哈船"系科技型企业，吸引投资3.55亿元。

2016年，学校以30件核心专利作价形成1500万元股权，组建哈尔滨哈船导航技术有限公司（下称哈船导航），其中75%奖励给创新成果完成团队，25%由哈尔滨工程大学资产经营公司代表学校持有股权。截至2023年底，哈船导航实现年产值8000万元，成为国家"专精特新""小巨人"企业。

核心专利，提升品牌价值

东北是我国最富饶的粮仓。留胚米也称胚芽米，指通过现代加工工艺，保留胚芽部分的精制大米。胚芽只有整个大米重量的2%至3%，却包含大米66%以上的营养物质，被誉为"营养黄金"。20世纪20年代，日本已开始食用胚芽米，其留胚加工技术可使稻米留胚率达到80%。而当时国内该领域的加工技术还处于概念阶段，加工设备更是空白。

智能化装备打破传统水稻加工工艺。2012年，哈尔滨工程大学智能科学与工程学院教授李冰带领团队在国内首次将人工智能、大数据、视觉识别和工业互联网技术应用于水稻加工领域，历经10年科技研发，突破了粗纤维精确剥离技术、胚芽智能识别技术和加工数据与加工工艺精确匹配技术等一系列关键技术。

一粒米经过数百次的轻柔碾磨程序，最终达到了留胚率及胚芽完整度95%以上。2017年，哈尔滨工程大学、黑龙江省政府和黑龙江新产业投资集团持股孵化的国家高新技术企业——哈尔滨工程北米科技有限公司（下称工程北米）成立。截至目前，该公司拥有相关知识产权100余项，成为黑龙江省专利优势试点企业。

2023年5月，工程北米与哈尔滨市方正县共建的国内首个稻米适度加工示范园区投产，引来了众多婴幼儿辅食企业的关注。目前，工程北米为"秋田满满""米小芽"等国内十余个品牌代加工有机胚芽米，2023年加工量超过3000吨；与中国供销社和北大荒集团合作，使胚芽米数字化加工新技术逐步覆盖全省水稻主产区。2023年，工程北米为合作品牌实现经济效益超5亿元。

为加快推动高校、院所专利技术向企业转化实施，2023年，黑龙江省知识产权局全流程开展专利开放许可工作，促成哈尔滨工程大学的"一种人脸检测方法"专利授权许可给黑龙江四宝生物科技股份有限公司免费使用，成为黑龙江省首件开放许可的专利。"黑龙江省知识产权局将持续完善知识产权运营体系建设，畅通技术要素流转渠道，推进高校专利开放许可，提升专利转化运用效益，为区域高质量发展提供源动力。"黑龙江省知识产权局副局长邓璐表示。

船舶与海洋工程是哈尔滨工程大学的特色学科专业，哈尔滨工程大学科学技术研究院副处长朱小亮表示，下一步，结合海洋工程产业知识产权运营中心，学校拟建立产业技术转移交易平台，高校院所端、技术专家端完成成果录入，企业用户端完成需求发布，促进科技成果的转化，推动我国船舶工程加速驶向潮头。

（刘娜，原载于2024年2月28日《中国知识产权报》第05版）

084

"华工力量"促创新 "华工模式"促转化

"华工模式"如何让专利不再"沉睡"在实验室？华南理工大学的专利转化"成绩单"也许是最好的答案：科技成果转化率位居华南地区高校首位；近5年超过1000件专利实现转化，金额达到7亿元；近200件专利作价入股企业，金额超过1.5亿元……

为推动创新成果向现实生产力转化，华南理工大学依托粤港澳大湾区地缘优势和学校"以工见长"的办学优势，不断通过专利实施转让、专利作价入股、成立校企实验室等模式，大力推动专利产业化，实现了与地方产业全方位、深层次、宽领域的合作，为广东经济高质量发展注入了"华工力量"。

"先合作后转让"：提升专利转化效率

数据显示，近5年华南理工大学有超过1000件专利实现转化，76%在广东落地实施，惠及广东省18个地市400余家企业。

曾荣获第十六届中国专利金奖的专利"基于拉伸流变的高分子材料塑化输送方法及设备"（ERE技术）是华南理工大学开展专利转化的典型案例。该技术由中国工程院院士、华南理工大学教授瞿金平研发，突破了高分子材料加工行业的技术瓶颈，于2020年以超过2000万元的价格将其专利转让给了佛山企业广东星联科技有限公司（下称星联科技公司），刷新了华南理工大学向佛山企业转让单件专利的金额纪录。

"先合作后转让"模式，是达成此次合作的基础。星联科技公司有关负责人认为，他们之所以向华南理工大学购买ERE技术的专利，主要是因为经过长期的产业化实践，对该专利的成功转化有足够的底气与把握。早在2015年，星联科技公司对ERE技术进行产业化，推出了可回收利用的高保膜，产品在新疆地区投入使用后，农民的农作物产量大大提高，每亩地增产 22 公斤，增收超过 170 元，回收率高达 95%。这种"先合作后转让"的专利转化模式，为企业与高校更好地开展产学研合作探索了一条新路径。

专利作价入股：提高专利转化意愿

一组数据彰显了华南理工大学通过专利作价入股企业推动专利转化的显著效果：近 5 年，学校推动 19 项科技成果作价入股，其中近 200 件专利作价入股金额超过 1.5 亿元，与社会资本合作创办高新技术企业 17 家。

"此前，很多专利'躺'在实验室里，转化效果不是很理想。为推动科技成果转化，学校推出了'华工十条'，鼓励科研人员将创新成果推向市场，大大提升了科研人员的转化意愿。"华南理工大学发光材料与器件国家重点实验室副主任黄飞在接受本报记者采访时介绍。

专利作价入股是提高科研人员转化意愿的有效方式之一。2019 年成立的东莞伏安光电科技有限公司（下称伏安光电公司）依托华南理工大学发光材料与器件国家重点实验室研发的相关技术，主要从事有机发光二极管（OLED）等有机光电功能材料的研发、生产和销售。

"公司成立时，实验室挑选了 60 余件专利入股，作价 3000 万元。"黄飞介绍，伏安光电公司生产的新型材料主要应用于手机显示屏，2023 年的销售额超过 2000 万元，随着新生产线的开工，今年销售额有望达到 7000 万元。

华运通达科技集团是华南理工大学凭借专利作价入股成立的一家代表性企业。华南理工大学土木与交通学院副院长虞将苗在接受本报记者采访时介绍："2017 年，学校挑选了 24 件专利入股企业，作价 3500 万余元。在这批专利的支撑下，该公司生产的高韧超薄沥青磨耗层具有降噪、抗划、抗裂等多重优势，目前已成功应用于中国第一历史档案馆重要路段、广州白云国际机场、港珠澳大桥人工岛通道等 200 多个大型项目，2023 年的销售额达到 1.5 亿元。"

校企实验室：搭建专利转化平台

近年来，华南理工大学与企业共建了 130 个校企联合实验室，为学校与企业搭建了高效的专利转化平台。

华南理工大学聚焦新一代信息技术、生物与健康、高端装备制造、新材料、新能源与节能环保等领域，结合粤港澳大湾区产业布局，推动与行业龙头企业共建校企联合实验室，投入经费达 6 亿元，为大湾区战略性新兴产业发展提供了技术支撑。

华南理工大学电子与信息学院教授章秀银举例介绍，其带领的技术团队一直从事天线和射频芯片的技术研发工作，他们将滤波器和天线融合在一起，成功研发出了体积更小、异频干扰更低的滤波天线。相关专利通过实施许可形式在京信通信技术（广州）有限公司应用，效果非常好，为了扩大技术成果产业化规模及加深双方的长期合作，2018年，学校与该公司共建校企联合实验室，双方在专利成果转化、技术二次研发及人才培养等多方面开展深层次合作。

"联合实验室的专利权由学校与企业共有，使用权归企业所有，可以说，校企联合实验室为学校和企业搭建了一个专利转化平台，大大提高了转化效率。"章秀银表示。

专利转化工作不仅将华南理工大学的专利转化为生产利器，还为学校带来新的技术升级需求，形成产学研合作的良性循环，助力广东经济高质量发展。正如该校校长张立群在国家知识产权局、广东省人民政府共建国际一流湾区知识产权强省推进大会上所说："下一步，学校将持续深入贯彻落实专利转化运用专项行动方案精神，全面落实广东省委'1310'具体部署，在战略高端产业攻坚克难，在县域中小产业强势赋能，全方位助力广东制造强省建设。"

（冯飞，原载于2024年3月15日《中国知识产权报》第01版）

085

"象牙塔"飞出专利"金凤凰"

4件专利作价入股1.05亿元、专利转化为企业创造产值约9.1亿元、推出天津市首单知识产权信托产品……近年来，南开大学不断续写着创新的故事，一件件高价值专利走出"象牙塔"，"组团"迈向市场。为技术找市场、为企业解难题，完善科技成果转移转化机制，南开大学成功地架起了高校、产业与地方经济之间高质量发展的桥梁。

以制度强引领

"近年来，国家陆续出台的相关政策为促进高校创新成果转化提供了保障。"南开大学科学技术研究部相关负责人介绍，学校提前谋划，快速响应，对学校科技成果转化及专利运用等方面的政策文件进行了修订完善，陆续出台了《南开大学职务科技成果赋权管理办法》《南开大学技术经纪人管理办法》《南开大学校企联合科研平台管理办法》等文件。

"创新成果转化是一个系统性的工程，在转化过程中存在风险与不确定性，然而，完备的知识产权机制可以对其进行防范与化解。"相关负责人介绍，学校构建了创新成果转化的风险防控机制、设立专利申请前评估制度。同时，各部门协同联动，将成果转化相关业绩纳入职称评聘、绩效考核等人才评价指标体系，鼓励教师积极投身应用研究和成果转化工作，提升教师成果转化积极性，构建成果转化利好生态。

练内功，借外力，打造一支善于"识宝"的专利转化服务队伍必不可少。南开大学不断夯实专利转化服务人才专职队伍基础，同时推进科技特派员、科技镇长团等科技成果转化兼职队伍建设。目前科技特派员累计达249人次，专兼职队伍高效配合、互为补充，合力助推学校成果转化工作。

依托遍及海内外的丰富校友资源，南开大学通过各地校友会汇聚科技资源、产业创新资源、金融服务资源等，为学校成果转化工作提供科技、金融、法律、企业管理等全方位服务和支撑，助力创新成果转化。

以需求为导向

创新成果只有面向实际需求，解决实际问题才能发挥最大价值。"高校的科研人员精于科学技术的研发，但对于产业发展和市场需求的把控不足，导致高校成果供给与企业需求之间存在偏差。"在谈及成果转化"堵点"时，相关负责人对记者表示。

南开大学基于本校优势学科和区域重点产业发展需求，结合技术市场热点领域，优化评估体系，通过专利导航、技术分析等手段，保障科技成果转化紧密围绕市场需求，以提升专利质量、培育高价值专利及提高专利运营水平为抓手，培育出一批具有代表性的专利转化案例，更好服务经济社会发展。

在"双碳"目标与绿色发展的浪潮之下，传统工业聚氯乙烯（PVC）生产中的各类汞污染问题亟待解决。南开大学教授李伟带领团队在绿色无汞催化剂领域深耕多年，研发出高效稳定的金基无汞催化剂，提交的多件专利申请已获得授权。这一绿色技术一经问世，便受到相关企业的青睐：4件组合专利，以1.05亿元作价入股内蒙古海驰精细化工有限公司，在千吨级生产线上稳定量产并销往多家企业；一家企业应用无汞催化剂生产PVC约15.4万吨，创造产值约9.1亿元，为氯碱行业低碳、环保、可持续发展提供了路线方案。

去年9月，南开大学与北方国际信托股份有限公司联合推出了天津市首单知识产权信托产品"北信日新天工开物知识产权服务信托"，实现天津知识产权信托产品"零"的突破。李伟教授团队成为以信托服务促进知识产权保护运用、保障收益的"探路者"。

找准技术路线，南开大学不断发挥学科优势，瞄准新材料、生物医药、人工智能、数字经济、环境保护、绿色农业等热点领域，不断提升原始创新实力，在热点领域专利申请量持续保持高位，为创新成果转化夯实基础。

以合作促转化

围绕高校专利"转化难"，企业专利"获取难"，南开大学致力于搭建高校研发与企业专利需求之间的"桥梁"，打通高校专利流通梗阻，以校企合作等方式推进创新成果转化进程不断加快。

"主动对接国家战略和市场需求,遵循教育规律和学生成长成才规律"被写进了南开大学的本科招生政策中,同时也记在了南开大学的每位创新者心中。南开大学教授孔德领在人工血管领域醉心科研20年,致力于将创新成果推向为国为民服务的大市场。在他看来,人工血管之类的高端医疗器械的国产化进程正在不断加快,这是他和团队的研发机遇。

为提高相关专利可转化性,孔德领带领团队建设了大动物血管移植外科实验平台和手术团队,系统开展了多项大动物实验,实验结果显示该研究具有优良的性能。随后,由南开大学、研究团队和产业管理团队三方组成的领博生物科技(杭州)有限公司,促进相关专利产业化落地,累计获得风险投资1.05亿元。运用相关专利的产品,也成为我国首个进入临床试验的组织工程血管产品。

"近年来,南开大学依托科技成果推介微信公众号、学校科技园及其他科创平台等媒介进行科技成果的常态化发布推介。同时,学校与多地政府和企业保持联系,以产学研需求对接、产教融合交流、校企平台建设等多种形式对接市场和产业需求,助力创新成果转化。"相关负责人介绍,截至目前,南开大学累计提交专利申请8000余件,其中授权专利2000余件。2023年专利转化率达13.7%,同比增长84%。

营造保护知识产权的良好氛围,鼓励创新研发、促进专利转化,将无形"知产"变为有形资产,南开大学正在不断地为地方经济高质量发展注入活力。

(叶云彤、韩宁,原载于2024年3月20日《中国知识产权报》第05版)

086

高效转化向"新"发力
"中南模式"点"知"成金

高校、企业是专利转化运用链条上不可或缺的两个主体,一个代表着科研探索,一个代表着产业需求,需要碰撞才能擦出火花。

建立"现金+股权"的混合转化模式、构建"四位一体"工作体系、组建"银龄计划"专家咨询团队、校地联合成立"飞地孵化器"……中南大学不断创新专利转化举措,积极与企业、市场对接,在"愿意转、转得顺"上下功夫,推动"科研之花"结出"产业硕果",探索出了专利转化运用的"中南模式"。自 2020 年以来,中南大学 1071 件专利实现转化,合同金额超 21.79 亿元;依托专利成果在湖南合作成立企业上千家,其中 8 家企业成功上市。

"愿意转":作价入股释放红利

技术好不好,专利价值高不高,关键在转化运用。中南大学坚持创新驱动发展,多次获得中国专利金奖,拥有丰富的专利资源,不愁"有的转、有权转"。

如何让这些专利释放更大的价值?作为国家知识产权示范高校,中南大学一直在打通专利转化运用堵点的道路上不断探索。早在 2000 年,中南大学就明确将科技成果转让(许可)获得净收入或技术入股所得股份的 70%,奖励给科研人员。2014 年,《中南大学技术成果股权及权益分配规定》出台,中南大学开始探索"现金+股权"的混合转化模式,通过引入资本,以技术入股方式成立公司开展高价值专利转化,构建起"专利+资本+平台"的合作机制。"这让科研人员既获得了真金白银的现实收益,又通过股权激励获得企业的长期收益。对受让企业来说,既减轻了其支付较大数额转让费用的压力,又将科研人员切身利益与企业发展紧密联系,有利于企业的创新发展。"中南大学科技园及知识产权管理办公室主任伍晓赞介绍。

材料在航天领域扮演着重要角色，科研人员不断探索、创新攻关，努力实现航天特种材料的技术突破。中国工程院院士、中南大学轻合金研究院教授钟掘带领团队攻克了长征九号重型运载火箭铝合金超大构件制造重大技术难题，成功研制出十米级运载火箭贮箱整体过渡环、箱底瓜瓣、端框等高性能构件，相关研究成果形成了"航天用超大型铝合金材料与构件制造"高价值专利组合。

2019年，中南大学围绕"航天用超大型铝合金材料与构件制造"项目，与湖南高新创业投资集团有限公司合作成立湖南中创空天新材料股份有限公司（下称中创空天），以6件高价值专利作价2亿元入股中创空天，并奖励钟掘院士团队14%的股份。4年来，中创空天实现营销收入跨越式增长，2023年营业收入达12.09亿元。

"专利转化不是一锤子买卖，专利项目从实验室走向产业化，需要科研人员全程跟进，及时解决新问题，满足市场新需求。作价入股的模式能够很好地调动科研人员专利转化的积极性，让科研人员与企业联系更紧密了，也让科研人员更好地了解市场需求。"中南大学轻合金研究院院长易幼平表示。

中南大学通过优化专利转化流程，建立起符合学校特点的成果转化制度体系，把专利转化运用的红利切实落在科研人员身上，一步步破解高校科研人员"不敢转、不愿转"的藩篱。

"转得顺"：供需对接"双向奔赴"

连日来，中南大学粉末冶金研究院副教授彭元东带领团队潜心攻关高频用、高性能金属磁粉芯绝缘包覆技术。该技术主要应用在5G基站、新能源充电桩等产品上，可大幅降低充电过程中的损耗，提高应用场景中的能量转化效率。"我们现在能够心无旁骛地开展科研工作离不开津市（长沙）飞地孵化器的支持。"彭元东介绍，该孵化器为科研团队提供了资金、场地等方面的帮助。

200余公里外，位于湖南省常德市津市高新区的湖南天盛新材料科技有限公司总经理卜立霞的心里也有了底："津市（长沙）飞地孵化器让我们了解到彭元东教授正在研究的项目与公司的主打产品合金软磁相契合，特别期待彭元东教授的科技成果在我们公司转化落地。"

他们口中的"津市（长沙）飞地孵化器"正是中南大学与津市市人民政府"双向奔赴"的结果。"津市（长沙）飞地孵化器相当于在有'凤'的地方筑起了'巢',成果在中南大学孵化,产业在津市落地,让更多成果在津市开花结果。"伍晓赞进一步解释,打造飞地孵化器可以推动一批批专利项目到有需要的地方去,加快转化运用,实现校地资源互补。

近年来,中南大学探索建立"飞地孵化器+飞地产业园"的"双飞"模式,已经与萍乡、津市、湘阴等地合作建立了"飞地孵化器",正在与湘潭市、岳阳市等地探索建立"飞地产业园",扩大转化半径,从而提高转化效率。

专利转化"转得顺"少不了专业的知识产权团队运营。2018年,中南大学与长沙市岳麓区人民政府合作,共建中南大学科技园(研发)总部,联合成立中南大学科技园运营公司,组建专业的知识产权运营服务团队。依托这支专业的团队,中南大学建立了"综合管理+战略研究+转化运营+信息服务"四位一体的知识产权工作体系,打造知识产权全链条服务机制,对学校专利转化项目实行"动态跟踪、清单管理",全程参与项目的方案论证、价值评估、协议起草、项目落地等过程。

为了促进高价值专利和需求的精准对接,中南大学知识产权运营服务团队打造了"知中南 创未来"品牌路演活动,通过线上线下多途径发布科技成果,还定期举办项目推介会、专场对接会、路演会、发布会等。"我们甘为'配角',做嫁衣,目的就是让更多专利从'书架'走向'货架'。"伍晓赞的话道出了团队心声。

值得一提的是,中南大学还面向全校热爱知识产权和成果转化工作的退休教授,组建银龄教师专家咨询团队,为学校专利转化咨询论证工作注入"银龄智慧"。

《专利转化运用专项行动方案(2023—2025年)》和《高校和科研机构存量专利盘活工作方案》相继出台后,中南大学锚定任务目标抓紧部署,于今年3月27日率先完成全校1.3万余件存量专利盘点工作。"学校将以盘点工作为契机,实施精准有力、长期可持续发展的存量专利转化运用战略,加快建立以产业需求为导向的专利创造和运用机制,促进学校专利向现实生产力转化。"伍晓赞说。

(李倩,原载于2024年4月12日《中国知识产权报》第01版)

087

北京交通大学专利转化运用取得显著成效——

专利铺新路　交通提速度

春风拂面，万物复苏，在这如诗如画的季节里，在雄安新区综合执法局的组织下，一场汇聚了高校、企业、知识产权服务机构的"校城融合　知产先行"专利转化运用路演活动于雄安新区正式启动。北京交通大学的专家学者们怀揣智慧交通与车联网领域的"智慧结晶"，将创新的"种子"播撒在这片承载着千年大计、国家大事的土地上。

高校怎样让创新成果转化为产业升级的动力引擎，为雄安新区新兴产业铺展希望之路？答案，或许就隐藏在这场专利转化运用的盛事之中，蕴藏于高校那蓄势待发的存量专利"宝藏"之内。

硬核科技　蓄势待发

从雄安高铁站前往雄安科创中心的路上，每隔数十米，就矗立着一个智慧设施，公路两旁的"智慧交通"元素将科技感"拉满"。其中，最引人注目的是那些智慧道路灯杆，这些灯杆能够根据能见度的高低，自动调整照明亮度，就像一位贴心的夜间守护者，为人们照亮前行的道路。

"瞧这条条省道，它们与雄安高铁站紧密相连，形成了一张互联互通的交通网。"作为智慧交通技术专利发明人的北京交通大学教授王江锋指着路上的智慧设备对记者介绍。

雄安新区加快智慧交通建设的举措，为北京交通大学智慧交通领域相关专利的落地提供了应用场景。此次，王江锋团队携带"车路云一体化仿真系统""智慧路网设备自动检测预警与数字化运维关键技术""空天一体化数字仿真沙盘"3个项目参与路演活动。"我们希望自主研发的专利技术在这里能够更好地落地。"王江锋的话语中透露出对创新成果转化的坚定信心。

　　瞄准雄安新区发展机遇的还有北京交通大学副教授郑发家，他携带自主研发的"激光高精度多参数快速综合检测仪"项目参与路演；北京交通大学博士张子为则携带"基于持粘注浆材料的轨道交通隧道工程防水层修复技术"项目在路演现场展示。多位学者的参与，不仅展现了北京交通大学在科研领域的实力，也体现了该校对雄安新区发展的支持和期待。

　　"多项硬核科技齐聚雄安新区，每个项目背后至少拥有3件以上核心专利静待转化。"雄安新区综合执法局相关负责人表示，路演活动是充分发挥供需对接成效的关键一环。

　　事实上，早在路演活动之前，雄安新区就组织企业与高校进行多轮线上线下对接，帮助高校挖掘具有产业化、商业化的科技成果。雄安新区在河北省知识产权局的指导支持下，深入落实京津冀协同发展战略，与北京高校携手，举办"校城融合　知产先行"系列活动，首场活动聚焦北京交通大学，特别是该校智慧交通领域。

政府搭台　学校"唱戏"

　　4月3日，雄安科创中心的路演厅里人头攒动，在媒体的闪光灯下，北京交通大学王江锋教授团队与雄安国创中心科技有限公司签署合作意向协议。王江锋欣喜地说："我们团队拥有的一系列专利将在雄安新区找到广阔的应用空间。"

　　见证这一时刻的北京交通大学知识产权与技术转移中心副主任王欣对记者表示："这是北京交通大学科研成果转化的一个重要里程碑，标志着我们在服务国家战略、推动区域经济发展方面迈出了坚实的一步。"

　　一份份指导文件的出台，加速盘活高校"沉睡"专利。北京交通大学近年来出台了一系列促进科技成果转化的政策，包括《北京交通大学促进科技成果转化实施办法》《北京交通大学专利管理与高价值专利培育办法》《北京交通大学知识产权管理办法》等，鼓励成果完成人实施专利转化。

　　"除了合作转化模式，学校还支持科技成果完成人通过个人现金出资方式成立企业，作为其科技成果产业化实施主体，相关科技成果转化按照关联交易相关办法办理。"王欣表示，例如，学校通过引入具有工程经验的毕业生投资合作，搭建"师生创业"形态的企业股权及管理结构。目前，已有通过这种方式实施转化的成功案例。

去年10月，国务院办公厅印发《专利转化运用专项行动方案（2023—2025年）》，梳理盘活高校和科研机构存量专利是四项重点任务之一。今年1月，国家知识产权局联合多部门出台《高校和科研机构存量专利盘活工作方案》，围绕推动一批高价值专利实现产业化的目标，"边盘点、边推广、边转化"，真正发挥高校院所科技创新主力军、专利研发引领者的作用。

雄安新区印发《雄安新区专利转化专项计划资金管理办法（试行）》，加强对新区高校输出专利项目的支持力度，进一步推动高校知识产权运用促进工作高质量发展。此次路演活动以"点、线、面"结合形式对供需双方进行双向激发，即以疏解高校（供方）开放许可专利作为切入点，匹配雄安新区重点产业企业（需方）；以产业领域为工作线，全面梳理供方技术及专利储备情况，激发企业更广泛需求；以路演活动为接触面，实现更广泛对接实效。

转化"试验田"结出硕果

高校和科研机构既是科技创新的主力军、专利研发的引领者，也是专利转化运用的主要供给侧。"作为首批疏解到雄安新区的高校之一，我们在轨道交通、先进制造与智能装备、信息技术等领域储备了一批高价值专利项目。"王欣表示，近年来学校已经孵化出12家企业，并成功将它们推向资本市场。

由该校孵化的交控科技股份有限公司凭借其在通信基础列车运行控制系统领域的技术优势，于2019年成功登陆上海证券交易所科创板。目前，该公司的地铁运行控制系统占据了全国30%以上的市场份额。同样出自北京交通大学的北京交大思诺科技股份有限公司，依托其车载信号控制系统的研发实力，也在2020年成功于深圳证券交易所创业板上市，该公司研发的高铁车载信号控制系统在全国市场占有率超过60%，居于行业领先地位。

如今，路演活动为河北省引进京津优秀资源、盘活疏解高校高价值专利、加速向雄安新区转化运用起到了示范引领作用。"我相信在大家的共同努力下，专利转化运用将驶上快车道，跑出加速度，为培育发展新质生产力、推动经济社会高质量发展作出贡献。"国家知识产权局知识产权运用促进司副司长陈仕品表示。

"接下来，我们将与更多疏解高校合作，围绕新一代信息技术、现代生命科学和生物技术、新材料、绿色生态农业等雄安新区重点产业举办专利转化运用系列路演活动，推动更多高价值专利向雄安新区中小企业转移转化。"雄安新区综合执法局相关负责人介绍。

（陈景秋，原载于2024年4月24日《中国知识产权报》第05版）

088

江南大学多举措推进科技成果转化——

"先奖后投"打通专利转化之路

运用益生菌专利的产品销售额近2亿元;现有存量专利1万余件;软科世界一流学科排名中,"食品科学与工程"学科连续五年蝉联世界第一……地处太湖之滨的江南大学素有"轻工高等教育明珠"美誉,以"彰显轻工特色,服务国计民生"为办学理念奋进起航。一直以来,江南大学积极推进民生领域的创新成果转化,让科技与产业无缝对接,将民生愿景变成幸福实景。

民生无小事。"食品产业作为国民经济支柱和保障民生的基础产业,其高质量发展意义重大。我们把知识产权创新和转化应用作为学校科研工作的主要抓手,科研成果转化日益丰富,在食品领域取得了一系列成果。"中国工程院院士、江南大学校长陈卫介绍。让更多拥有自主知识产权的"好东西"走入千家万户,是江南大学无数科研人暗自许下的诺言。

小菌株落地生"金"

走进超市,乳制品、发酵饮品、健康食品等产品的配料表上时常可见"益生菌"的字样。那么,益生菌产品为何如此受欢迎?它会给老百姓带来哪些福音?江南大学食品学院研究员崔树茂介绍,益生菌是一种对人体有益的微生物,通过菌体生长和代谢产生有效的功能成分,以食品或保健品的形式摄入,从而达到促进人体健康的效果。

每一个功能性益生菌菌株的问世都非易事。崔树茂介绍,早年间,我国益生菌市场普遍被国外菌种垄断,缺乏拥有自主知识产权的功能性益生菌。面对困境,作为我国最早一批益生菌研究者之一,陈卫牵头成立了"益生菌与营养健康"科研团队。在陈卫的带领下,科研团队致力于中国本土功能性益生菌选育，发掘与整理益生菌资源，建立益生菌菌种库，挖掘益生菌的"健康密码"，拓展益生菌的应用技术，开展一系列科技攻关，得到了多株拥有自主知识产权、适合中国人群肠道的本土益生菌。现今，经过40年的积累，江南大学已开发了本土益生菌近400株，为国内目前最大的益生菌专利菌株库。

坐拥体系庞大的菌株库，如何让"中国菌"走入千家万户？2020年，该校益生菌与营养健康团队和拜耳（中国）有限公司（下称拜耳）展开合作，围绕江南大学4株专利菌株，设计出4款用于解决不同人群健康问题的配方产品"达益喜"，并实现上市。崔树茂介绍，江南大学与拜耳分别于2020年和2022年签订两份许可及框架合作协议，约定了"达益喜"系列产品的开发与相应专利菌株的授权许可。2023年，"达益喜"系列产品市场销售额近2亿元，服务超30万我国消费者。

专利许可加速小菌株撬动大产业。崔树茂介绍，2022年3月，江南大学与河北一然生物科技股份公司签订"一种抗幽门螺旋杆菌的植物乳杆菌及其用途"的专利许可合同，合同金额达2700万元。近年来，江南大学就益生菌生产制备、发酵乳制品、益生菌+中草药（药食同源）、功能后生元、功能日化与国内外多家企业达成专利转让合作。益生菌项目的发掘与产业化应用，也是江南大学将更多的中国本土专利菌株推向市场并进军国际市场、产学研深度合作的一个缩影。

做创新的"主人翁"

决定创新成果转化成效有两个关键因素，创新成果质量是内因，相关机制的激励是外因。"之前，高校院所的科研人员缺乏转化的动力，导致大量资源得不到高效利用。"江南大学未来食品科学中心教授李江华表示。2020年，江南大学修订了《江南大学专利技术转化管理办法》，提高了科研团队的知识产权转让和许可收益奖励比例。

在实践中，江南大学摸索出"先奖后投"的专利权处置方式，将其中大部分权益奖励给专利发明人。"现在的专利作价入股方式将专利和转化效益捆绑在一起。对研发团队来说，作价入股后，将以'主人翁'的心态来推动成果转化，这意味着要对专利落地市场'负责到底'。"李江华表示。

为了让老百姓"吃好饭"，2021年，江南大学未来食品科学中心陈坚院士团队以"一种添加含硫氢基酸强化植物蛋白肉类风味的方法"等3件专利作价入股2000万元，与五芳斋集团股份有限公司合作成立浙江远江生物科技有限公司（下称远江生物），运用相关专利技术，实现整块植物蛋白肉的工业化生产。2023年12月，远江生物植物基蛋白项目正式投产，预计年产值将超7亿元。

2020—2023年，江南大学与多家中外企业达成协议，完成19项作价投资入股项目（涉及51件专利），总估值约1.1852亿元。李江华表示，"先奖后投"方式让企业和科研团队成为"一家人"，大家各司其职，企业负责销售和获得市场反馈，科研团队不断升级技术，让更多好技术走向市场，惠及民生。

构建科学管理体系

2022年6月，江南大学知识产权运营中心正式成立，中心统筹学校知识产权全周期管理，强化成果转移转化，为学校知识产权和科技成果转化提供全链条专业服务。同年7月，江南大学与无锡市市场监督管理局（知识产权局）联合成立江南大学无锡知识产权研究院，推进江南大学更多创新成果落地无锡。"江南大学构建'1+2+N'成果转化体系，针对无锡市重点企业和科技需求，加强有组织科研，构建以大食品学科为引领，以纺织、设计等特色优势学科为重点，以物联网、机械、化工等其他学科为支撑的科技成果转化体系。"江南大学相关负责人介绍。

针对学校内设服务机构与市场未能有效接轨、缺乏独立的成果转化专业服务队伍等问题，学校建成江南大学科技成果与知识产权转化平台，集合学校的成果库、人才库、企业库，实现对专利成果、科技人才、合作企业的综合展示、管理、分析，促进学校专利成果的转化运用。

"下一步，江南大学将打造从基础研究、技术攻关到科技成果转化全链条的协同创新体系，构建知识产权全流程管理体系，从科技创新供给侧大力支持高质量知识产权创造与运用，让更多科技成果惠及民生。"上述相关负责人表示。

（叶云彤、罗登文，原载于2024年5月15日《中国知识产权报》第05版）

089

北京工业大学加快专利转化，形成新质生产力——

搭桥梁　激活力　促转化

在北京工业大学（下称北工大）的科研平台上，创新之火正熊熊燃烧。教授团队如同一位位技艺高超的匠人，用专利的"金钥匙"，打开了新质生产力的大门。

"近年来，北工大以'三高五转两体系'模式，成功探索了科技成果转化的新模式。我们有的教授团队在激光器领域绘制出国产化的精彩篇章，拥有诸多专利，也有的教授团队成功克服了摆线齿轮加工的困难，让一度阻碍前行的'卡脖子'问题成为过去式。"北工大副校长陈树君对中国知识产权报记者表示。

如今，这些创新成果如同新生的种子，通过"科研团队——技术转移中心——国家大学科技园"这一手段，被播撒进产业的沃土，绽放出一朵朵高价值专利转化为新质生产力的璀璨之花，为行业的高质量发展画卷添上了浓墨重彩的一笔。

创新驱动"有得转"

2023年4月，北工大举办了一场盛大的科技创新成果转化促进大会。这场群英荟萃的盛会上，北工大机械与能源工程学院副教授纪姝婷的团队在"揭榜挂帅"这一独特机制的引领下，与北京智同精密传动科技有限责任公司紧密携手，共同踏上了研发生产摆线齿轮加工机床的征程。纪姝婷率领团队，在详细了解企业诉求后，很快便基于企业的实际情况制定了研发计划。

在我国工业生产线上，能挑大梁的工业机器人往往需要负重50公斤以上，而这些"顶梁柱"的肘关节必须要用到RV减速器。"RV减速器中的摆线齿轮是它的核心零部件，在过去很长一段时间里，生产高精度、高效率摆线齿轮的核心技术一直掌握在国外企业手中。"纪姝婷介绍。

生产摆线齿轮的机床售价高达1000万元，甚至长期有价无货。应用于该种机床的加工刀具设计方法掌握在国外企业手中，刀具供货周期长，且每把刀具均需收取高额设计费。纪姝婷团队勇敢地迎接了摆线齿轮制造工艺的技术挑战，经过无数次的试验与探索，终于成功研制出了专门加工高精度摆线齿轮的神奇刀具。这把刀具不仅锋利无比，而且精度极高，能够轻松切割出完美的齿轮形状。

依托着国产机床的坚实后盾，纪姝婷团队又研发出了高精度摆线齿轮加工工艺。这一工艺凝聚了团队的智慧与汗水，使得摆线齿轮的加工精度达到了前所未有的高度。为了确保加工出的摆线齿轮能够达到最佳效果，团队还创造了配套的刀具廓线检验方法。这种方法如同火眼金睛，能够精准地检测出刀具廓线的微小误差，确保每一把刀具都能达到最佳状态。

经过工厂的严格检验，由纪姝婷团队研发的摆线齿轮加工工艺成功经受住了考验。由这套工艺加工出的摆线齿轮精度极高，齿廓线误差更是被精准地控制在4微米以内。随后，北京智同精密传动科技有限责任公司为该专利技术支付了1000万元经费，全力支持纪姝婷团队进行该项目研发。该技术将高精密摆线齿轮的生产成本缩减至三分之一，将生产效率提高了2倍至3倍。目前，北京智同精密传动科技有限责任公司已经将该专利技术投入工厂应用。

激发活力"愿意转"

作为北京市首批唯一的赋予科研人员职务科技成果所有权或长期使用权的试点高校，北工大制定了"赋予权属与激励"的管理机制，强化了赋权改革过程中各主体的激励机制。此外，北工大提高了科研人员的奖励分配比例，许可、转让专利按梯度奖励不小于80%，专利作价入股不低于75%。

谈及激励机制如何助力科研创新，北工大物理与光电工程学院研究员秦文斌分享了他独特的专利转化经历。他表示，自2000年起，北工大先进半导体光电技术研究所便踏上了高功率半导体激光技术研究的征程。在这漫长的岁月里，研发人员如同一群坚韧的探险者，不断突破技术壁垒，攻克了一个又一个难关。

在全产业链关键技术上，他们取得了显著的突破，包括高亮度半导体激光芯片外延与制备、器件封装、光束整形与合成、光纤耦合以及系统集成与工程化等等。这些技术的成功突破，不仅实现了激光器的全国产化，更为我国半导体光电技术的发展奠定了坚实的基础。

秦文斌表示，这些先进的技术成果已经取得了丰硕的回报，先后获得了 60 余项专利授权，此外还获得国家科技进步二等奖 1 项和国防科技进步三等奖 1 项。这些成绩不仅是对他们团队辛勤付出的肯定，更是对北工大科研实力的有力证明。

"该项目就是采用先赋权后转化方式，依据《北京工业大学科技成果转化管理办法（试行）》《北京工业大学校属技术转移服务企业科技成果转化实施细则》，先赋予科技成果完成人知识产权的所有权，学校与成果完成人再以知识产权共同作价入股进行转化。"陈树君介绍，2021 年 9 月至 12 月，该项目 11 项激光技术相关专利按照学校科技成果转化流程，先后完成了专利评估、赋权变更与作价入股，成立学科性公司——北京工大亚芯光电科技有限公司，该公司于 2022 年 2 月获得投资 1500 万元。

作为北京市首例采用专利赋权改革政策试点，通过专利作价入股方式进行科技成果转化并落地北京的企业，北京工大亚芯光电科技有限公司于 2022 年 5 月获得了北京市知识产权局 100 万元的专利转化专项奖励，2023 年获批"国家高新技术企业"。

校地协同"成功转"

面向北京市高精尖产业，聚焦学校工科学科优势，北工大以"揭榜挂帅"方式实行有组织科研，充分发挥学校的立地优势，以创新平台为牵引，主动承担北京重大战略需求和区域产业规划。

陈树君表示，目前学校与北京市朝阳区开展朝阳人工智能产教融合基地（山河湾谷创新区）建设，与北京市怀柔区建设怀柔物质科学科教融汇基地，与北京市大兴区建设北工大大兴氢能产教融合基地。值得一提的是，学校与北京市经开区建设经开高端装备产教融合基地，围绕关键核心技术攻关、前沿科学研究、科技成果转化、打造创新平台、创新人才引培等方面开展合作，共同推动创新链、人才链与产业链的深度融合，为北京国际科技创新中心建设提供有力支撑。

在顶层设计方面，北工大建立科技成果转化统筹协调管理机制，成立了由校长任组长、主管科研副校长为副组长的成果转化工作小组。同时，学校还构建了"科研团队——技术转移中心——国家大学科技园"三位一体的技术转移服务体系。目前，技术转移中心共有专兼职人员 38 人，高级技术经理人 4 人，与清华控股、京津冀高校知识产权运用联盟等 50 余家专业化技术转移服务机构达成合作。

一系列举措使得北工大的专利转化工作不仅在数量上取得了突破，更在质量上实现了跨越。据统计，近年来，学校的专利转化项目累计创造了五亿元的经济效益，为社会提供了大量的就业机会。

"发展新质生产力，科技创新是核心驱动力。未来，北工大将继续深化科技成果转化工作，优化专利转化运用机制，推动更多科研成果转化为现实生产力，为加快建设创新型国家、实现高质量发展贡献更大的力量。"陈树君表示。

（陈景秋，原载于2024年5月22日《中国知识产权报》第05版）

090

山东大学优化知识产权公共信息服务,助力形成新质生产力——

创新活水涌动"泉城"

2023年共提交专利申请3849件,其中获得授权2642件;近三年国外发明专利授权272件;近三年实施转让、许可的专利达606件,签订成果转化合同228项,合同金额约3.95亿元,其中千万级成果转化项目12项……坐落于"泉城"济南的山东大学将提升专利质量、激发转化效能作为开展知识产权工作的重要抓手,为创新引来了"源泉活水"。

"专利申请质量的不断提升和成果转化工作的不断突破,离不开知识产权信息服务的支持和帮助。"山东大学知识产权信息服务中心(下称山大信息服务中心)相关负责人在接受中国知识产权报记者采访时介绍,面向产业创新升级和发展新质生产力的现实需求,山大信息服务中心充分发挥知识产权服务人才和信息等资源优势,以知识产权赋能产业高质量发展,推进专利转化运用供需对接,不断完善知识产权全链条服务,以高效、全面的服务带动新质生产力的形成。

高效共享供需信息

"在专利转化运用过程中,我们发现团队有创新、企业有需要,但主要问题在于供需双方缺乏有效对接,供方'说不清',需方'听不明'。"山大信息服务中心执行主任董晓华表示,对此,中心全流程跟进服务,开展深层次专利情报分析,提升专利转化运用服务效能,进而推进校企协同合作和成果转化,为专利技术的供需两端提供科学有效的参考。

专利想要"转"出去,做到心中有数是前提。2024年4月,山大信息服务中心联合山东大学技术转移中心共同完成了山东大学共计1.2636万件存量专利的全面盘点工作，助力盘活存量专利、做优专利增量，并在此基础上进一步推进专利转化运用和产业化。

"对于学校技术研发团队、重点实验室，我们会定期与研发团队进行研讨交流，这个传统我们自 2018 年就开始实行，至今已有 6 年。"董晓华表示，山大信息服务中心在对其专利成果进行全面盘点和梳理的基础上，评估重点实验室在对标高校研发领域的整体表现和综合实力，并与同领域科研机构深入对比，开展专利竞争力对标分析服务，发现优势、寻找不足。

"得益于学校知识产权公共信息服务的支持，我们桥隧空天地一体化地质探测及检测技术以 1.25 亿元的价格转化，实现了山东大学专利转化亿元级项目零的突破。"山东大学岩土工程中心常务副主任林春金表示，在隧道工程中具有重大应用价值的赤泥基新材料、盾构五官一脑新技术、水力破岩新一代破岩装备等技术也已经陆续成熟，有望进一步转化落地。

细化服务发掘价值

"山大信息服务中心聚焦关键技术细分领域，围绕研发团队创新需求形成专利分析报告、专利查新报告，并且根据挖掘出的对比文件向研发团队提出针对性的专利布局策略。通过专利文献、非专利文献技术比对，中心协助研发团队明确产业当前研发热点及未来发展趋势，助力研发团队进一步完善核心技术的专利布局。"山东大学晶体材料国家重点实验室相关负责人表示。

在从技术、经济和法律价值等维度对实验室存量专利进行全面评估和筛选的过程中，山大信息服务中心团队深入挖掘出研发团队新型单晶光纤制备系列专利为晶体与器材技术领域的核心专利。该技术可作为 2500℃及以上温度传感光纤材料，突破传统高温光纤在荧光效率、熔点等方面的限制。山大信息服务中心团队随即协助研发团队围绕新型单晶光纤及其制备技术领域开展专利布局，提交发明专利申请 5 件，其中 4 件已获授权。

专利授权是起点而非终点。在前期提供的一系列精准化、定制化的知识产权信息服务的基础上，山大信息服务中心通过搭建山东大学知识产权公共服务平台向省内外创新主体推介展示高价值专利，并协助匹配转化对象。

"在经过细致的评估和沟通后，我们积极助推氧化铪单晶光纤及其制备方法与应用系列专利，以 2000 万元的费用转让给了一家光电企业。目前，该企业已经完成了成果转化阶段，实现了产品量产，并且已经接到大量国内外订单，这也表明了该系列专利具有广阔市场前景和实际应用价值。"山大信息服务中心相关负责人表示。

服务成果开放共享

专利导航作为一种信息分析的方法，以专利信息资源为数据基础，把专利运用嵌入产业技术创新、产品创新、组织创新和商业模式创新之中，是引导和支撑产业科学发展的重要工作。山大信息服务中心围绕产业集聚区、龙头企业等创新主体发展需求，以服务产业创新发展决策、助力科技研发工作为目标，牵头开展并完成了《风电产业专利导航》。

"《风电产业专利导航》融合了专利情报、产业政策等多源数据，全景式分析全球产业发展竞争格局，探索山东省产业发展定位和路径，从产业结构优化、企业整合培育、创新人才引进和市场运营等多个层面提出产业发展路径和政策建议，能够为政府部门决策部署提供参考，促进创新资源优化配置，赋能区域产业创新发展。"董晓华介绍。

"山大信息服务中心以专利导航成果为基础，围绕关键核心技术开展高价值专利培育、挖掘和运用，通过信息挖掘为研发团队定向寻求合作、转化企业。"董晓华介绍，得益于专利信息的深度挖掘以及专利布局的有效完善，研发团队与企业对海上风电、陆上风能获取、故障评估等热点领域进行了相应专利布局调整，并提交了相关发明专利申请5件。

此次专利导航成果的公开发布、开放共享，为产业创新主体指明了研发方向，吸引了不少大中型企业主动寻求合作。董晓华介绍，这充分发挥了知识产权信息服务桥梁作用，推动高校与企业建立起了专利布局与高价值专利培育合作机制，双方优势互补，共同带动产业创新升级。

山大信息服务中心相关负责人表示，未来，中心将进一步完善知识产权全链条服务体系，促进校企精准对接、高效互动，积极构建专利导航成果共享机制，推动学校专利转化能级跃升和创新链条有机衔接，形成可复制、可持续、可推广的典型经验，加速释放创新活力，加快新质生产力的形成。

（赵振廷，原载于2024年6月19日《中国知识产权报》第05版）

091

上海交通大学多措并举促进专利转化运用，加快形成新质生产力——

科研"下书架" 专利"上货架"

知识种子深播种，创新之树渐成林。

在上海这座现代化都市的心脏地带，一所历史悠久的高等学府——上海交通大学（下称上海交大），正以其创新能力和不懈的努力，推动着创新成果转化为现实生产力。

全国首创"完成人实施"成果转化、"先奖后投"作价投资、"先投后奖"+股权退出……近年来，该校通过一系列创新举措，打破了科技成果转化"最后一公里"的瓶颈，推动了众多创新成果从实验室走向市场，形成新质生产力，实现经济效益与社会效益的双赢。那么，上海交大的专利是如何"变现"的？高校与企业"共舞"又应如何踏准节奏？

激发创新活力

坐落于黄浦江畔的上海交大，秉承着"饮水思源，爱国荣校"的校训，在教书育人的同时，致力于科学研究与技术创新。在这里，每一项创新成果都凝聚着师生的智慧与汗水，成为推动社会进步的重要力量。

"我们首创的'完成人实施'创新成果转化模式，成为高校科技成果转化的亮点。"上海交大先进产业技术研究院副院长刘欢喜对中国知识产权报记者表示，通过该模式，成果所有权全部赋权教师团队形成了"职务科技成果赋权完成人+教师自主实施创业+高校未来收益保证"的新路径。

北京术锐机器人股份有限公司是"完成人实施"模式的典型——学校将7项专利的所有权赋予徐凯教授团队，不再直接持股、其权益可递延至创业成功后支付。在该模式下，徐凯教授团队自主研发出我国首台获批上市的单孔腔镜手术机器人。2023年，随着企业即将在资本市场上市，徐凯教授向学校提交 IPO（首次公开募股）证明申请，获得学校出具的企业知识产权清晰证明。

"专利转化，没有最好的模式，只有更适合的模式。"刘欢喜坦言，除了上述模式外，上海交大还探索了"先奖后投"作价入股、"先投后奖"+股权退出等模式。以"先奖后投"作价入股为例，学校将标的知识产权以 60% 的所有权份额赋予科研团队，科研人员与上海交大知识产权管理有限公司分别以标的成果的 60% 和 40% 所有权份额入股目标公司。

而"先投后奖"+股权退出模式则是先成立科技公司，公司成立后，学校的股权退出。例如学校一位教授新成立一家检测公司，其中学校的知识产权作价 1000 万元，占股 11.8%。随着不断发展，该企业获批高新技术企业，而学校股权在公开交易市场挂牌退出，并获益 3000 万元。

这些模式极大地激发了教师的创新创业热情，成功孵化了一大批优质科技企业。"目前，上海交大不断优化科技成果转化机制，形成了'1+5+20'的成果转化制度体系。"上海交大先进产业技术研究院知识产权办公室主任顾志恒补充说，这一体系涵盖了成果转化的组织、管理、奖励、过程和保障等全过程，为成果转化提供了坚实的基础保障。

优化政策扶持

截至目前，上海交大的专利申请总量达到 2.8055 万件，其中授权专利 1.502 万件，有效专利超 1 万件。这些数据体现了学校在科技创新方面的努力。

一件专利，如何变现？"上海交大的专利转化运用不是一蹴而就的。"刘欢喜说，专利转化看似简单，实则涉及复杂步骤与多重考量。需深入研究专利的技术、法律及市场潜力，转化为产品或服务可能需要技术研发投入。为此，学校建立了一套完善的专利管理体系，设立了专门的知识产权运营服务中心，加强与企业的合作交流，以推动专利技术的有效转移与转化。

高校创新成果转化工作有多重要？从上海交大先进产业技术研究院官网"政策文件"一栏就可见一斑。2022 年，学校进一步完善成果转化体制机制，修订出台《上海交通大学新时期促进科技成果转化实施意见》等制度体系，增加学校以科技成果作价投资已有企业的规定，制定《高价值知识产权培育实施细则》以及《科技成果作价投资企业股权退出管理办法（试行）》，进一步清除了科技成果转化的路径障碍，解决了科研人员"不敢转"的问题。

"在管理架构设计方面，学校成立了由校党委书记、校长担任特邀代表，分管副校长担任组长的科技成果转移转化领导小组，领导统筹协调全校科技成果管理和转化工作。"顾志恒说，这些举措打通了校内成果管理、成果转化、法律审核、财务处置等的机制壁垒，实现了科研、财务、法务等校内转化相关单位的制度协同。

此外，《上海交通大学科技成果转化尽职免责管理办法（试行）》和《上海交通大学科技成果转化责任承担负面清单》的陆续出台，犹如剪断绊住科研人员的"绳子"。针对成果转化管理人员、科研人员和领导干部的分工与责任，学校制定了成果转化全链条，包含知识产权管理、交易、审批、奖励等12种免责情形，共20条负面清单。

高校与企业"共舞"如何踏准节奏？上海交大智邦科技有限公司是上海交大、临港集团、团队持股公司共同投入的混合所有制企业，严格按照学校科技成果转化规定设立，承担着临港示范基地建设、高端装备与智能制造技术自主研发、成果产业化应用推广等任务。"紧密的产学研合作为科研成果转化提供了强有力的支持，使得公司能够在市场竞争中准确无误地踏准发展节奏，实现快速成长。"上海交大智邦科技有限公司相关负责人罗磊介绍。

推动产学研融合

"上海交大在科技成果转化过程中注重产学研深度融合，与多家企业、科研机构建立合作关系，共同推动产业升级。"顾志恒表示，例如，在"大零号湾"科技创新策源功能区，上海交大的科研团队与多家企业紧密合作，推动了一批"硬科技"企业的快速发展，为上海乃至全国的产业升级注入了强劲动力。

在众多转化案例中，"智能机器人"项目群尤为引人注目。这些项目分别来源于上海交大机械学院、电信学院等院系，经过数年的精心打磨，最终成功实现了从实验室走向市场的跨越。目前，上海交大智能机器人众多成果已广泛应用于工业制造、医疗服务等领域，极大地提高了人们的工作效率和生活质量。

"高校与产业，如同鸟之双翼、车之双轮，相辅相成，共同驱动着社会进步的巨轮滚滚向前。"顾志恒表示，高校作为知识创新与人才培养的高地，其发展与产业的兴盛形成了紧密的互动关系。

面对未来，上海交大将继续深化科技成果转化工作，探索更多创新模式和路径。"学校将进一步完善科技成果转化服务体系，提升科技成果转化效率和质量，同时，加强与国际知名高校和科研机构的交流合作，引进更多优质创新资源。"刘欢喜表示，此外，学校还将加大对青年科研人员的培养力度，为科技创新事业注入新鲜血液和活力。

（陈景秋，原载于2024年7月10日《中国知识产权报》第05版）

092

华东师范大学创新赋权模式，促专利变"红利"——

打通关键堵点　叩响发展之门

2024年上半年，盘点完毕2400件专利；近5年共立项成果转化项目52项，签订成果转化合同金额约4.3亿元……近年来，华东师范大学深入推进科技成果转化系统性改革，创新赋权模式，打通专利转化之路，叩响新质生产力发展之门。

"为进一步完善学校知识产权管理、科技成果转化相关制度建设，学校于今年1月印发了《华东师范大学科技成果转化管理办法》等4份文件。"华东师范大学科技处处长杨海波介绍，这些成果转化基础制度的完善，旨在提升知识产权质量、规范科技成果转化行为、优化成果转化权益分配政策，成为高校专利落地转化的"定盘星"。

模式创新提热情

"求实创造，为人师表"，华东师范大学不仅在教育领域恪守校训精神，在科技成果转化方面也不断创新求实、攀高行远。面对校内科研成果"不敢转""不会转""不愿转"的问题，华东师范大学出台了一系列赋权改革试点办法，探索100%赋权给成果完成人进行转化，着力激发科研人员创新创业的积极性和主动性。

"为了给予我们进行创业的老师更大自主性，学校特地设计了'先赋权后付钱'的转化模式，赋予职务科技成果完成人100%的所有权，然后作价入股成立公司，且科技成果作价形成的股份全部归老师持有。"华东师范大学物理与电子科学学院教授姚叶锋介绍，在这种赋权模式下，老师只需要在一定期限内向学校支付该成果的30%对价，最长可以10年内还清。

姚叶锋团队长期从事低场核磁共振技术研发和应用方面研究，在利用低场核磁共振进行食品安全快检等方面拥有一系列科技成果。学校先以转让方式将相关知识产权全部赋予姚叶锋，姚叶锋再将成果作价入股成立公司，开展后续商业化应用活动，涉及转化合同额5000多万元。目前，学校已有多个项目按照"先赋权后付钱"模式进行转化，涉及金额超过5亿元。

为全面推进赋权改革，华东师范大学高频率开展赋权模式、税费减半、奖励分配等政策宣讲，梳理科研人员普遍关心的问题，厘清关键概念、列明各事项办理步骤，使科技成果转化各项流程清晰可视，厚植新型模式的实施"土壤"。

疏通堵点强运营

在盘清存量专利"家底"的基础上，华东师范大学积极开展成果挖掘，推动"项目库""成果库""企业库""专家库"建设：深入走访学校科研团队，梳理一批高质量具备商业化潜力的可转化成果与项目，形成"成果库"与"项目库"；盘点学校教师利用职务科技成果已成立企业的信息，形成"企业库"；邀请投融资、知识产权、政府等领域专家，组建"专家库"，为科研团队提供成果转化、收益分配、商业模式、企业发展等一揽子方案，系统解决成果转化与创新创业过程中的难点。

2024年上半年，华东师范大学与国家知识产权运营（上海）国际服务平台签署战略合作协议，借力市场化技术转移机构，提升专利产业化服务水平和运营能力。"与专业平台的合作能够有针对性地解决高校科研团队成果转化的难点，实现高质量专利的'一对一'精准转化服务。"科技处主管熊申展介绍。

章雄文教授团队长期致力于抗肿瘤恶病质领域药物研发，研发出创新小分子药物后，学校借助生物医药转化服务机构的力量，与某国外公司达成合作，让专利拥有方获得最高近1亿美元的首付款及未来基于全球年度销售净额的梯度特许权使用费等。值得一提的是，为推进这一重大转化项目顺利落地，学校还开通了审批绿色通道，配备成果转化专员，与相关职能部门协同构建起"一件事一次办"的全流程闭合框架，高效办理转化手续。

此外，学校还与专利代理、运营推广、评估评价、法律服务等多领域的服务机构建立了广泛合作关系，为精准盘活学校专利寻求更多转化渠道。

协同联动多保障

以上海为核心和支点，华东师范大学聚焦重点学科和优势科研力量，对接地方产业需求，开展了"百强县"科技赋能行动，范围覆盖临港新片区、长三角经济带多个国家重点区域。近一年，学校已新建多个研究院，着力加强区际联动，跑出地方科技创新发展"加速度"。

实现专利转化和产业企业"和谐共舞"，离不开高质量孵化器的"舞台搭建"。华东师范大学通过布局普陀—闵行—奉贤—临港高质量孵化载体，将孵化器与国家大学科技园协同管理，实现高校校区—科技园区—城市社区的"三区联动"新模式。该模式下，学校与闵行区合作建设了"大零号湾华东师大孵化器"。目前，已有20多个由学校教师成立的硬科技企业登记入驻孵化器进行前期孵化，涵盖了生物医药、新材料、智能制造等多个前沿产业领域。

"科技园改革方案已经提交，相关改革任务正在逐步落实。下一步，我们将更加注重专业化人才队伍建设，引育结合，打造'技术经纪人'和'职业经理人'两支专业队伍，为科技成果转化与师生创新创业提供全链条、精细化、专业化服务。"华东师范大学副校长施国跃表示。

（李杨芳、金宇菲，原载于2024年8月28日《中国知识产权报》第01版）

093

成都中医药大学开出专利转化"良方"

近三年实现创新成果转化335项，合同金额2.86亿元，指导建成冬虫夏草、厚朴、灵芝等标准化种植示范区20余个，助力新产品实现产值200亿元以上……古老的中医药学与现代科技交相辉映，成都中医药大学紧抓时代浪潮，推动着中医药从理论到实践、从实验室到市场的跨越，加速科研成果向现实生产力的转化，为新质生产力的培育注入了源源不断的动力。

校企牵手联姻

"中医药不仅要在理论中得到传承，更要在实践中绽放光彩。"成都中医药大学教授段俊国对中国知识产权报记者表示。段俊国是糖尿病视网膜病变防治领域的一名专家。在他的带领下，研究团队历经数载辛勤耕耘，终于破茧成蝶，发明了相关药物，并提交名为"一种具有视神经保护作用的药物组合物及制备方法和用途"的专利申请。

这项成果犹如一道光明之门，为众多眼疾患者打开了新的希望之窗。它不仅有望保护脆弱的视神经，还能广泛应用于多种视网膜疾病的治疗之中，从青光眼到糖尿病性视网膜病变，再到黄斑变性等一系列顽症，均在其守护之下得以缓解。

与西医相比，这一创新药物在改善视力、减轻病痛方面展现了更好的效果。为了更好地服务于大众健康，段俊国团队携手重庆太极实业（集团）股份有限公司，将这一科研成果转化为名为"芪灯明目胶囊"的中医新药，目前正在开展临床试验。

2016年初春，成都中医药大学与段俊国团队以4∶6的比例分享了相关专利的权益，同时用该专利以2063万元的价格作价投资，与西藏药业、康弘药业、贵州百灵药业等多家上市公司及社会资本，组建成立成都中医大银海眼科医院股份有限公司。如今，该公司不仅运营良好，还获评国家三级眼科医院，成为一个集医疗、科研于一体的现代化医疗机构，继续书写着中医药发展的新篇章。

创新驱动发展

成都中医药大学有一位长期深耕于核酸适配体与药物偶联领域的教授，名叫鲁军，他一直奋战在抗癌药物研发之路上。

多年来，鲁军带领团队投身于一项充满挑战的任务之中：构建核酸适配体-药物偶联物，并深入探究它们的应用潜力。他的目标，不仅仅是设计合成那些能够精准打击肿瘤的药物，更是要解锁自然界的秘密，将中药单体成分与高毒性天然药物的潜力，通过结构的巧妙修饰，转化为治疗疾病的"利器"。就这样一步步地，鲁军团队成功开发出一种全新的受体降解药物，并逐步建立起一个目标特异性的药物库。

鲁军团队的成就之一——"新型酸敏感性适配体雷公藤甲素偶联物及应用"核心技术，就像是为抗肿瘤药物穿上了一件智能外衣，让它能在肿瘤的弱酸微环境中精准识别、快速响应。雷公藤甲素，这一传统中药成分，在鲁军的巧手下，与核酸适配体携手，变成了针对三阴性乳腺癌、结肠癌、肝癌、肺癌等核仁素高表达癌症及转移性癌症的精准治疗武器。

临床药理学的实验数据显示：这种偶联物不仅能高效聚集于肿瘤组织，减少在非特异性组织中的误伤，更以它那高效低毒的特性，实现了对肿瘤细胞的精准猎杀，而对正常组织则温柔以待，几乎无损。这项技术的突破，解决了免疫原性高、质量控制难、储存运输复杂等难题，为临床应用铺就了一条宽广的道路。

2022年，这项技术吸引了盈科瑞（香港）创新医药有限公司的目光，双方签订了3000万元的成果转化合作协议，共同推动这一科研成果的市场化。这一转化不仅获评"2022年度四川省高校院所知识产权市场化运营典型案例"，更为全球创新靶向药物的研发提供了一种全新的、基于核酸适配体修饰的递送策略。

完善相关机制

成都中医药大学成果转化离不开一个精心设计的知识产权全流程管理体系。

"学校将知识产权管理融入到了科研项目的每一个阶段，使每一项创新都能在知识产权的保护下，如雨后春笋般茁壮成长。"该校相关负责人介绍，学校围绕"一核三驱多协同"的科技成果转化理念，构建了一套从专利申请前评估到转化、终止的完整服务体系。这套系统不仅涵盖了专利申请的每一个环节，还通过智能化的信息管理平台，实现了知识产权管理的现代化转型。

"成都中医药大学独具特色的'311成果转化方案'，如同一把钥匙，打开了科研成果转化为实际效益的大门。"该校相关负责人表示。首先，"311成果转化方案"通过建立三大机制，解决了"无成熟成果可转"的难题，从专利申请前的评估到既有成果的再支持，再到跨领域的技术集成，每一步都精心布局，确保了科研成果的成熟度与实用性。其次，为了激发科研人员的积极性，学校采取了一系列以激励为导向的收益分配措施，提高了科研人员的收益分配比例，明确了成果转化的重要贡献人的权益，让每一位参与者都能感受到成果共享的喜悦。最后，面对"不敢转"的困惑，学校通过优化审批流程、改进定价机制等一系列举措，打造了一个以效率为核心的管理机制，为科研成果的转化扫清了障碍。

无论是深入研究中药活性成分的实验室，还是致力于传统方剂现代化改造的工作坊，亦或是推动中医药文化传播的国际交流中心，无一不在讲述着一个又一个关于创新与传承的故事。该校相关负责人介绍，未来，学校计划培养更多既精通中医药知识又擅长知识产权管理和市场运作的专业人才，为科研成果转化注入新的活力。此外，学校还将进一步强化知识产权保护，为科研成果的转化保驾护航。为此，学校将聚焦产业发展需求、企业发展的痛点以及人民群众日益增长的健康需求，积极推动建立一种链式精准合作机制，将政府、市场、学校和企业的力量紧密结合起来。

（叶云彤，原载于2024年9月25日《中国知识产权报》第07版）

094

长安大学促进专利转化运用，着力培育新质生产力——

专利硕果香满"长安"

2023年，长安大学全年共获得授权专利逾900件；积极推进专利及其相关创新成果转化，成功实现近180项成果的转化应用；全年创新成果转化金额突破2200万元……长安大学始终坚守科技创新之路，不断推动成果转化，为我国经济社会发展贡献力量。

目前，长安大学拥有效专利量已攀升至4000件，充分展示了其强大的研发实力和创新能力。这些创新成果不是停留在纸面上，而是被广泛应用于众多具有国际影响力的重大工程建设中，如被誉为"国之重器"的港珠澳大桥、北京大兴国际机场等超级工程。

谈及如何让专利发挥出更大的价值，长安大学科学研究院转移转化科科长崔高锋在接受中国知识产权报记者采访时表示："高校作为专利的聚集地，拥有大量的高价值专利，是专利转化运用的'富矿'。而要让这些专利真正发光发热，前提是具有完善的创新成果转化管理机制。"

完善转化机制

近年来，陕西省针对创新成果转化过程中的堵点和难点问题，深入推行了"三项改革"。这些措施从小处着手，却带来了显著的变化，推动了高校科技体制与机制的全面革新。这一系列举措，不仅有效激发了高校科研人员的创新活力，还促进了科技成果向实际应用的快速转化，为地方经济发展注入了新的动力。

"过去，由于资金短缺和市场运作经验不足，高校的专利往往重视申请而忽视转化，导致大量专利成为'沉睡'专利，这在一定程度上打击了科研人员的积极性。"崔高锋表示，近年来，随着相关政府部门推出一系列激励措施和支持政策，同时搭建平台促进高校与企业的合作，这一状况正在得到有效改善。这些举措不仅激活了"沉睡"的专利，还促进了更多创新成果的转化，创造出更大的社会和经济价值。

在相关政策的激励下，专注于科研的团队能够更加安心地投入研究，而有意向进行成果转化的团队，则可以通过技术入股等多种方式，将创新成果推向市场。借助陕西省科技成果转化"三项改革"措施的东风，长安大学对《长安大学促进科技成果转移转化管理办法》进行了修订。修订后的办法大幅提高了成果完成人的收益比例：对于以转让、许可等形式进行科技成果转化的项目，到款金额的90%将奖励给成果完成人，学校保留10%；而对于采用作价入股等形式转化的项目，所折算的股份或出资比例中，85%奖励给成果完成人，学校持有15%。

同时，长安大学进一步健全了专利转化运用的尽职免责和容错机制，探索将职务科技成果退出学校一般国有资产管理范畴，实施职务科技成果单列管理。"长安大学于今年7月份将专利转化效益作为重要评价标准纳入科研团队成员职称评定体系，突出专利质量和转化运用的导向。"崔高锋表示。

当前，长安大学深入贯彻落实陕西省科技成果转化"三项改革"等政策，充分利用秦创原创新驱动平台，一批创新成果加速转化、孵化，有力地支撑了新质生产力的培育发展，高校作为科学研究主力军、人才培养主阵地和重大科技突破策源地的作用进一步凸显。

带动产业发展

随着我国汽车产业的转型升级，智能化、网联化的发展需求愈发迫切。面对智能网联车载感知与融合计算、车载异构移动网络资源实时优化以支撑多业务、行车安全与稳定性导向的车载智能决策，以及智能网联车载系统测试技术体系与装备研发等关键共性技术难题，企业亟待解决方案。

长安大学智能网联汽车自动驾驶测试技术团队深耕于智能网联汽车、自动驾驶技术及车路云网一体化领域，持续产出自动驾驶测试领域的重要成果，构建了自动驾驶及测试相关的专利组合和专利池。

智能网联汽车自动驾驶测试技术团队代表惠飞向记者介绍："我们团队研发出面向高级辅助驾驶的智能网联车载感知与融合计算成套技术，能全面感知行车环境，深度融合多模态信息，精细解析驾驶场景。我们构建了融合异构移动网络的一体化车载交互通信架构并形成系列标准，还研发出支撑多业务的车载交互通信产品与测试装备。"

此外，该团队突破车载智能决策关键技术难题（面向行车安全性和稳定性），首次构建基于多层次金字塔模型的智能网联车载系统测试技术体系，研发系列测试装备，解决保障该车载系统安全与质量的测试技术难题。

在长安大学科学研究院的精心指导与支持下，智能网联汽车自动驾驶测试技术团队成功实现了从技术研发到专利产业化的关键转型。2020年，该团队凭借其在车载感知与交通控制领域的2项核心发明专利以及4项计算机软件著作权，以总计500万元的价值入股陕西智能网联汽车研究院有限公司。这一举措不仅标志着创新成果向实际应用迈出了坚实一步，也促进了与产业端企业之间的紧密合作。目前，相关技术已被广泛应用于西安市自动驾驶监管平台及陕西省智能网联汽车创新中心等多个重要项目中，展现了强大的市场潜力和社会价值。

提升经济效益

目前，陕西省智能网联汽车研究院有限公司能够作为第三方授权机构受理测试主体自动驾驶车辆开放道路的测试申请，为企业开展测试认证服务，推动智能网联汽车示范应用，促进商业化落地，并且已完成了西北地区首批陕汽集团自动驾驶车辆封闭测试场测试，进入道路测试牌照发放阶段。其旗下企业研发的自动驾驶观光车和车路协调终端产品已在西咸新区投入应用。

市场认识到专利价值后，专利作用得以更好发挥。智能网联汽车自动驾驶测试技术团队首次与产业端企业合作，实现专利产业化并取得佳绩，随后合作机会纷至沓来。2022年，团队将3项智能网联测试相关专利以200万元转让给北京万集科技，应用于国内测试基地及产品开发；2023年，又与陕西重型汽车达成自动驾驶技术合作，3项发明专利及1项技术秘密转化，合同金额高达1200万元。专利转化搭建了科研与产业转型的桥梁，推动智能网联及自动驾驶技术成果落地产业端，助力产业升级。

"专利产业化的核心在于其市场价值，是否能解决实际痛点至关重要。"惠飞表示，2024年6月，团队凭借"智能网联车路系统与可信测试关键技术及其产业化应用"项目荣获2023年度国家科技进步二等奖。该项目开发了92款四大类产品系列，获27项国外发明专利和142项中国发明专利，主导及参与制定28项国家标准与行业规范，并将部分成果纳入国际标准体系，构建了丰富的知识产权库。

目前，相关项目关键技术及系列产品已通过合作企业在30多个国家和地区的汽车制造、物流运输、智能交通等行业大量推广应用，创造了显著的经济和社会效益。

（赵振廷，原载于2024年10月30日《中国知识产权报》第03版）

095

中国石油大学（华东）促进专利转化运用，助力区域经济发展——

专利结硕果　石油溢金光

近 5 年，在校驻地实现专利转让 19 项，金额超 556 万元；专利许可 19 项，金额 1171 万元；专利作价入股投资项目 3 项，金额 1376.87 万元……坐落于山东省青岛市西海岸新区的中国石油大学（华东）凭借其深厚的科研实力和前瞻性的发展布局，让一项项创新成果从实验室走向市场，转化为推动区域经济发展的新质生产力。

近年来，中国石油大学（华东）围绕"融入新区、服务新区、贡献新区"的发展定位，聚焦创新成果转化，促进创新链、产业链、人才链、教育链深度融合，将创新成果转化为现实生产力。

优化学科布局

2024 年，中国石油大学（华东）立足"融入新区、服务新区、贡献新区"的发展定位，依托 2 个国家"双一流"建设学科的强大实力，犹如一艘科技巨轮，乘风破浪，驶向创新发展的广阔蓝海。

"学校优化学科布局，加强学科交叉融合，犹如精心编织的科技网，精准捕捉现代海洋、高端装备、新一代信息技术等新区重点产业的科技需求。"中国石油大学（华东）相关负责人介绍，在这里，软件学院作为全国首批特色化示范性软件学院之一，就像科技创新的孵化器，孕育着数字经济的未来。新增的人工智能等本科专业、硕士点、博士点，如同科技创新的种子，在西海岸新区的沃土上生根发芽，茁壮成长。

走进校园，你可以感受到浓厚的科技创新氛围。教师们不仅在课堂上传道授业，更在实验室里与技术难题"较劲"。他们组建的科技专员团队，深入当地一线，为企业发展注入强劲的科技动力。而技术经纪人培训班的举办，更是开创了"产业发展导向"技术经纪人培养的新局面，800余名合格技术经纪人的涌现，为当地创新成果转化搭建起通往成功的桥梁。

相关负责人介绍，依托青岛市西海岸新区市场监督管理局（下称西海岸新区市场监管局）推出的知识产权数字公共服务平台、国家级快速维权中心协同保护与运营综合服务平台等数字化平台，学校实现了高价值专利培育的精准对接，结合高价值专利"揭榜挂帅"活动，推动高价值专利面向产业发展需求，快速实现高效益转化。

加速成果转化

在中国石油大学（华东）的创新成果转化"版图"上，每一项成果都闪耀着智慧的光芒。学校创新成果转化模式、体制、机制的逐渐成熟，为西海岸新区高质量发展插上了腾飞的翅膀。

专利转让、专利许可、作价投资等成果转化方式，犹如科技成果的"变现器"，将学校的科研优势转化为西海岸新区的经济优势。

走进国家大学科技园周家夼园区，这里已经成为新区科技创新的"新地标"。学校与西海岸新区政府联手打造的这一重大工程，为当地企业提供了优质的科技成果转化和创新创业平台。环石大创新经济圈的形成，更是将学校的科技、人才、校友资源等要素汇聚一堂，共同为当地的经济发展贡献力量。

在校长基金的助力下，一批批教师团队的产业化项目在新区落地开花。相关负责人介绍，中国石油大学（华东）教授戴彩丽带领团队经过20多年研究攻关的"撬装式冻胶分散体生产装置"等原创性成果，及核心专利全部转化落地。目前，相关专利技术已许可给25家民营油田技术服务公司，建成年产3000吨及以上生产线35条，在我国鄂尔多斯、塔里木、渤海湾、松辽等油气盆地23个大型油气田及哈萨克斯坦等6个国外油田实现落地。

这些成果不仅引领了我国化学控水提高采收率技术走在世界前沿，更为当地创造了税收和就业岗位。而中国石油大学（华东）教授柴永明团队依托重质油全国重点实验室在悬浮床加氢催化剂及工艺领域深耕40年所形成的"废润滑油加氢再生利用方法及催化剂"项目，则解决了废弃润滑油再生产业的"卡脖子"难题，为当地绿色低碳循环发展经济体系建设贡献了智慧。

精准对接产业

在中国石油大学（华东）的持续创新之下，西海岸新区的经济发展焕发出了勃勃生机。西海岸新区科技成果转化十佳团队张卫山教授团队的"联盟智能动态决策关键技术研发及产业化项目",就像一把金钥匙,打开了青岛数字经济发展的新空间——该项目不仅为青岛市创造了约 50 亿元的经济效益,更加速了文达通在科创版上市的进程。

在该项目的带动下,西海岸人工智能科技创新中心也联合成立。《物联多联机技术发展与应用白皮书》的发布,则推动了青岛市人工智能技术的产业协同和联合创新。这一系列创新成果的涌现,为青岛国际工业互联网之都的建设注入了强劲动力。

而在机电工程学院副教授杜洋与青岛中创智汇科技有限公司的合作中,双方携手共进,共同攻克技术难题。专利许可的实施和专利技术的业务培训,让企业的技术服务能力得到了显著提升。依托专利技术开展的服务,不仅为企业带来了新增营业收入,更为新区经济社会发展注入了新的活力。

近五年来,学校与西海岸新区企事业单位签订的技术合同如雨后春笋般涌现,合同金额超 1 亿元。这一成绩的背后离不开西海岸新区市场监管局的相关支持。相关负责人介绍,2022 年以来,西海岸新区市场监管局发布《西海岸知识产权协会推进专利开放许可试点工作实施方案》等系列文件,积极搭建本地高校、科研院所、企业的"沉睡专利"与市场一线的"专利鹊桥",让中小微企业充分共享创新成果,释放创新价值。

"西海岸新区市场监管局持续完善知识产权惠企措施,以政策赋能科技成果转化,与中国石油大学(华东)等共同签订《青岛西海岸新区专利转化运用促进合作协议》,深化专利技术转化促进合作机制,共同推动专利产品化和产业化,实现区域经济的高质量发展。"西海岸新区市场监管局党组成员、副局长程杰介绍。

如今的中国石油大学(华东),犹如一艘科技创新的巨轮,在西海岸新区这片海洋中扬帆远航。该校相关负责人表示:"下一步,学校将继续发挥人才、科技等方面的优势,聚焦科技成果转化,推动更多科技成果在新区转化落地。"

(叶云彤、苏春华、管青,原载于 2024 年 11 月 6 日《中国知识产权报》第 05 版)

从工程实际中提炼，到工程实际中应用，武汉理工大学研发出道路检测系统——

智能化"体检" 精准式"开方"

建设安全、便捷、高效、绿色、经济、包容、韧性的可持续交通体系，是实现"人享其行、物畅其流"美好愿景的重要举措。其中，"安全"被置于首要位置。近年来，多起道路路面塌陷事故等为道路安全运营敲响了警钟。武汉理工大学交通与物流工程学院罗蓉教授团队针对工程实践中的难题，把"从工程实际中提炼，到工程实际中应用"的技术，以"AI道路医生"系统的形式推广应用，覆盖道路病害"识别—诊断—干预"全链条，有效防止道路"小病"变"大病"，有力支撑"平安交通"建设，服务交通强国战略。

"'AI道路医生'系统主要涉及基于道路材料介电特性的病害特征识别技术、基于人工智能算法的道路隐藏病害精准识别与定位技术，以及基于探地雷达（GPR）和落锤式弯沉仪（FWD）的联合检测技术等3个核心技术。"罗蓉介绍，"AI道路医生"系统在实际运作中，首先采用GPR对路段进行无损检测，并基于历史数据和特征图谱对该路段的病害进行分类识别；然后，"AI道路医生"系统通过历史检测和养护数据，可对路段的病害进行深度剖析，结合FWD检测情况对其严重程度进行诊断；最后，该系统还可对路段病害发展情况进行预测，养护人员依据病害发展情况，选择合适的养护方案，及时进行干预。

现就职于交通行业的于晓贺是罗蓉教授团队成员。他介绍，应用"AI道路医生"系统，可以智能识别定位路面结构内部的空洞、积水、开裂等隐藏病害，对危险路段进行安全预警，做到提前诊断、及时干预，在病害发展初期便以较低的人力物力投入，防止道路造成更大隐患，显著降低隐藏病害诱发交通事故的风险，保障人民群众安全出行需求。

"AI道路医生"系统如何从研发端出发，将创新成果转化为现实生产力？于晓贺介绍，技术团队围绕"AI道路医生"系统进行了有效的知识产权保护。"我们首先对核心技术和非核心技术成果进行区分，对核心技术成果优先开展知识产权保护；同时提前谋划布局知识产权保护点，在相关技术研发过程中提前部署、善于总结，织密该技术领域的知识产权保护网。"

保护是手段，运用是方向。在创新成果获得保护后，技术团队结合工程实际项目，将相关专利通过项目进行转化应用。除此之外，技术团队在后期也会通过专利许可等方式进行成果转化。

这只是罗蓉教授团队重视创新成果转化运用的一个缩影。记者了解到，多年来，该技术团队坚持以解决工程实际中存在的问题为出发点，打造知识产权池，形成有效的知识产权保护，并将其充分应用在工程实际中，为保障高速公路和市政道路安全运营、节省养护管理费用提供技术支撑。

罗蓉教授团队在武汉理工大学并不是个例。武汉理工大学科技合作与成果转化中心相关负责人介绍，今年以来，学校根据《高校和科研机构存量专利盘活工作方案》等有关要求，成立工作专班，建立工作推进机制，依托数智化平台预处理盘点数据，形成存量专利盘点工作"施工表""路线图"，累计盘点专利8137件，进入转化资源库的专利6601件。盘点工作的高效开展，为学校后续促进专利转化奠定了基础。

得益于高质效的专利转化路径，创新成果的实际运用成效不断凸显。截至目前，"AI道路医生"系统拥有发明专利24件，软件著作权8项，累计为湖北省2806公里的高速公路和市政道路"问诊开方"，累计诊断出隐藏病害645处，提出针对性的养护方案，有效缓解了相关部门的管理和养护压力。

湖北交投京珠高速公路运营管理有限公司相关负责人介绍，"AI道路医生"系统为京港澳高速湖北段"体检"的里程累计达1841公里，开出的养护"处方"不仅提高了养护效率，还累计节省养护资金约1.56亿元，不断推动道路养护从"被动式抢修"向"预防式养护"转变。

（王晶，原载于2024年11月29日《中国知识产权报》第01版）

专利转化运用在行动·院所行

097

中国农科院创新成果转化运用成效显著——

育好创新"种子" 结满专利"硕果"

2023年实现转化的知识产权共1086件,有效知识产权转化率达到27.07%……农筑国本、科铸粮安,亮眼成绩单的背后是中国农业科学院(下称中国农科院)研发人员夜以继日科研攻坚流下的汗水,是知识产权管理人员时时刻刻优化体系付出的心血,展现了中国农科院在保障国家粮食安全上的担当作为。

"中国农科院成果转化局知识产权处设立9年以来,坚持建制度、搭平台、育人才、强服务,建立起'院—所—团队'三级知识产权人才联动体系,促进了以知识产权为核心的成果产出及转化运用,2023年全院知识产权转化收入近6亿元。"中国农科院成果转化局知识产权处处长李雪在接受中国知识产权报记者采访时介绍。

攥紧贯标"一条线"

"知识产权是创新发展的关键。对于科研单位的科技创新工作而言,建立科学规范的知识产权管理体系(知识产权贯标)至关重要。知识产权管理体系建设工作渗透在成果研发转化全过程,让知识产权管理理念深入人心,有助于提高项目成果产出质量,使科技更好服务经济社会发展。"李雪表示,为了更好地促进专利成果转化运用,中国农科院于2023年6月26日印发了知识产权贯标工作实施方案,分阶段推进院属研究所知识产权贯标工作。"首批共12个研究所启动了知识产权贯标工作,目前全院已有7个研究所通过知识产权贯标认证。"

今年3月29日,院属农业资源与农业区划研究所组织召开2024年成果转化工作推进会议暨知识产权贯标启动会。会上,农业资源与农业区划研究所党委书记王秀芳表示,知识产权贯标工作对激发研究所科研创新活力和防范知识产权风险至关重要。希望各部门和创新团队负责人增强做好知识产权贯标工作的责任感,按照国家标准要求,规范建立研究所知识产权管理体系,进一步提升研究所知识产权创造、运用、保护和管理水平。

农业资源与农业区划研究所成果转化处副处长刘垚对本报记者介绍,知识产权贯标工作的深入推进,将带动全体研究人员提升知识产权创新能力、保护意识和运用水平,增强科研团队对高价值知识产权的挖掘、布局,支撑农业资源与农业区划创新驱动发展。

"在知识产权贯标工作开展初期,研究人员普遍存在疑惑:推行知识产权管理有什么好处?"农产品加工研究所成果转化处正高级知识产权师刘晓娜对本报记者介绍,农产品加工研究所作为中国农科院首批通过知识产权贯标认证的研究所之一,在知识产权贯标工作推进过程中,针对大家的疑问,通过知识产权贯标这条主线,帮助研发团队串联起了研发成果立项、执行、结题以及后续转化运用全环节,让研发团队认识到知识产权贯标不仅仅是交材料、填表格,而是切实让高价值知识产权"研得出""卖得掉"。

2023年,中国农科院植物新品种授权数量为308件,较2022年增加了43.93%,创近五年新高;2023年获得国内发明专利授权1705件、实用新型专利授权241件,发明专利占比87.62%。

掘出转化"一桶金"

成果转化的实质是"掘金挖宝"。"跟每一个创新团队细致沟通,做好专利盘点工作,将所有专利列好名录,依据价值做分类,就是为了在'沉睡'专利中挑出'真金白银',推向产业界。"李雪介绍。

"去年底,农产品加工研究所收到了一笔专利许可费用的提成,这是我们通过科企合作模式研发的宠物益生菌相关专利技术对外许可带来的分红。"刘晓娜介绍,这项专利技术是由某知名乳业公司和农产品加工研究所合作研发,并作为专利权人共同提交了相关专利申请。

安徽某生物科技公司发现上述专利产品的市场前景广阔,随即联系了作为专利权人之一的某知名乳业公司,希望获得该专利的生产销售许可。三方通过谈判约定,达成专利许可转让协议。"企业相对于科研机构更为贴近市场,由企业负责专利的市场运营,科研机构共享许可费用,进而反哺创新,这种新型的科企合作模式正是在知识产权贯标工作的带动下所形成的良性循环。"刘晓娜表示。

体系规范、人才支撑。知识产权贯标工作在促进科研机构形成科学化、标准化、贯穿研发和管理等各个环节的知识产权管理体系的同时，还促进科研人员的知识产权意识进一步提升。中国农科院目前已构建知识产权管理全链条制度体系，建设了一支覆盖院属研究所知识产权部门以及重点创新团队的120余人的知识产权专员队伍，同时组织院内外专家成立知识产权专项工作组，为创新团队开展专利价值评估、诉讼纠纷争议解决等服务。"今年，农业资源与农业区划研究所将面向各创新团队建立起一支科技成果转化专员队伍，加快推动成果转移转化工作，强化以团队为单元开展成果转化的动力，不断激发科研人员从事成果转化工作的热情。"刘垚表示。

构建发展"一盘棋"

酒香也怕巷子深。为了让创新主体更好了解市场需求、经营主体更为熟悉研发现状，中国农科院举办了"企业家走进农科院""科学家走进企业"系列活动，牵头联合上百家知名企业、金融机构、协会学会共建院级综合性科企融合发展联合体，为科研团队与企业开展项目合作穿针引线、搭建桥梁。

目前，中国农科院已与中农发集团、大北农集团等8家相关产业的龙头企业签署战略合作协议，建立长期稳定的合作关系，通过不断深化科企合作，加快推进科企融合的科技创新体系构建，持续加大科技成果落地企业、服务产业的力度。

中国农科院成果转化局副局长张熠表示，农业产业基础性、公益性较强，知识产权保护主体众多，保护形式多样，保护难度很大。我国成功迈入创新型国家行列，正在由知识产权引进大国转变为知识产权创造大国，更需要不断完善优化农业知识产权保护的理论体系、制度机制、管理架构和行为模式。目前，中国农科院以知识产权贯标工作为牵引，通过完善成果转化工作制度，加速成果转化人才队伍建设，架稳成果转化工作"四梁八柱"，构建全院"一盘棋"发展机制及工作体系，为做好新形势下的农业知识产权保护工作，走出中国特色农业知识产权发展之路，不断探索、不断精进，以期充分发挥知识产权制度激励创新的基本保障作用，为强化国家粮食安全、促进人民生命健康、推动乡村全面振兴、加快农业强国建设提供强有力的科技支撑。

（赵振廷，原载于2024年4月17日《中国知识产权报》第05版）

098

中国科学院理化所加大专利转化运用力度，驱动新质生产力发展——

创新结硕果　专利变"真金"

有效专利存量超2500件，近10年专利转化运用实施额达8亿元，专利转让或作价入股平均单价超过100万元……在中国科学院理化技术研究所（下称理化所）的实验室里，从新型材料的合成到能源技术的创新，从生物医学的前沿突破到环境治理的技术革新，创新的火花持续闪烁，这里是知识的熔炉，更是梦想的孵化器。自成立之日起，理化所的科研工作者们便以探索未知、挑战极限为己任，在物理化学的广阔天地中不断开拓。

"创新是每个项目的核心，是每一份报告的灵魂，是每一件专利的基础。"理化所成果转化负责人和晓楠介绍，近年来，理化所努力打造高价值专利从培育到运营的体系，即"一体化链条"模式，聚焦新材料、新能源、高端装备和生物医药等关键领域，不断突破科学边界，加速推进创新成果向现实生产力的转化，引领新质生产力发展的潮流。

进行项目专利组合培育

在科技竞争日益激烈的今天，"真金不怕火炼"这句古语，恰如其分地映射出专利转化的精髓。高价值专利在市场的考验下愈发彰显其真正价值，成为科研机构与企业竞相追逐的"真金"，培育高价值专利也成为理化所的一项重要使命。

"理化所创新知识产权管理模式，建立了将高价值专利培育等知识产权专题工作按照项目管理的常态化机制，形成'科研人员申请项目—知识产权管理部门组织专家评议—立项支持'的工作模式。"和晓楠介绍，知识产权管理部门邀请多个领域的专家代表进行项目评议，同时，借助专利导航等手段，助力核心技术突破与系统集成，挖掘、布局了一批高质量专利，开展自上而下的专利梳理、诊断、估价，以形成相应的专利"补强"和转化方案。

以需求为导向，在国家需要的领域发挥作用。在青海格尔木全球最大600MWh（兆瓦时）首台套液化空气储能示范项目中，理化所的高价值专利组合在不断贡献着绿色低碳的力量。聚焦当下风头正劲的"双碳"领域内的绿色低碳技术，所内开展了"液态空气储能项目专利组合"立项培育工作。和晓楠介绍，该专利组合涉及47件专利，以7942万元作价增资，又吸引了投资2.2亿元，与央企共同设立中绿中科储能技术有限公司，打造世界级液化空气储能产业化平台。

精耕细作，点石成"金"。在培育高价值专利的道路上，理化所蹄疾步稳——自开展知识产权专项工作以来，所内培育的专利组合超半数已实现了转化落地，撬动吸引社会投资超过20亿元。

推动产学研用深度融合

一件专利真正的价值并非仅存纸面，而是在转化过程中，实现市场价值的最大化。

2020年11月28日，我国首台全海深载人潜水器"奋斗者"号成功完成万米海试，创造了1.0909万米的我国载人深潜新纪录，标志着我国在大深度载人深潜领域达到世界领先水平。值得一提的是，理化所自主研发的固体浮力材料相关专利在"奋斗者"号上实现转化应用，像个忠诚的战士一般，保卫着"奋斗者"号的每一次顺利下潜和安全上浮。

潜水器的下潜和上浮性能直接关系到潜水器与潜航员的安全，也是众多深海科学考察装备及实现海洋资源开发的关键。然而，高性能固体浮力材料制备技术难度大，仅有少数几个国家掌握该项技术。"面对这一难题，我们决心攻坚克难，要做出'中国造'！"理化所浮力材料科研团队负责人张敬杰表示，当时所面临的重要难题就是要解决材料的密度与强度的协同关系。理化所三代科学家历经数十年的研究，在低密度微球及复合材料技术领域攻克并掌握了核心关键技术，打破了国外技术垄断，并推动了低密度微球及复合材料技术从实验室小试到中试，最终迈入市场应用阶段。

2023年，该项目科研团队将专利以9500万元转让，并设立中科海锐（厦门）科技研究院有限公司。理化所与这家公司联合建立了低密度微球及复合材料研究院，在低密度微球复合材料领域积极开展基础研究、关键技术攻关和工程应用开发，并将联合社会各方力量积极推动产学研用深度融合，助推成果转化，共同打造国际领先的低密度微球领域综合性研究平台和产业基地，形成全价值链科技创新发展模式，为新材料技术的发展提供强劲的动力。

"唯有洞悉趋势、精准施策，方能在专利转化的征途中，收获累累硕果。"和晓楠介绍，理化所针对不同项目所处的技术阶段及行业特点，结合产业界的实际需求，对项目产业化的模式进行策划，选择适宜的转化模式，实现社会效益和经济效益最大化。

搭建创新成果转化桥梁

从知识产权布局优化到市场战略规划，从技术转移服务到资本运作指导，理化所助力一批优质企业大步迈向资本市场，不仅自身的价值得到提升，还反哺科研项目，形成了科研、产业、资本良性循环的生态体系。此过程中，理化所不仅扮演着创新成果与市场之间的桥梁角色，更成为推动企业上市、促进科技与经济深度融合的关键力量。

液氦到超流氦温区大型低温制冷装备是航空航天、氢能源、氦资源等战略领域不可或缺的核心基础。2021年，由理化所承担的国家重大科研装备研制项目"液氦到超流氦温区大型低温制冷系统研制"通过科研项目验收及成果鉴定，标志着我国具备了研制液氦温度4.2K（-269℃）千瓦级、超流氦温度2K（-271℃）百瓦级大型低温制冷装备的能力。该项目不仅突破了一系列核心技术，更带动了我国高端氦螺杆压缩机、低温换热器和低温阀门等行业的快速发展，提高了一批高科技制造企业的核心竞争力，在我国初步形成了功能齐全、分工明确的低温产业集群。

理化所大型低温装备科研团队负责人刘立强介绍，理化所自主研发的"20K以下温区大型制冷技术"50项专利组合作价5000万元，入股成立国内首家、国际第三家大型低温制冷系列装备规模化研发和生产企业——中科富海，初始注册资本1.3亿元，经C轮融资后，投后估值已达78亿元。随后，理化所又以相关专利组合作价增资1852万元。目前，中科富海已成为低温和绿色能源领域国内独角兽企业，获批成为2023年"专精特新""小巨人"企业。

通过精准对接市场需求，理化所成功孵化了一批具有国际影响力的高新技术企业，它们在各自领域内崭露头角，为解决全球性挑战提供中国方案。"对于需孵化的产业化项目，理化所争取地方资源，在廊坊、中山、济南、青岛等地开展项目熟化，以理化所转化技术为主营业务的多家企业成功上市。"和晓楠介绍。

专利繁花香飘产业，理化所推动更多创新成果从"实验室"走向"生产线"，下"书架"上"货架"。和晓楠表示，未来，理化所将继续深耕专利转化的沃土，探索更加高效、精准的转化模式，培养更多的创新人才，书写创新成果转化的新篇章。

（叶云彤，原载于2024年7月17日《中国知识产权报》第05版）

099

中国科学院上海硅酸盐所加速专利转化运用，形成新质生产力——

做强材料"口粮" 端牢产业"饭碗"

有效专利 1600 余件，近五年专利对外转让超 460 件，转化金额超 10 亿元……近年来，中国科学院上海硅酸盐研究所（下称上海硅酸盐所）致力于将创新成果推向市场，尤其是在新能源材料、关键陶瓷及晶体材料、生物医用材料等多个领域取得了显著成就，其中不乏一些具有里程碑意义的技术突破。

从实验室的探索到市场的广泛应用，上海硅酸盐所的科研人员埋头于无机材料的深耕细作，凭借出色的创新能力与对市场动向的敏锐洞察，持续发挥研发实力，不断提升专利技术的含金量。他们致力于加速将创新成果转化为实际生产力，使相关专利能更迅速地服务社会，造福公众。通过他们的不懈努力，专利加速转化形成新质生产力，为我国新材料产业的发展注入了强劲的新动力，推动了产业的进步与繁荣。

盘活存量专利　激发创新活力

新材料产业的专利转化面临着"三高三长"的困境，即研发周期长，导致新材料研发投入高；验证周期长，导致新材料产业化难度高；应用周期长，导致新材料产业化门槛高。也就是说，新材料产业不仅短期内较难盈利，且未来也面临着市场不确定和技术方向迭代导致的不明确性问题。

面对 1600 余件存量专利，如何实现其价值最大化？"破局的第一步便是盘活存量专利，激发科研人员的创新活力。"上海硅酸盐所党委书记王东介绍，专利的高质量布局和管理是引领、支撑和促进科技创新及其成果转移转化的基石。为此，上海硅酸盐所专门设立了科技产业处及内设机构知识产权办公室，全面负责所里的知识产权布局、运营、保护等管理和服务工作，梳理存量专利，形成可转化的专利库，实施分层分类管理。

提升专利质量的同时，建立知识产权"护城河"。上海硅酸盐所立足国家和地方战略发展需要，系统整合所内外产学研资源，聚焦新能源、先进医疗器械、节能环保、智能制造等产业，跟踪国内外发展态势，开展专利布局，为后续的专利转化保驾护航。例如，上海硅酸盐所针对我国新材料领域"卡脖子"问题，及时梳理现有成果，建立专利库，与中石油、国家核电等龙头企业对接推介，将创新成果与实际应用紧密结合，成功地将"沉睡"的专利唤醒，使其焕发出新的生机，破解"三高三长"难题，促进了我国无机非金属材料领域科技的进步。

聚焦核心难题　实现成套转化

长期以来，半导体设备的关键光学材料面临"卡脖子"技术，其性能直接影响到芯片制造的质量和效率。上海硅酸盐所瞄准核心难题，攻克了制备技术的瓶颈，将8英寸紫外级氟化钙晶体的成套制备技术推向市场，实现了从实验室到生产线的华丽转身。

具体来说，在专利转化的不断探索中，上海硅酸盐所将持有的8英寸紫外级氟化钙晶体成套制备技术6件相关专利及其配套技术作价3000万元实现转化，与一家半导体企业共建了氟化物晶体联合实验室，不断提高晶体产品紫外品质。随后，上海硅酸盐所助力相关企业建成生产平台，实现紫外级氟化钙晶体的规模化生产。目前，该平台具备年产量大于25吨毛坯料的生产能力，产品关键性能指标均已达到国际先进水平。这一成果不仅打破了国外技术垄断，还为我国半导体产业、光学仪器制造等领域的发展提供了有力支撑。

这背后正是上海硅酸盐所科研人员智慧与汗水的结晶。聚焦新材料"卡脖子"难题，上海硅酸盐所整合所内外产学研资源，嵌入专利导航跟踪国内外发展态势，培育高价值专利，建立知识产权城墙，将创新成果与实际应用紧密结合，最终实现i-line光刻级氟化钙晶体材料的国产替代。

院企牵手合作　专利落地生"金"

低温共烧陶瓷（LTCC）技术被称为电子信息系统的"底盘技术"，其作为实现电子元器件小型化、集成化、多功能化的关键技术，在雷达、航空航天、汽车电子、无线通信等领域具有广泛应用前景。早在1998年，上海硅酸盐所便开始了该领域的科研工作，历经20多年的发展，现今，上海硅酸盐所建立起一支攻坚团队，实现了核心技术突破，拥有了自主知识产权。

"针对5G通信、物联网、人工智能等战略性新兴产业对自主LTCC材料的迫切需求，我们充分发挥科研优势，携手企业合作攻关，共同突破技术难题。"上海硅酸盐所科技产业处处长韩金铎介绍，上海硅酸盐所将LTCC材料制备技术的相关专利转让给横店集团控股有限公司，实现了资源共享和优势互补。2021年，我国拥有自主知识产权的年产上百吨LTCC材料生产线正式投运，形成多款自主LTCC材料的量产能力。同年，从横店集团控股有限公司获得数千万元研发经费后，上海硅酸盐所进一步开展相关基础研究工作。目前，上海硅酸盐所与企业合作研发的LTCC技术已成功应用于多款电子元器件的制造中，并获得了市场的广泛认可。

2021年以来，上海硅酸盐所围绕氧化铝载盘、陶瓷人工骨、氮化硅基板、热电材料等领域服务418家企业，辐射全国80%的省、自治区、直辖市，支撑了我国电子信息、节能环保、新能源等战略性新兴产业的发展，成为我国先进无机非金属材料高质量创新成果的供给者。

上海硅酸盐所的成果转化实践不仅展现了以其为代表的科研院所在科技创新方面的实力，也体现了我国科研院所在全球科技竞争中的创新地位。随着更多类似的技术突破不断涌现，上海硅酸盐所正以前所未有的姿态，绘就属于自己的创新传奇。"下一步，上海硅酸盐所将进一步聚焦主责主业，以国家需求为导向，不断强化组织保障，持续推进创新成果转化与科技创新良性循环，为抢占新材料领域科技制高点提供更多新质生产力，为我国新材料产业的发展注入新的动力与活力。"王东表示。

（叶云彤，原载于2024年7月31日《中国知识产权报》第06版）

100

核动力院完善专利转化机制,加速推进新质生产力发展——

解锁硬"核"背后的创新密码

参与打造了"华龙一号""玲龙一号""医用同位素镥-177"等核能应用标志性工程;拥有专利3300余件;近3年来转化创新成果85项,实现现金收益2.37亿元;荣获中国核工业集团有限公司科技成果转化先进单位……中国核动力研究设计院(下称核动力院)激发科技自强活力,实现了核动力技术产业化的跨越发展。

"工欲善其事,必先利其器。核动力院拥有大量的专利,是专利转化运用的'富矿',如何让专利创造更高的价值?只有完善的创新成果转化管理体制机制,才能进一步激发科研人员的转化动力。"核动力院产业开发部相关负责人对中国知识产权报记者表示,去年,核动力院有5项创新成果转化项目入选中国核工业集团有限公司年度10大重大科技成果转化项目,在取得可观经济效益的同时,推动战略性新兴产业发展,成效显著。

实现核燃料组件自产

核燃料组件是核电站的核心部件,是核电的能量源泉,被称为反应堆"心脏",对核电站的安全性、经济性和可靠性都起到至关重要的作用。核动力院CF燃料研发团队十年磨一剑,成功研制出了我国首个拥有自主知识产权的CF3燃料组件。"CF是'Chinese Fuel'的缩写,代表了中国人自己的燃料品牌。"CF燃料研发团队研发人员介绍。

当记者询问在研发CF燃料过程中遇到的最大挑战时,研发人员毫不犹豫地回答:"最大的困难当然是打破国外的技术垄断。"该研发人员进一步解释道,"以燃料组件的支撑部件——下管座为例,国际上的燃料公司经过长年累月的研究,已经将相关的设计方案几乎全部进行了专利布局。为了摆脱这些国外专利和技术转移协议的限制,我们不得不进行深入的创新设计。"

下管座"个头"很小,面对在有限的几厘米高度空间内满足多样化需求的艰巨任务,研发团队感受到了前所未有的压力。往往在生活的细节中,创新的灵感会突然迸发。在一个普通的早晨,当研发人员在吃早餐时,偶然发现餐盘的形状与置物架之间自然形成的间隙,竟然巧妙地构成了一个空间曲面通道。这一发现让研发人员灵光一闪——如果将这种结构应用到下管座的设计中,不就能够恰好解决过滤异物的难题吗?

在这一灵感的指引下,研发团队创新性地设计了空间曲面下管座,其异物过滤效率、异物捕捉能力均有明显提升。这一设计在后续的堆外试验、堆内考验中,表现出可靠的性能,技术先进性得到了行业内的广泛认可。

如今,核动力院已经打造了自主化燃料组件知识产权保护体系,形成了从设计、材料、制造、试验、检查全流程的专利集群,每年带动产业链上下游产值超100亿元,并且在不断进行新型燃料组件开发,提升产品性能及市场竞争力。

填补同位素技术空白

碳-14能够用于检测人体中幽门螺杆菌,镭-223可以用于治疗前列腺癌,碘-131针对甲状腺疾病疗效显著……核医学的发展,为患者的疾病治疗提供了新的选择。"但是长期以来,我国医用同位素仍依赖进口。"核动力院第一研究所同位素技术与应用研究室相关负责人介绍。

"此前,我就在思考,中国有先进的核反应堆和核设施,不能再让医用同位素依赖进口。"该负责人表示。然而,有了核设施并不代表掌握了生产技术。"比如碳-14,用湿法制备碳-14,核动力院早在上世纪90年代就成功了。"该负责人介绍,所谓湿法,就是用强腐蚀性的酸溶解原材料,得到碳-14。但湿法制备工艺存在明显的不足,比如产生大量不符合环保要求的强腐蚀性废料,导致后续处理过程太过烦琐,阻碍产业化进程。

事实上,国外已经掌握了碳-14干法制备的工艺,但对于技术细节进行了严格保密,任何线索都无法获取。掌握干法制备工艺,势在必行。"干法制备工艺的原理其实很简单,就是将原材料通过高温与氧气反应,直接提取碳-14,不会产生废液,环保又高效。但具体要怎么做,每一步的操作细节如何,都是未知数。"上述负责人表示。

当被问及如何具体开展碳-14的干法制备工艺研究时,该负责人简洁干脆地回答："查文献、设计方案、做实验。"尽管这一过程可以用这10个字来概括，但从研发到实现生产，研发团队却历经了10年的艰辛探索。该负责人坚定地表示："核心技术只能靠我们自己创造。"正是这种坚持不懈的决心，为我国医用同位素的研发与生产注入了强大的信心。

提升钩爪部件竞争力

控制棒驱动机构作为核反应堆本体内部的唯一运动设备，需要按照控制指令带动控制棒组件在堆芯中运动、保持或落棒，以完成核反应堆的启动、功率调节、停堆等功能。"如果将核反应堆比作一辆汽车，控制棒驱动机构就相当于这辆汽车的油门和刹车。"核动力院控制棒驱动机构项目相关负责人介绍，正因如此，驱动机构是核反应堆中的核心设备之一。

"你可不要小看这个'小家伙'，在核反应堆里，主要靠它抓住驱动杆来完成设备的动作。在每一根控制棒驱动机构内，会有6个这样的钩爪。"该负责人指着一块长约7厘米、宽约3厘米的双齿钩爪对记者表示，就是这么一个小部件，此前核心制造技术一直掌握在国外企业手中，售价更是高达数十万元。

为了打破垄断，将核心科技掌握在自己手中，核动力院成立科研团队进行控制棒驱动机构国产化研究。如何让国产钩爪更加经久耐用，成为科研团队面临的第一个难题。"国外钩爪通常是单齿结构，而我们采用三维电磁仿真—三维运动仿真耦合的设计方法完成了双齿钩爪的结构设计。这样设计出来的双齿钩爪在稳定性上更胜一筹。"上述负责人介绍。

除了稳定性外，钩爪对于耐磨性、耐冲击、耐腐蚀等方面同样有着极高的要求，制造工艺应当如何改善以满足使用需求？科研团队又开始了夜以继日的反复试验。在经过上百次尝试后，科研团队终于破解了特种堆焊探伤、耐磨层硬度范围与均匀性等技术难题，成功实现了钩爪部件的国产化。

"目前，拥有自主知识产权的核反应堆控制棒驱动机构实现了全面国产化设计与制造，相关性能指标处于国际领先水平。"上述负责人介绍，随后，核动力院以技术入股及专利许可方式，将相关技术转化到四川华都核设备制造有限公司，相关技术估值8000万元，占股33.3%。

"通过专利转化和激励机制，科研人员创新的积极性得到进一步激发，后续跟进开展动力驱动机构、横插式驱动机构等研发工作，以点带面，使得核反应堆主设备设计研发能力全面提升。"上述负责人表示。

（赵振廷，原载于2024年8月21日《中国知识产权报》第05版）